鸿蒙应用程序开发

梅海霞 吉淑娇 秦宏伍 主编

清華大學出版社
北京

内容简介

HarmonyOS(鸿蒙系统)是一款面向全场景的分布式操作系统。本书以HarmonyOS 3版本为基石，由浅入深地介绍了鸿蒙应用开发的方法。本书共分为12章，内容包括HarmonyOS简介、Java基础、开发环境搭建及调试、用户界面(UI)、Page Ability、公共事件与通知、线程管理与线程通信、Service Ability、Data Ability、分布式任务调度、设备管理、网络与连接。

本书结合了大量开发实例，实用性强，可作为高等院校相关专业的教材，也可作为鸿蒙应用开发爱好者的参考书。

图书在版编目(CIP)数据

鸿蒙应用程序开发/梅海霞，吉淑娇，秦宏伍主编.—北京：清华大学出版社，2023.12(2024.8重印)
ISBN 978-7-302-65143-7

Ⅰ.①鸿…　Ⅱ.①梅…②吉…③秦…　Ⅲ.①移动终端－应用程序－程序设计　Ⅳ.①TN929.53

中国国家版本馆CIP数据核字(2023)第245949号

责任编辑：薛　杨
封面设计：刘　键
责任校对：韩天竹
责任印制：宋　林

出版发行：清华大学出版社
网　　址：https://www.tup.com.cn，https://www.wqxuetang.com
地　　址：北京清华大学学研大厦A座　　**邮　　编**：100084
社 总 机：010-83470000　　**邮　　购**：010-62786544
投稿与读者服务：010-62776969，c-service@tup.tsinghua.edu.cn
质量反馈：010-62772015，zhiliang@tup.tsinghua.edu.cn
课件下载：https://www.tup.com.cn，010-83470236
印 装 者：三河市铭诚印务有限公司
经　　销：全国新华书店
开　　本：185mm×260mm　　**印　　张**：21.25　　**字　　数**：521千字
版　　次：2023年12月第1版　　**印　　次**：2024年8月第2次印刷
定　　价：69.00元

产品编号：100714-01

前言

缺“芯”少“魂”一直以来是我们国家信息产业的痛点。这里“芯”指的是芯片,“魂”指的是操作系统。鸿蒙操作系统(HarmonyOS)是一款由华为公司推出的面向万物互联的分布式操作系统。自2018年对外流出相关的设计概念以来,鸿蒙操作系统就引起了国内外专家学者们的广泛关注,它被认为是国产新一代操作系统的希望。作为完全自主知识产权的操作系统,鸿蒙操作系统不仅填补了国内操作系统的空白,更是一举改变了我们“受制于人”“卡脖子”的被动局面。自鸿蒙“出道”以来的短短几年内,已经完成生态建设布局,成为万物互联的重要基石。构建鸿蒙生态,加速国产化进程已是大势所趋,也将打破西方国家系统垄断的新局面。

迄今为止,鸿蒙操作系统已位居全球第三大移动操作系统。据新浪财经报道,搭载鸿蒙操作系统的装机量2023年将超过12.3亿台。目前鸿蒙操作系统高速发展所面临的关键问题是生态建设所需的具有鸿蒙开发基础的人才储备存在巨大缺口。习近平总书记在党的二十大报告中提出:“培养什么人、怎样培养人、为谁培养人是教育的根本问题”。大学作为我国科学研究、技术创新、人才培养和产业孵化的重要机构之一,需要发挥特殊优势,积极参与并努力促进新产业形态构建,做到“顶天”“立地”“育人才”,这是高校也是教师的特殊使命与时代责任。响应党的二十大报告要求,推进产教融合和教材建设,为国家信息产业“卡脖子”技术发展略尽绵薄之力,更是编者的心声。

作为较早进行鸿蒙操作系统应用开发教学的专业教师,编者在2021年8月就投身于鸿蒙教学的相关工作,并且在2022年6月起与华为技术有限公司在鸿蒙应用人才培养这一方向开展项目合作,并取得了一定的成果。在教学过程中,编者通过梳理鸿蒙的应用开发知识和教学过程资料,编写了本教材,希望能在鸿蒙万物互联时代到来之际为广大感兴趣的开发者提供一套较为系统且全面的鸿蒙开发讲解图书。除了本书的内容之外,本教材还提供相对应的教学大纲、PPT、实验手册、源程序等资料。

本书针对鸿蒙操作系统的应用开发基础进行了梳理和介绍,由浅入深地介绍了HarmonyOS应用开发的实践方法。本书共分为12章,内容包括:HarmonyOS简介、Java基础、开发环境搭建及调试、用户界面(UI)、Page Ability、公共事件与通知、线程管理与线程通信、Service Ability、Data Ability、分布式任务调度、设备管理、网络与连接。各章的主要内容如下。

第1章综合介绍了HarmonyOS的产生背景、发展历程、系统特性、体系结构等基础知识,让读者系统地了解HarmonyOS。

第2章介绍了Java基础。考虑没有Java编程基础的读者，本章介绍了HarmonyOS开发中所需要的Java基础语法知识。

第3章介绍了DevEco Studio开发环境搭建以及预览器、远程模拟器、本地模拟器和远程设备总计4种调试方式。

第4章介绍了用户界面(UI)的框架、常用组件、布局及事件监听方法。

第5章重点介绍了Page Ability基础知识、Page Ability生命周期，以及各个页面之间的跳转。

第6章介绍了公共事件的订阅、发布和退订，以及通知的发布和取消。

第7章介绍了线程管理与线程通信，包括通过任务分发器分发任务以及线程间的通信。

第8章介绍了Service Ability的概念和生命周期、Service的两种启动方式以及前台服务的实现。

第9章介绍了Data Ability的创建和访问，以及如何访问文件、本地数据库和远程数据库。

第10章介绍了HarmonyOS分布式任务调度能力、实现原理，以及任务调度的实现。

第11章介绍了设备管理，重点关注了手机内部传感器的调用，以及位置开发原理和实现过程。

第12章介绍了网络与连接，重点介绍了蓝牙的开发流程和URL访问。

版本信息

HarmonyOS本身也在不断的迭代演化之中，随着其SDK和IDE版本的更新，API及应用开发特性也在不断地更新丰富。本书编写时选取HarmonyOS SDK7(Java 3.0.0.5)版本进行代码梳理和讲解，IDE版本为DevEco Studio 3.0 Release，但是实际使用中依然可能会出现本书代码与实际代码不同的情况，在这种情况下读者可以跟踪最新代码并获取最新信息。

致谢

在本书的编写过程中得到了众多帮助，在此对诸位表达真挚的谢意。首先，感谢教育部和华为技术有限公司提供的合作机会及经费支持；感谢华为谭景盟、李榕鑫工程师提供了技术上的支持和帮助；感谢于赫、于存江、孙向阳、张猛、聂春燕等老师为本书的编写提供了许多宝贵的意见和建议；特别感谢杨瑞铭和孙特两位研究生参与本书样例开发及配套资源的筹备，协助完成书中内容及代码的测试验证；感谢清华大学出版社的薛杨编辑在教材写作和出版过程中提供的帮助。最后再次感谢大家！

源代码下载

编者

2023年12月

目录

第1章

HarmonyOS 简介

本章学习目标

- 认识 HarmonyOS。
- 了解 HarmonyOS 的发展历程。
- 掌握 HarmonyOS 的技术特性及体系架构。

HarmonyOS 是华为公司于 2019 年 8 月 9 日在东莞举行的华为开发者大会上正式发布的操作系统。那么,HarmonyOS 是什么?为什么需要 HarmonyOS?它有哪些特殊之处?让我们带着这些问题,一起步入 HarmonyOS 的世界。

1.1 初识 HarmonyOS

1.1.1 什么是 HarmonyOS

HarmonyOS 是由中国华为技术有限公司(后文简称"华为公司"或"华为")开发的一款全新的面向全场景的分布式计算机操作系统,于 2019 年 8 月 9 日华为开发者大会上首次亮相。HarmonyOS 的中文译名为鸿蒙操作系统,"鸿蒙"在中文中指远古时代开天辟地之前的混沌之气,以此命名象征了华为从零开始开天辟地的决心和勇气,寓意在国产操作系统领域开创一个新时代。图 1-1 所示为 HarmonyOS 图标。

HarmonyOS

图 1-1 HarmonyOS 图标

华为官方将 HarmonyOS 定义为一款面向未来、面向全场景(移动办公、运动健康、社交通信、媒体娱乐等)的分布式操作系统。HarmonyOS 以人为本,将人、设备、场景有机地联系在一起,尤其是面向物联网(IoT)领域,能将手机、平板电脑、智能穿戴设备、智慧屏、车机等多种智能设备实现系统级融合,以适应不同场景,进而带来最佳体验。

HarmonyOS 主打"1+8+N"全场景设备,其中"1"指手机,"8"指平板电脑、PC、眼镜、智慧屏、AI 音箱、耳机、手表、车机,"N"则指由生态系统合作伙伴提供的智能设备。华为"1+8+N"产品战略能够根据不同内存级别的设备进行弹性组装和适配,并且实现跨设备交互信息。

对普通用户而言,HarmonyOS 能够将生活场景中的各类终端设备整合在一起,实现不同终端设备之间的快速连接、协作、资源共享,使用户获得流畅的全场景体验。

对设备开发者而言，HarmonyOS 采用组件化设计方案，可以根据设备的资源能力和业务特征进行灵活裁剪，满足不同形态的终端设备对于操作系统的要求，从而适配各种硬件。

对应用开发者而言，HarmonyOS 采用多种分布式技术，整合各种终端硬件能力，形成一个虚拟的"超级终端"。开发者可以基于"超级终端"进行应用开发，使得应用程序的开发实现与终端设备的形态差异无关。这能够让开发者聚焦上层业务逻辑，无须关注硬件差异，更加便捷、高效地开发应用。

1.1.2 为什么需要 HarmonyOS

早在 1999 年，时任中国科技部部长徐冠华曾说，"中国信息产业缺'芯'少'魂'"。其中的"芯"指芯片，而"魂"则指操作系统。20 世纪 90 年代起，我国政府曾大力扶持国产芯片和操作系统的发展，也曾诞生过一批亮眼的产品，例如红旗 Linux、龙芯等。然而，20 多年过去了，中国市场却依然是缺"芯"少"魂"。

随着物联网时代的到来，智能终端越来越多，但系统的碎片化造成了连接复杂、操控烦琐等问题，严重影响了用户的体验。因此，为不同设备的智能化与协同提供统一语言的智能终端操作系统成为了未来的技术导向。华为公司看到了这个商机——华为消费者业务软件部总裁王成录曾透露，其实早在 2012 年，鸿蒙操作系统就已经在华为内部立项，一年后，HarmonyOS 1.0 版本研发完成。然而华为自研操作系统一直处于"备胎"状态，并未正式发布。

2019 年 5 月 16 日凌晨，美国商务部以"科技网络安全"为由，宣布将华为公司及其 70 家附属子公司列入出口管制"实体名单"。为了进一步阻止华为的发展，美国一再修改对华为的禁令，进行技术封锁：2020 年 5 月 15 日宣布禁止华为使用美国芯片设计软件；2020 年 8 月 17 日宣布禁止含有美国技术的代工企业生产芯片给华为；再到 2020 年 9 月 15 日宣布禁止拥有美国技术成分的芯片出口给华为。除了芯片等硬件产品外，在"实体清单"的限制下，软件等技术同样受到限制。谷歌与微软宣布暂停与华为的部分合作，华为在国外市场面临着 Android 版本升级、搭载谷歌服务等方面的困境。华为只能使用 Android 的公开版本，无法访问谷歌的专有应用和服务。

在这个至暗时刻，华为绝地反击。2019 年 5 月 17 日凌晨 2 点，华为海思总裁何庭波发表致员工的一封信，信中称，华为公司多年前做出了极限生存的假设，预计有一天，所有美国的先进芯片和技术将不可获得。2019 年 8 月 9 日，华为于东莞举行华为开发者大会（HDC. 2019），并正式发布华为的自主操作系统 HarmonyOS。正如其中文名"鸿蒙"的意译，HarmonyOS 将会开启国产操作系统一个开天辟地的时代。

当今世界正处于百年未有之大变局，科技创新成为了国际战略博弈的主战场。西方对华为的打压不但未能得逞，反倒更让我们意识到只有掌握科技自主权才能够在国际舞台立稳脚跟。华为自研的操作系统不仅证明我们已经拥有足够实力打破国际垄断，更表明了捍卫国家战略安全的决心。

1.1.3 HarmonyOS 的发展历程

HarmonyOS 迭代至今，已经发布了多个版本，其发展历程如图 1-2 所示。

2012 年，华为开始规划自有操作系统"鸿蒙"。

2019 年 5 月 24 日，国家知识产权局商标局网站显示，华为已申请“华为鸿蒙”商标，申请日期是 2018 年 8 月 24 日，注册公告日期是 2019 年 5 月 14 日，专用权限期是从 2019 年 5 月 14 日到 2029 年 5 月 13 日。

2019 年 8 月 9 日，华为正式发布鸿蒙系统，即 HarmonyOS 1.0。

2020 年 9 月 10 日，华为鸿蒙系统升级至华为鸿蒙系统 2.0 版本，即 HarmonyOS 2.0，并面向终端设备开源。

2022 年 6 月 15 日，华为 HarmonyOS 3.0 开发者 Beta 版开启公测。

2022 年 7 月 27 日，华为发布 HarmonyOS 3.0 系统。

2023 年 3 月 31 日，问界汽车全系升级 HarmonyOS 3.0，并放出了升级公告。

2023 年 8 月 4 日，华为发布 HarmonyOS 4.0 版本。

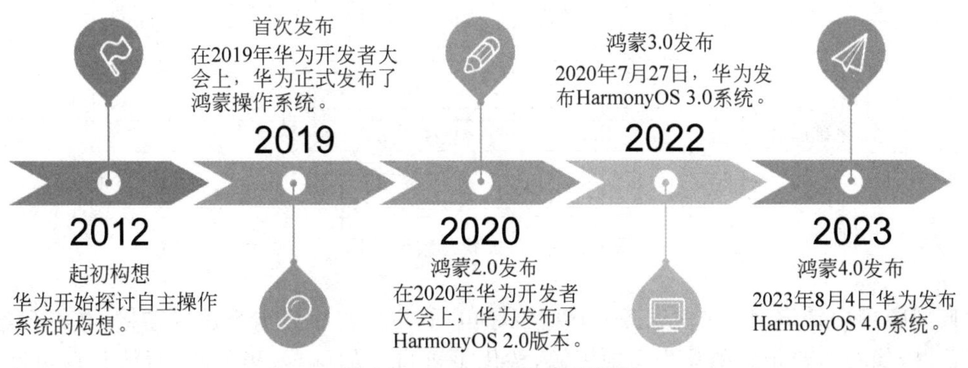

图 1-2　HarmonyOS 发展历程

1.2　HarmonyOS 技术特性

除了具有一般操作系统的特点外，HarmonyOS 更具有三个显著的技术特征：一是硬件互助，资源共享；二是一次开发，多端部署；三是统一 OS，弹性部署。

1.2.1　硬件互助，资源共享

HarmonyOS 是一个分布式操作系统，多种设备之间能够实现硬件互助，资源共享是其显著特性之一。这一特性依赖的关键技术包括分布式软总线、分布式设备虚拟化、分布式数据管理、分布式任务调度、分布式连接能力等。

1. 分布式软总线

HarmonyOS 是一款面向万物互联时代的、全新的分布式操作系统。区别于传统的单设备系统，HarmonyOS 提出了基于同一套系统、适配多种终端形态的分布式设计理念，能够支持手机、平板电脑、智能穿戴设备、智慧屏、车机等多种终端设备，提供全场景业务能力。

其中，分布式软总线是多种移动设备之间的通信基座，为设备的互联互通提供了统一的分布式通信能力。分布式软总线致力于实现近场设备间统一的分布式通信能力管理，提供不区分链路的设备和传输接口。目前分布式软总线可以提供服务发布、数据传输和加密能力。设想这样一个应用场景，在烹饪时，手机可以通过碰一碰和烤箱连接，并将自动按照菜谱设置烹调参数，控制烤箱来制作菜肴。与此类似，料理机、油烟机、空气净化器、空调、灯、窗帘等都可以在手机端显示并通过手机控制。设备之间即连即用，不需要烦琐的配置。图 1-3 所示为分布式软总线示意图。

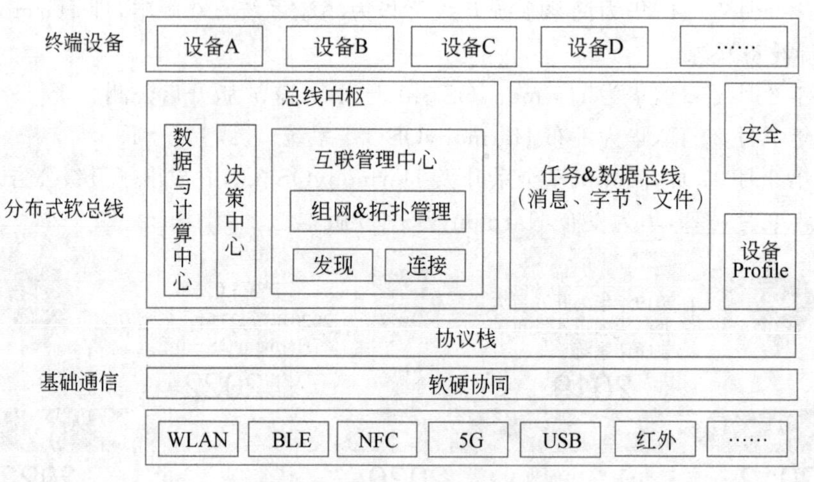

图 1-3　分布式软总线示意图

典型应用场景举例：在做家务时接听视频电话，可以将手机与智慧屏连接，并将智慧屏的屏幕、摄像头与音箱虚拟化为本地资源，替代手机自身的屏幕、摄像头、听筒与扬声器，实现一边做家务，一边通过智慧屏和音箱进行视频通话。

2. 分布式设备虚拟化

分布式设备虚拟化平台可以实现不同设备的资源融合、设备管理、数据处理，多种设备共同形成一个超级虚拟终端。针对不同类型的任务，可以为用户匹配并选择能力合适的执行硬件，让业务连续地在不同设备间流转，充分发挥不同设备的能力优势，如显示能力、摄像能力、音频能力、交互能力以及传感器能力等。设想这样一个应用场景，在做家务时接听视频电话，可以将手机与智慧屏连接，并将智慧屏的屏幕、摄像头与音箱虚拟化为本地资源，替代手机自身的屏幕、摄像头、听筒与扬声器，实现一边做家务、一边通过智慧屏和音箱来视频通话。分布式设备虚拟化示意图如图 1-4 所示。

3. 分布式数据管理

分布式数据管理基于分布式软总线之上，实现应用程序数据和用户数据的分布式管理，如图 1-5 所示。

在互联网时代，单一的设备往往无法满足用户的需求，随着用户的设备越来越多，数据在设备间的传输变得越来越频繁。以一组文本数据在手机、平板电脑和 PC 之间相互浏览和编辑为例，HarmonyOS 分布式数据管理的目标就是解决文本数据在多设备间存储、共享和访问的问题。设想这样一个应用场景，游客外出旅游时用手机拍摄了多张照片，通过照片共享的方式，不但可以自己欣赏，家人也可以通过智慧共享的方式浏览这些照片。这正是分布式数据管理的意义和作用所在。

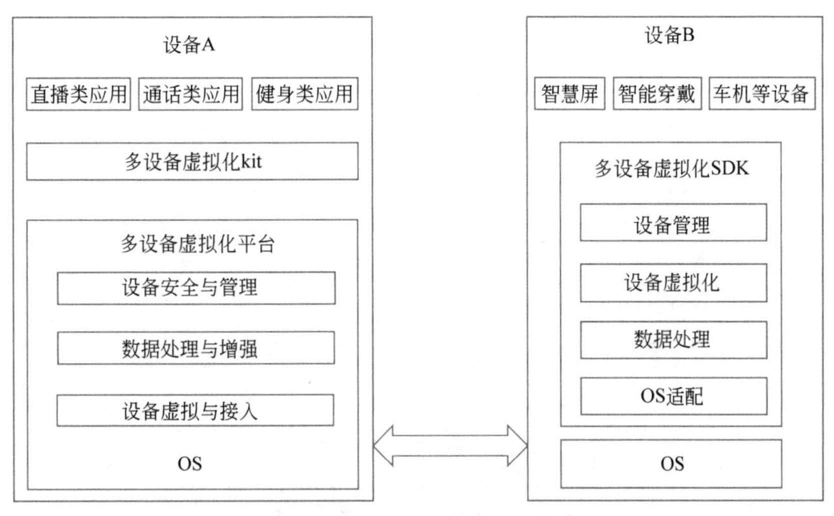

图 1-4　分布式设备虚拟化示意图

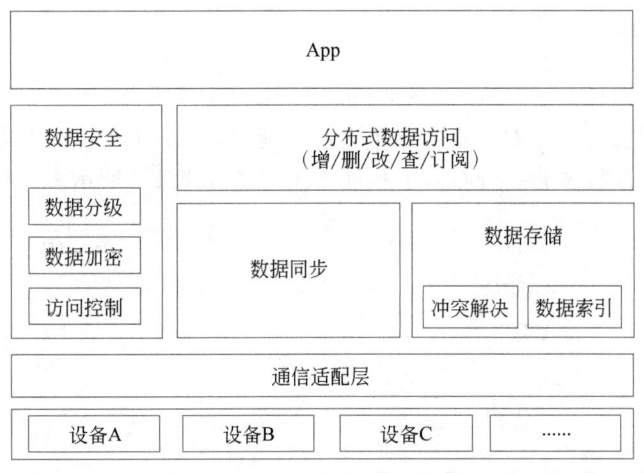

图 1-5　分布式数据管理示意图

此外，HarmonyOS 分布式数据管理对开发者提供分布式数据库、分布式文件系统和分布式检索能力，开发者在多设备上开发应用时，对数据的操作、共享、检索可以跟使用本地数据一样处理，降低了开发者实现数据分布式访问的门槛。

4. 分布式任务调度

分布式任务调度基于分布式软总线、分布式数据管理、分布式 profile 等技术特性，构建统一的分布式服务管理（发现、同步、注册、调用）机制，支持对跨设备的应用进行远程启动、远程调用、远程连接以及迁移等操作，能够根据不同设备的能力、位置、业务运行状态、资源使用情况，以及用户的习惯和意图，选择合适的设备运行分布式任务。图 1-6 以应用迁移为例，简要地展示了分布式任务调度。设想这样一个应用场景，如果用户驾车出行，上车前，先在手机上规划好导航路线；上车后，导航自动迁移到车机和车载音箱；下车后，导航自动迁移回手机。如果用户骑车出行，在手机上规划好导航路线，骑行时手表就可以接续导航。

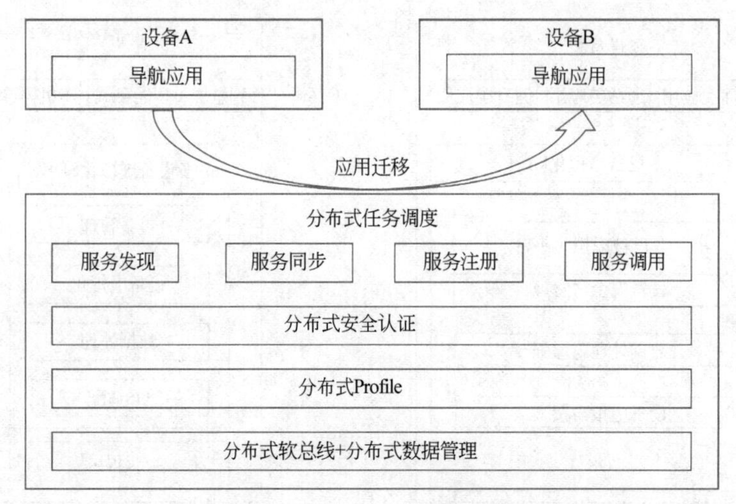

图 1-6 分布式任务调度示意图

5. 分布式连接能力

分布式连接能力提供了智能终端底层和应用层的连接能力，通过 USB 接口共享终端部分硬件资源和软件能力。开发者基于分布式连接能力，可以开发相应形态的生态产品为消费者提供更丰富的连接体验。分布式连接能力示意图如图 1-7 所示。

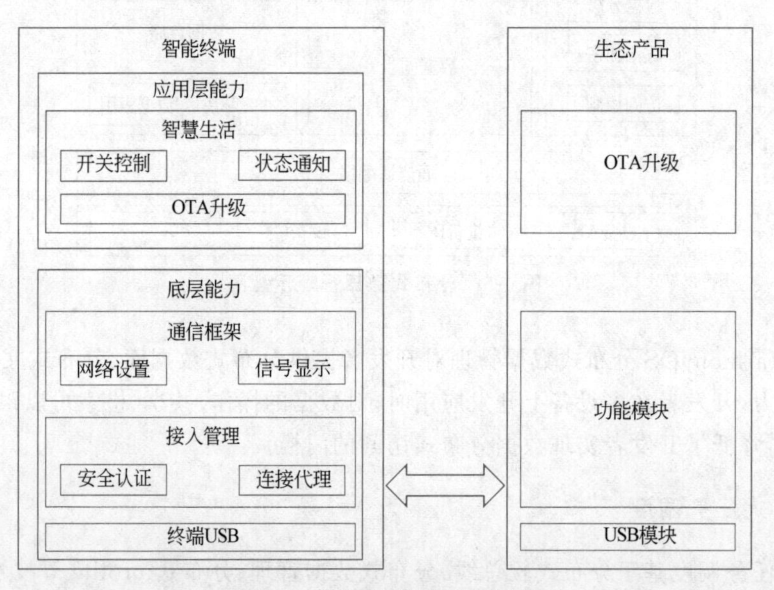

图 1-7 分布式连接能力示意图

分布式连接能力包含底层能力(Connect Service)和应用层能力(AILife Client Service)。

底层能力(Connect Service)包含如下模块。

(1) 终端 USB：智能终端侧 USB 模块，可对 USB 生态产品供电，是连接智能终端和生态产品的物理接口。

(2) 接入管理：智能终端统一对外提供的接口，用于和生态产品进行通信。

(3) 通信框架：统一管理搜网、信号显示，通过接入管理模块对外提供接口。

应用层能力(AILife Client Service)涉及如下模块。

智慧生活：生态产品的公共开发平台，能够接入 USB 生态设备并创建接入卡片。

对于应用场景，基于分布式连接能力，可以通过开发以下生态配件拓展智能终端的通信能力。

(1) USB 模块：生态产品一侧的 USB 模块，用于和智能终端 USB 建立物理连接。

(2) 功能模块：生态合作伙伴根据需求开发设备系统和功能。

(3) OTA(Over The Air)升级：通过无线网络可下载和安装新版本的鸿蒙系统。当有新版本可用时，手机会收到提示，提醒用户进行更新。用户只需要单击"确认"按钮并连接到 Wi-Fi 网络，即可完成升级过程。

1.2.2 一次开发，多端部署

HarmonyOS 为开发者提供了用户程序框架、Ability 框架及 UI 框架等一整套开发框架。开发者可以将业务逻辑和界面逻辑在不同终端进行复用，实现应用的一次开发，多端部署，进而大幅提升跨设备应用的开发效率，图 1-8 所示为一次开发，多端部署示意图。

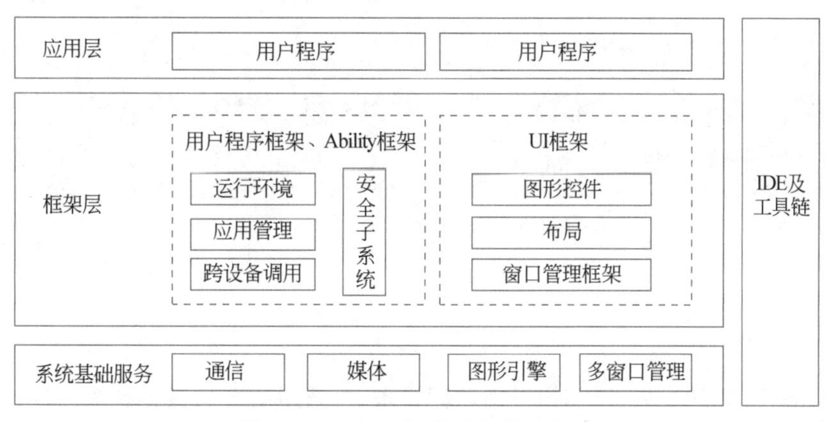

图 1-8 一次开发，多端部署示意图

1.2.3 统一操作系统，弹性部署

HarmonyOS 通过组件化和小型化等设计方法，支持多种终端设备按需弹性部署，能够适配不同类别的硬件资源和功能需求；支持通过编译链关系去自动生成组件化的依赖关系，形成组件树依赖图；支持产品系统的便捷开发，降低硬件设备的开发门槛。

组件化和小型化的优点如下。

(1) 支持各组件的选择：根据硬件的形态和需求，可以选择所需的组件。

(2) 支持组件内功能集的配置：根据硬件的资源情况和功能需求，可以选择配置组件中的功能集，例如选择配置图形框架组件中的部分控件。

(3) 支持组件间依赖的关联：根据编译链关系，可以自动生成组件化的依赖关系，例如选择图形框架组件，将会自动选择依赖的图形引擎组件等。

1.3 HarmonyOS 技术架构

HarmonyOS 整体遵从分层设计，其技术架构如图 1-9 所示。技术架构从下到上分为 4 层，依次是应用层、框架层、系统服务层和内核层。系统功能结构是按照系统、子系统、功能/模块分级展开的。在多设备部署场景下，可以根据实际需求，按照子系统或功能/模块进行裁剪，实现系统弹性适应。

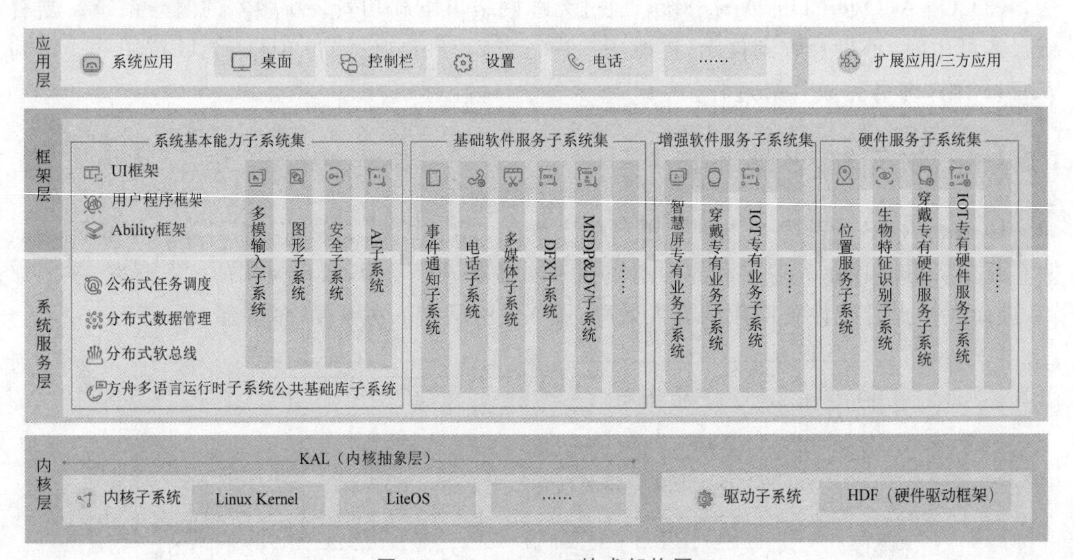

图 1-9 HarmonyOS 技术架构图

1.3.1 内核层

HarmonyOS 采用多内核设计，针对不同设备，可选用适合的操作系统内核。从结构上划分，HarmonyOS 内核层主要由内核子系统和驱动子系统两部分组成。

(1) 内核子系统：内核抽象层(Kernel Abstract Layer，KAL)通过屏蔽多内核差异，对上层提供基础的内核能力，包括进程/线程管理、内存管理、文件系统、网络管理和外设管理等。

(2) 驱动子系统硬件：驱动框架(HDF)是 HarmonyOS 硬件生态开放的基础，提供统一外设访问能力和驱动开发、管理框架。

1.3.2 系统服务层

系统服务层是 HarmonyOS 的核心能力集合，通过框架层对应用程序提供服务。该层包含了系统基本能力子系统集、基础软件服务子系统集、增强软件服务子系统集和硬件服务子系统集 4 个子集。

(1) 系统基本能力子系统集：为分布式应用在 HarmonyOS 多设备上的运行、调度、迁移等操作提供了基础能力，由分布式软总线、分布式数据管理、分布式任务调度、公共基础库、多模输入、图形、安全、AI 等子系统组成。

(2) 基础软件服务子系统集：为 HarmonyOS 提供公共的、通用的软件服务，由事件通知、电话、多媒体、DFX(DesignForX)、MSDP&DV 等子系统组成。

(3) 增强软件服务子系统集：为 HarmonyOS 提供针对不同设备的、差异化的能力增强型软件服务，由智慧屏专有业务、穿戴专有业务、IoT 专有业务等子系统组成。

(4) 硬件服务子系统集：为 HarmonyOS 提供硬件服务，由位置服务、生物特征识别、穿戴硬件服务、IoT 专有硬件服务等子系统组成。

根据不同设备形态的部署环境，基础软件服务子系统集、增强软件服务子系统集、硬件服务子系统集在内部可以按需裁剪。

1.3.3 框架层

框架层为 HarmonyOS 应用开发提供坚实的基础，框架层向上为应用层提供服务，向下和系统服务层对接。

HarmonyOS 框架层包括用户程序框架、Ability 框架、UI 框架等。用户程序框架和 Ability 框架支持 Java/C/C++/JS 等多种开发语言，供开发者自由选择。UI 框架包括 Java UI 框架和方舟开发框架。除此之外，HarmonyOS 框架层还提供了多种对外开放的多语言框架 API，根据系统的组件化裁剪程度不同，HarmonyOS 设备支持的 API 有所区别。

1.3.4 应用层

应用层包括系统应用和第三方非系统应用。HarmonyOS 的应用由一个或多个 FA (Feature Ability)或 PA(Particle Ability)组成。其中，FA 有 UI 界面，提供与用户交互的能力；而 PA 无 UI 界面，提供后台运行任务的能力以及统一的数据访问。FA 在进行用户交互时所需的后台数据访问也需要由对应的 PA 提供支撑。基于 FA/PA 开发的应用能够实现特定的业务功能，支持跨设备调度与分发，为用户提供一致、高效的应用体验。

1.4 HarmonyOS 开启未来

从 2012 年内部立项规划至今，HarmonyOS 已历经十多年的研发历程，版本也经历了多次的升级。每一次的更新迭代不仅是一款科技产品的推陈出新，更是华为基于对物联网时代的观察和居安思危的忧患意识作出的战略布局。

自华为推出鸿蒙之日起，“HarmonyOS 是第二个安卓”的说法就从未停止。面对种种猜测，华为鸿蒙负责人王成录说，“HarmonyOS 的定位一直很清晰，我们不是做一个安卓或 iOS 的替代品，它是面向万物互联时代的操作系统”。

现在 HarmonyOS 凭借着显著的技术优势在生态建设上步入快车道，据华为消费者业务部副总裁杨海松披露，截至目前，鸿蒙生态已经发展了多家硬件生态伙伴，有超过千家模组和解决方案伙伴愿意加入鸿蒙大家庭。目前，华为公司正与全球知名 App 厂商协商，共同开发跨终端设备的应用。

来自市场的反馈表明，运动、饮食、家电、教育、娱乐等领域对 HarmonyOS 生态表现出积极态度。业界普遍认为,基于"分布式"和"开放"特性的 HarmonyOS,将为全球市场带来良性竞争和正面刺激效应,将为全球数十亿移动终端用户提供更加多元化的市场选择。

值得注意的是,根据 Counterpoint 2022 调查报告,华为的鸿蒙操作系统在全球智能手机操作系统市场份额为 2%,在中国市场份额更是高达 8%,位居全球第三大移动操作系统,这表明了 HarmonyOS 在市场上拥有强大的市场竞争力。

华为从未停止前进的脚步,不断推广和完善鸿蒙系统,并将其扩展到更多的设备和场景中,让我们一起见证 HarmonyOS 更加亮眼的表现。

习　　题

一、判断题

1. HarmonyOS 分布式软总线是多种终端设备的统一基座,为设备之间的互联互通提供了统一的分布式通信能力。（　）

2. HarmonyOS 的历史比 iOS 的发展历史要长。（　）

3. HarmonyOS 是由中国的华为公司开发的。（　）

4. HarmonyOS 通过组件化和小型化等设计方法,支持多种终端设备按需弹性部署,能够适配不同类别的硬件资源和功能需求。（　）

5. HarmonyOS 支持应用开发过程中多终端的业务逻辑和界面逻辑复用,能够实现一次开发,多端部署,提升了跨设备应用的开发效率。（　）

二、选择题

1. HarmonyOS 是由哪个国家的公司开发的?（　）

A. 中国　　B. 美国　　C. 日本　　D. 俄罗斯

2. 下面是"面向未来"、面向全场景的分布式操作系统的是（　）。

A. Linux　　B. iOS　　C. Windows XP　　D. HarmonyOS

3. 华为正式发布 HarmonyOS 2.0 及多款搭载的新产品的时间是（　）。

A. 2019 年 8 月　　B. 2020 年 12 月　　C. 2021 年 6 月　　D. 2022 年 1 月

三、填空题

1. HarmonyOS 是由中国华为公司开发的一款全新的________计算机操作系统。

2. HarmonyOS 采用了多种________,整合各种终端硬件能力,形成一个虚拟的"超级终端"。

3. HarmonyOS 主打"1+8+N"的全场景设备,其中"1"指________,"8"指平板电脑、PC、眼镜、智慧屏、AI 音箱、耳机、手表、车机,"N"指________。

4. HarmonyOS 内核层主要由________和________两部分组成。

5. 系统服务层是 HarmonyOS 的核心能力集合,通过________对应用程序提供服务。

6. 系统基本能力子系统集为分布式应用在 HarmonyOS 多设备上的运行、调度、迁移等操作提供了基础能力,由________、________、________、________、公共基础库、多模输入、图形、安全、AI 等子系统组成。

7. ________通过屏蔽多内核差异,对上层提供基础的内核能力,包括进程/线程管理、内存管理、文件系统、网络管理和外设管理等。

四、简答题

1. 鸿蒙操作系统(HarmonyOS)都有哪些技术特性?

2. HarmonyOS 的分布式技术有哪些优势?

3. 请畅想一下未来操作系统的趋势。

Java 基础

本章学习目标

- 了解 Java 的发展历程和语言特性。
- 掌握 Java 的基础数据类型、表达式，以及流程控制应用。
- 掌握 Java 中类与对象的概念和应用。
- 掌握 Java 的异常处理机制。

Java 是一门面向对象的程序设计语言，本书是基于 Java 开展鸿蒙应用程序开发教学的，所以要求初学者必须具备 Java 语言基础。本章力求用精练的语言介绍鸿蒙应用程序开发所需要的 Java 基础知识，使读者能快速了解 Java 的核心。

2.1 Java 语言简介

2.1.1 Java 语言概述

20 世纪 90 年代初，任职于 Sun Microsystems 公司的 James Gosling(Java 之父)等人开发了 Java 语言的雏形，该语言最初被命名为 Oak，目标设定为家用电器等小型系统的程序语言，主要应用在电视机、电话、闹钟、烤面包机等家用电器的控制和通信。

1995 年 5 月，Sun Microsystems 公司对 Oak 进行了改造，并以 Java 的名称正式发布。随着互联网的崛起，Java 逐渐成为重要的应用开发语言。

2009 年，Oracle 公司收购 Sun Microsystems 公司，从此有关 Java 的版本维护和升级都由 Oracle 公司负责。

时至今日，Java 不仅是一门编程语言，还是一个由一系列计算机软件和规范组成的技术体系，Java 几乎是所有类型网络应用程序的基础，也是开发和提供嵌入式和移动应用程序、游戏、基于 Web 的内容和企业软件的全球标准。从笔记本电脑到数据中心，从游戏控制台到科学超级计算机，从手机到互联网，Java 随着物联网的萌芽、发展、壮大而无所不在。Java 图标如图 2-1所示。

图 2-1　Java 图标

2.1.2 Java 语言特性

Java 语言的风格与 C++ 语言很接近，使得大多数程序员很容易学习和使用。Java 继承了 C++ 语言面向对象技术的核心，同时舍弃了 C++ 语言中容易引起错误的指针，改以引用取代。同时，Java 移除了原 C++ 的运算符重载，也移除了多重继承特性，改用接口取代，增加垃圾回收器等功能。下面对 Java 语言的特性进行简单的介绍。

（1）面向对象。

Java 的特点之一就是面向对象。面向对象是程序设计方法的一种，核心是开发者在设计软件时可以使用自定义的类型和关联操作。面向对象设计通过重用提高软件的生产率，能让大型软件工程的计划和设计变得更容易管理，从而提高软件的开发效率。

（2）跨平台性。

跨平台性是 Java 主要的特性之一，跨平台使得用 Java 语言编写的程序可以在编译后不用经过任何更改，就能在各个平台条件下运行。这个特性经常被称为"一次编译，到处运行"。

（3）稳定性。

用 Java 语言写的程序是比较稳定的。其原因很多，例如，Java 中没有指针，采用引用取代，从而规避了指针缺陷带来的程序崩溃；Java 中虽然没有清除（delete）操作，却有垃圾回收机制，可自动完成系统资源的回收，用户可以随意申请内存而不用理会它的清除工作等。

（4）运行效率高。

Java 最初发展阶段总是被人诟病"性能低"。客观上来讲，高级语言运行效率总是低于低级语言的，这无法避免。Java 语言本身发展中通过虚拟机的优化将运行效率提升了几十倍。例如，通过 JIT（Just In Time）即时编译技术提高运行效率，将一些"热点"字节码编译成本地机器码，并将结果缓存起来，在需要的时候重新调用，使 Java 程序的执行效率大大提高。

（5）简单性。

Java 的设计原则是 KISS（Keep It Simple Stupid）。例如：Java 语言与 C++ 非常相似，学过 C++ 的人可以很容易地读懂 Java 的程序。Java 是比较纯粹的面向对象程序设计语言，继承了 C++ 语言的优点，同时去掉了 C++ 中难以理解的指针，因此 Java 语言简单易懂，使用起来也更方便。

（6）动态性。

Java 语言能适应变化的环境，是动态的语言。例如，Java 中的类可根据需要载入，甚至有些可通过网络获取。

2.2 结构化程序设计

Java 是一门面向对象的语言。面向对象编程的核心思想之一就是"复用"，即程序模块可以反复应用在同一个甚至不同的应用软件中，从而提高程序开发效率并降低维护成本。而这些被复用的程序模块内部，仍需要严格遵循传统的结构化程序设计原则。Java 中的结构化程序设计主要体现在变量、基本数据类型、运算符、表达式和流程控制语句等方面，与 C、C++ 高度类似。

2.2.1 变量

变量是 Java 程序中最基础的元素。顾名思义，变量的值在程序运行期间是可以被修改的。本节介绍 Java 中变量的概念及应用。

1. 变量的概念

程序运行时,需要处理的数据都临时保存在内存单元中,为了方便记住这些内存单元以存取数据,可以使用标识符来表示每一个内存单元。这些使用了标识符的内存单元称为变量。简言之,变量是一个内存单元的名称,用于存取(读写)数据。之所以称为变量,是因为变量代表的内存单元存储的数据在程序运行过程中是可以被改变的。

2. 变量的声明

Java 语言是强类型(Strongly Typed)语言,强类型包含以下两方面的含义:所有的变量必须先声明后使用;指定类型的变量只能接受类型与之匹配的值。对开发人员来说,变量用来描述一条信息的别名,可以在程序代码中使用一个或多个变量。在 Java 中用户可以通过指定数据类型和标识符来声明变量,其基本语法如下所示:

```
DataType  identifier;
DataType  identifier=value;
```

上述语法中涉及 3 个内容:DataType、identifier 和 value,其具体说明如下。

DataType:变量类型,如 int、string、char 和 double 等。

identifier:标识符,也称变量名称。

value:声明变量时的值。

其中标识符是 Java 中为方法、变量或其他用户定义项所定义的名称。标识符可以有一个或多个字符。在 Java 语言中,标识符的构成规则如下。

(1) 标识符由数字(0~9)和字母(A~Z 和 a~z)、美元符号($)、下画线(_)及 Unicode 字符集中符号大于 0xC0 的所有符号组合构成(各符号之间没有空格)。

(2) 标识符的第一个符号为字母、下画线或美元符号,后面可以是任何字母、数字、美元符号或下画线。

(3) Java 区分大小写,例如 myvar 和 MyVar 是两个不同的标识符。

(4) 标识符命名时,不能以数字开头,也不能使用任何 Java 关键字作为标识符,并且不能赋予标识符任何标准的方法名。

(5) 标识符分为两类,分别为关键字和用户自定义标识符:关键字是有特殊含义的标识符,例如 true、false 表示逻辑的真假;用户自定义标识符是由用户按标识符构成规则生成的非保留字的标识符,例如 abc 就是一个标识符。

(6) 使用标识符时一定要注意,或者使用关键字,或者使用自定义的非关键字标识符。此外,标识符可以包含关键字,但不能与关键字重名。

3. 变量的赋值

声明变量是第一步,第二步是为变量赋值,要先满足以上两步,变量才能使用。赋值指将一个数据或者值存入变量代表的内存空间,赋值的语法如下:

```
变量名 =值;
```

【例 2-1】 为变量赋值。

```
int age;                                //声明整型变量 age
double num;                             //声明双精度浮点型变量 num
age=18;                                 //变量赋值
num=3.14159;                            //变量赋值
```

另一种变量赋值的方法是将第一步变量的声明与第二步变量的赋值合并为一步,语法如下:

```
数据类型 变量名称 =值;
```

【例 2-2】 声明变量的同时赋值。

```
int age=18;                             //声明变量的同时赋值(初始值)
double num=3.14;                        //声明变量的同时赋值(初始值)
```

多个相同类型的变量也可以在同一行一次性声明及赋值,多个变量之间用逗号分隔。

示例代码如下:

```
int num1, num2=10, num3=20;             //同一行声明及赋值多个变量
double num4=10.1, num5,num6=10.2;       //同一行声明及赋值多个变量
```

注意:通常情况下,一种数据类型的变量只能用同一种类型的数据(值)进行赋值。例如一个 int 型变量,只能给它赋类似 1、10、100 的整型值。但是,一种类型的值也可以赋给另一种类型的变量,前提是进行数据类型转换,这部分内容将在 2.2.2 节介绍。

2.2.2 数据类型

数据类型决定了数据在内存中占用的存储空间大小、数据的取值范围及操作方式。Java 数据类型分为基本数据类型与引用数据类型。

1. 基本数据类型

基本数据类型包括布尔类型、字符类型、整数类型和浮点类型,详见表 2-1。

表 2-1　Java 基本数据类型

数据类型		关键字	字节数	表示范围
布尔类型		boolean	1	只能用 true 或 false
字符类型		char	2	16 位 Unicode
整数类型	字节型	byte	1	−128～127
	短整型	short	2	−32768～32767

续表

数据类型		关键字	字节数	表示范围
整数类型	整型	int	4	$-2^{31}\sim2^{31}-1$
	长整型	long	8	$-2^{63}\sim2^{63}-1$
单精度浮点型		float	4	−3.4E38～3.4E38
双精度浮点型		double	8	−1.7E308～1.7E308

(1) 布尔类型。

布尔类型(boolean)用于对两个数值通过逻辑运算,判断结果是“真”还是“假”。Java 中用保留字 true 和 false 来代表逻辑运算中的“真”和“假”。因此,一个布尔类型的变量或表达式只能取 true 和 false 这两个值中的一个。

在 Java 语言中,布尔类型的值不能转换成任何数据类型,true 常量不等于 1,而 false 常量也不等于 0。这两个值只能赋给声明为布尔类型的变量,或者用于布尔运算表达式中。

(2) 字符类型。

Java 语言中的字符类型(char)使用占用 2 字节的 Unicode 编码表示,它支持所有语言,可以使用单引号字符或者整数对字符类型赋值。

(3) 整数类型。

Java 定义了 4 种整数类型变量:字节型(byte)、短整型(short)、整型(int)和长整型(long)。整数类型用来表示有符号的值,既可以为正数也可以为负数。

(4) 浮点类型。

浮点类型是带有小数部分的数据类型,也称实型。浮点型数据包括单精度浮点型(float)和双精度浮点型(double)。

float 类型和 double 类型之间的区别主要是所占用的内存大小不同,float 类型占用 4 字节的内存空间,double 类型占用 8 字节的内存空间。双精度类型 double 比单精度类型 float 具有更高的精度和更大的表示范围。

Java 默认的浮点型为 double,例如,11.11 和 1.2345 都是 double 型数值。如果要说明一个 float 类型数值,就需要在其后追加字母 f 或 F,如 11.11f 和 1.2345F 都是 float 类型的常数。

2. 引用数据类型

引用数据类型建立在基本数据类型的基础上,包括数组、类和接口。引用数据类型由用户自定义,用来限制其他数据类型。后面章节将会详细介绍类和接口,本节仅对数组进行说明。

数组(array)是相同类型数据的有序集合,数组描述的是相同类型的若干个数据,这些数据按照一定的先后顺序组合成为数组。其中,每一个数据称作一个数据元素,每个数组元素可以通过一个下标来访问它们。使用相同的数组名和下标可以唯一地确定数组中的元素。一维数组的定义如下:

```
type  Num[];
```

```
type []  Num;
```

其中，type 是基本数据类型，Num 是数组名。与 C++ 不同，Java 在数组的定义中并不为数组元素分配内存，因此[]中不用指出数组中元素的个数，即数组长度。而且如上定义的一个数组是不能访问其中的任何元素的。所以，必须为它分配内存空间，这时就要用到运算符 new，其格式如下：

```
type Num =new type[Length];
```

其中，Length 指明数组的长度。通常，数组的定义与空间分配可以合在一起，格式如下：

```
type Num=new type[arrayName];
```

用运算符 new 为数组分配了内存空间后，就可以引用数组中的每一个元素了。数组元素的引用方式为：

```
Num [index]
```

其中，index 为数组下标，取值范围为(0，Length－1)。

与 C/C++ 一样，Java 中多维数组是数组的数组。例如，二维数组为一个特殊的一维数组，其每个元素又是一个一维数组。与一维数组类似，二维数组的定义、分配空间和引用方式如下：

```
定义:type Num[ ][ ]
分配内存:type Num[ ][ ]=new type [Length1][Length2]
引用:Num[index1][index2]
```

3. 数据类型转换

一种类型的值也可以赋给另一种类型的变量，前提是进行数据类型转换。数据类型转换是将一种数据类型的值转换成另一种数据类型的值的操作。数据类型的转换可以分为自动类型转换和强制类型转换两种。

1）自动类型转换

自动类型转换也叫隐式类型转换，发生在不同数据类型的运算中，由编译系统自动完成，不需要显式地声明。要实现自动类型转换，必须同时满足两个条件：第一个条件是两种数据类型彼此兼容，第二个条件是目标类型的取值范围大于原类型的取值范围。例如：

```
byte b=3;
int i=b;                //程序将 byte 型的变量自动转换成了 int 型,无须特殊声明
```

程序说明：在上面的代码中，将 byte 型变量 b 的值赋给 int 型的变量 i，由于 int 型的取值范围大于 byte 型的取值范围，编译器在赋值过程中不会造成数据丢失，因此编译器能够自动完成这种转换，在编译时不报告任何错误。

除上述示例中演示的情况外，还有很多类型之间可以进行自动类型转换，表 2-2 列出了几种常见自动类型转换的规则。

表 2-2 自动类型转换规则

从	可转换为	从	可转换为
byte	short、int、long、float、double	int	long、float、double
short	int、long、float、double	long	float、double
char	int、long、float、double	float	double

在运算过程中，由于不同的数据类型会转换成同一种数据类型，所以整型、浮点型及字符型都可以参与混合运算。自动转换的规则遵循从低级类型数据转换为高级类型数据的规则。转换规则如下。

数值类型数据转换：byte→short→int→long→float→double

字符类型转换为整型：char→int

2）强制类型转换

尽管自动类型转换很有帮助，但无法满足所有的编程需要。例如，将 double 型的值赋给一个 int 型的变量。因此，当两种数据类型不兼容或目标类型的取值范围小于源类型时，就需要考虑强制类型转换。强制类型转换的语法格式如下：

```
(目标类型)源类型;
```

注：源类型的取值范围比目标类型大，可以是值或变量。

【例 2-3】 强制类型转换。

```
int num=(int) 3.1;
System.out.println (num);
```

输出结果为 3，将 double 型转换为 int 型，小数部分的 0.1 被截去。因此强制类型转换可能会损失精度。除上述示例中演示的情况外，还有很多类型之间可以进行强制类型转换，表 2-3 列出了几种常见强制类型转换的规则。

表 2-3 强制类型转换规则

从	可转换为	从	可转换为
byte	char	long	byte、short、char、int
short	char、byte	float	byte、short、char、int、long
char	byte、short	double	byte、short、char、int、long、float
int	byte、short、char		

2.2.3 表达式

表达式由操作数和运算符所组成，其中操作数可以是常量、变量或方法。而运算符类似数学中的运算符号。Java 提供了许多运算符，除了可以处理数学运算外，还可以做逻辑、关系等运算。根据操作数使用的类型不同，运算符可分为赋值运算符、算术运算符、关系运算符、逻辑运算符等。

1. 赋值运算符

赋值运算符指为变量或常量指定数值的符号。赋值运算符的符号为“＝”，它是双目运算符，左边的操作数必须是变量，不能是常量或表达式。在赋值表达式中，它的作用是将运算符右边操作数的值赋给运算符左边的操作数。表 2-4 列出了 Java 支持的赋值运算符。

表 2-4　赋值运算符

运算符	说　明	示　例	运算符	说　明	示　例
＝	赋值	x＝10	/＝	除等	z/＝3
＋＝	加等	x＋＝y	%＝	取模等	z%＝3
－＝	减等	y－＝5			

2. 算术运算符

算术运算符用在算术表达式中，作用和数学中的运算符相同。表 2-5 列出了 Java 支持的算术运算符。

表 2-5　算术运算符

运算符	说　明	示　例	运算符	说　明	示　例
＋	加	1＋2	%	求余数	32%9
－	减	5－3	＋＋	自增	a＋＋、＋＋a
*	乘	20 * 5	－－	自减	a－－、－－a
/	求商	6/4			

3. 关系运算符

关系运算符(relational operators)也可以称为“比较运算符”，用于用来比较判断两个变量或常量的大小。关系运算符是二元运算符，运算结果是布尔类型。当运算符对应的关系成立时，运算结果是 true，否则是 false。

注意，关系运算符的优先级为：＞、＜、＞＝、＜＝ 具有相同的优先级，并且高于具有相同优先级的“!＝”和“＝＝。”关系运算符的优先级高于赋值运算符但低于算术运算符，结合方向是自左向右。表 2-6 列出了 Java 支持的关系运算符。

表 2-6　关系运算符

运算符	说　明	示　例	运算符	说　明	示　例
＝＝	等于	i＝＝1	＜	小于	i＜1
!＝	不等于	i!＝1	＞＝	大于或等于	i＞＝1
＞	大于	i＞1	＜＝	小于或等于	i＜＝1

4. 逻辑运算符

逻辑运算符的作用是把各个运算的关系表达式连接起来组成一个复杂的逻辑表达式，来判断程序中的表达式是否成立，判断的结果是 true 或 false。

逻辑运算符的优先级为：! 运算符级别最高，"&&"运算符级别高于"||"。! 运算符的优先级高于算术运算符，而"&&"和"||"运算符则低于关系运算符。结合方向是：逻辑非（单目运算符）具有右结合性，逻辑与和逻辑或（双目运算符）具有左结合性。表 2-7 列出了 Java 支持的逻辑运算符。

表 2-7 逻辑运算符

运算符	说明	示例	运算符	说明	示例
!	逻辑非	! a	||	逻辑或	a||b
&&	逻辑与	a&&b			

5. 运算符的优先级

所有数学运算都被认为是从左向右运算的，Java 语言中大部分运算符也是从左向右结合的，只有单目运算符、赋值运算符和三目运算符例外，这 3 类运算符是从右向左结合的，也就是从右向左运算。

乘法和加法是两个可结合的运算，也就是说，这两个运算符左右两边的操作数可以互换位置而不会影响结果。运算符有不同的优先级，所谓优先级就是在表达式运算中的运算顺序。

一般而言，单目运算符优先级较高，赋值运算符优先级较低。算术运算符优先级较高，关系和逻辑运算符优先级较低。多数运算符具有左结合性，单目运算符、三目运算符、赋值运算符具有右结合性。

Java 语言中运算符的优先级共分为 14 级，其中 1 级最高，14 级最低。在同一个表达式中运算符优先级高的先执行。表 2-8 列出了 Java 中所有运算符的优先级及结合性。

表 2-8 Java 中运算符的优先级和结合性

优先级	运算符	类别	结合性
1	()	括号运算符	从左向右
1	[ ]	方括号运算符	从左向右
2	!、+、−	一元运算符	从右向左
2	~	位逻辑运算符	从右向左
2	++、−−	递增与递减运算符	从右向左
3	*、/、%	算术运算符	从左向右
4	+、−	算术运算符	从左向右
5	<<、>>	位左移、右移运算符	从左向右

续表

<table>
<tr><th>优先级</th><th>运算符</th><th>类　别</th><th>结合性</th></tr>
<tr><td>6</td><td>＞、＞＝、＜、＜＝</td><td>关系运算符</td><td>从左向右</td></tr>
<tr><td>7</td><td>＝＝、!＝</td><td>关系运算符</td><td>从左向右</td></tr>
<tr><td>8</td><td>&</td><td>位逻辑运算符</td><td>从左向右</td></tr>
<tr><td>9</td><td>^</td><td>位逻辑运算符</td><td>从左向右</td></tr>
<tr><td>10</td><td>|</td><td>位逻辑运算符</td><td>从左向右</td></tr>
<tr><td>11</td><td>&&</td><td>逻辑运算符</td><td>从左向右</td></tr>
<tr><td>12</td><td>||</td><td>逻辑运算符</td><td>从左向右</td></tr>
<tr><td>13</td><td>?:</td><td>条件运算符</td><td>从右向左</td></tr>
<tr><td>14</td><td>＝</td><td>赋值运算符</td><td>从右向左</td></tr>
</table>

2.2.4　流程控制语句

从结构化程序设计角度出发，程序有 3 种结构：顺序结构、选择结构和循环结构。本节将对 Java 程序中的上述 3 种流程结构进行学习。初学者应该对每种结构进行仔细阅读、思考，这样才能达到事半功倍的效果。

1. 顺序结构

顺序结构是 Java 最基本的流程化结构，其特点是程序按由上到下的顺序一句一句地执行。顺序结构是最简单的算法结构，由若干个依次执行的处理步骤组成，它是任何一个语言都离不开的一种基本算法结构。若非特殊指明，程序都遵循顺序结构。

2. 选择结构

选择结构(也称分支结构)是根据条件判断之后再做处理的一种语法结构，解决了顺序结构不能做判断的缺点，可以根据一个条件判断执行哪些语句块。选择结构更适合逻辑条件判断的计算，例如判断是否到下班时间、判断两个数的大小等。选择结构包括 if 语句和 switch 语句。

1) if 语句

if 语句用来判定所给定的条件是否满足，根据判定的结果(真或假)决定执行给出的两种操作之一。if 语句包括基本 if 单选结构、if-else 选择结构和多选结构，格式分别如下所示，if 结构流程如图 2-2 和图 2-3 所示。

```
//基本 if 选择结构
if(选择条件)          //当选择条件为真时执行下面的语句块,否则不执行
{
    语句块;
}
```

```
//if-else选择结构
if(选择条件)            //当选择条件为真时执行语句块1,条件为假时执行语句块2
{
    语句块1;
}
else
{
    语句块2;
}

//多选结构
if(选择条件1)           //当选择条件1为真时执行语句块1,否则执行下面的else
{
    语句块1;
}
else if(选择条件2)      //当选择条件2为真时执行语句块2,否则执行下面的else
{
    语句块2;
}
⋮
else                    //以上所有选择条件皆不为真时执行语句块n
{
    语句块n;
}
```

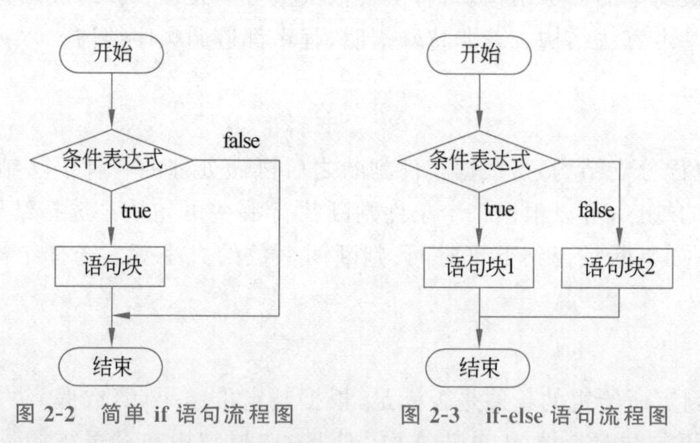

图 2-2　简单 if 语句流程图　　图 2-3　if-else 语句流程图

【例 2-4】 编写一个 Java 程序,允许用户从键盘输入一个数字,再判断该数是否大于100。要求:使用 if 语句编写程序。

```
public static void main(String[] args)
{
    System.out.println("请输入一个数字:");
    Scanner input =new Scanner(System.in);
```

```
        int num = input.nextInt();          //接收键盘输入数据

        if (num > 100)                      //判断用户输入的数据是否大于 100
            {
                System.out.println("输入的数字大于 100");
            }

        if (num == 100)                     //判断用户输入的数据是否等于 100
            {
                System.out.println("输入的数字等于 100");
            }

        if (num < 100)                      //判断用户输入的数据是否小于 100
            {
                System.out.println("输入的数字小于 100");
            }
    }
```

运行该程序，使用键盘输入 88，结果如下所示：

```
请输入一个数字：
88
输入的数字小于 100
```

运行该程序，使用键盘输入 100，结果如下所示：

```
请输入一个数字：
100
输入的数字等于 100
```

运行该程序，使用键盘输入 109，结果如下所示：

```
请输入一个数字：
109
输入的数字大于 100
```

2）switch 语句

当存在多种选择条件时，可以使用一种更便捷的 switch 语句。当需要多重分支，使用 switch 选择结构代替多重 if 选择结构会更简单，代码结构更清晰易读。switch 语句用在编程中，经常跟 case 一起使用，是一个判断选择代码，其功能就是控制流程流转。switch 语句的基本语法形式如下所示：

```
switch(表达式)
{
    case 值 1:                          语句块 1;break;
```

```
    case 值 2:                              语句块 2; break;
    ⋮
    case 值 n:                              语句块 n;break;
    default:                                语句块 n+1;break;
}
```

switch 中的表达式结果必须为整型或字符型。当表达式的值与某个 case 后的值相等时，就执行此 case 后面的语句，并依次执行后面所有 case 语句中的语句，除非遇到 break 语句跳出 switch 语句为止。若所有的 case 值都不能匹配，则执行 default 后面的语句块。图 2-4 所示为 switch 结构流程示意图。

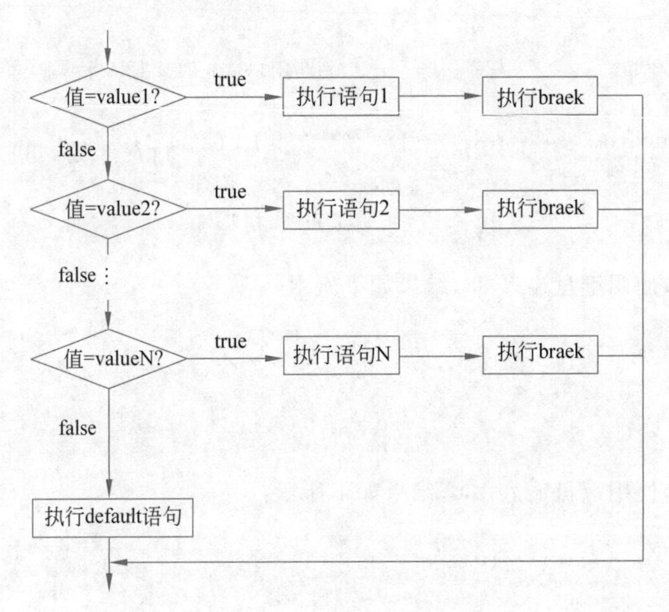

图 2-4　switch 结构流程示意图

3. 循环结构

循环结构是程序中的重要流程结构之一。循环语句能够使程序代码重复执行，适用于需要重复一段代码直到满足特定条件为止的情况。所有流行的编程语言中都有循环语句。Java 中采用的循环语句与 C 语言中的循环语句相似，主要有 while 语句、do-while 语句和 for 语句。它们的共同点是根据给定条件来判断是否继续执行指定的程序段（循环体）。如果满足执行条件，就继续执行循环体；否则就不再执行循环体，结束循环语句。以下是几种主要的循环结构。

1）while 语句

while 语句是 Java 中最基本的循环语句，是一种先判断的循环结构，可以在一定条件下重复执行一段代码。该语句需要判断一个测试条件，如果该条件为真，则执行循环语句（循环语句可以是一条或多条），否则跳出循环，如图 2-5 所示。while 循环语句的语法结构如下：

```
//while 循环语法
```

```
while(条件表达式)
{
    循环体;
}
```

2）**do-while** 语句

do-while 循环语句也是 Java 中广泛应用的循环语句，由循环条件和循环体组成，但它与 while 语句略有不同。do-while 循环语句的特点是先执行循环体，然后判断循环条件是否成立。do-while 语句的语法格式如下：

```
do
{
    循环体;
}while(条件表达式);
```

do-while 语句的执行过程是，首先执行一次循环操作，然后再判断 while 后面的条件表达式是否为 true，如果循环条件满足，循环继续执行，否则退出循环。while 语句后必须以分号表示循环结束，其运行流程如图 2-6 所示。

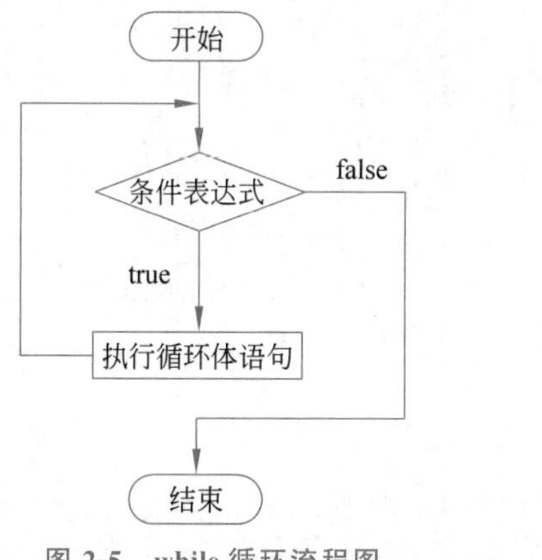

图 2-5　**while** 循环流程图

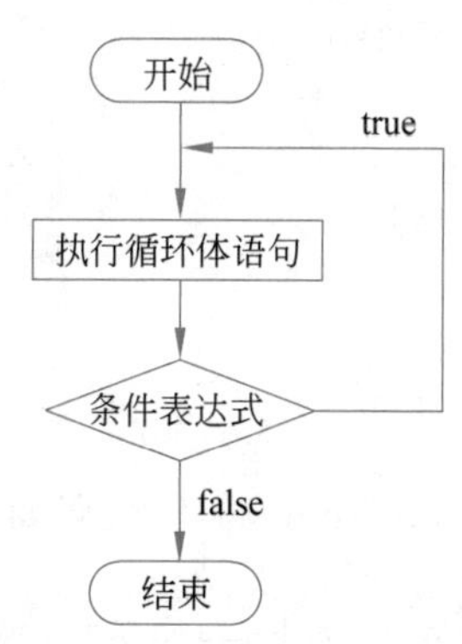

图 2-6　**do-while** 循环流程图

while 循环和 do-while 循环的不同之处如下。

(1) 语法不同：与 while 循环相比，do-while 循环将 while 关键字和循环条件放在后面，而且前面多了 do 关键字，后面多了一个分号。

(2) 执行次序不同：while 循环先判断，再执行；do-while 循环先执行，再判断。一开始循环条件就不满足的情况下，while 循环一次都不会执行，do-while 循环则不管什么情况下都至少执行一次。

3）**for** 语句

for 语句是应用最广泛、功能最强的一种循环语句。大部分情况下，for 循环可以代替 while 循环和 do-while 循环。

for 语句是一种在程序执行前就要先判断条件表达式是否为真的循环语句。假如条件表达式的结果为假，那么它的循环语句根本不会执行。for 语句通常用在知道循环次数的循环中。for 语句语法格式如下：

```
for(表达式 1;表达式 2;表达式 3)
{
    循环体;
}
```

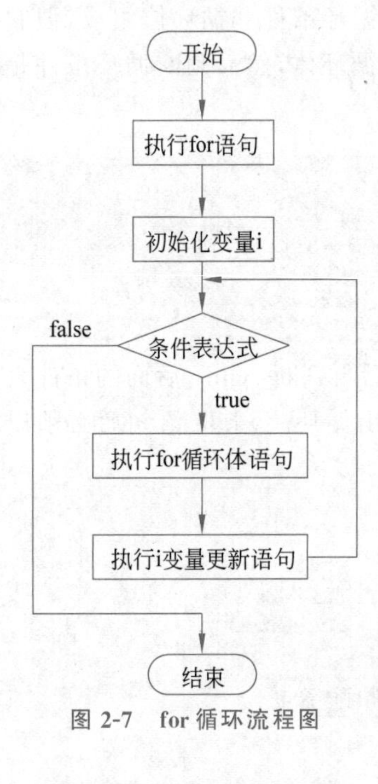

图 2-7 for 循环流程图

for 循环语句执行的过程为：首先执行条件表达式 1 进行初始化，然后判断条件表达式 2 的值是否为 true，如果为 true，则执行循环体语句块；否则直接退出循环。最后执行表达式 3，改变循环变量的值，至此完成一次循环。接下来进行下一次循环，直到条件表达式 2 的值为 false，才结束循环，其运行流程如图 2-7 所示。

【例 2-5】 分别用 for、do-while 和 while 语句求出 1～10 的和。

(1) 使用 for 循环，代码如下：

```
public static void main(String[ ] args)
{
    int sum = 0;
    for (int i = 1; i < 11; i++)
    {
        sum = sum + i;
    }
    System.out.println(sum);
}
```

(2) 使用 do-while 循环，代码如下：

```
public static void main(String[ ] args)
{
    int sum = 0;
    int i = 1;
    do
    {
        sum = sum + i;
        i++;
    } while (i < 11);
    System.out.println(sum);
}
```

(3) 使用 while 循环，代码如下：

```
public static void main(String[ ] args) {
```

```
        int sum =0;
        int i =1;
        while (i <11)
        {
            sum =sum +i;
            i++;
        }
        System.out.println(sum);
    }
```

2.3 面向对象基本概念和应用

面向对象是一种符合思维习惯的编程思想。现实生活中存在各种形态的事物,这些事物之间存在着各种各样的联系。在程序中使用对象来映射现实中的事物,使用对象的关系来描述事物之间的联系,这种思想就是面向对象。Java 是一门面向对象的程序设计语言,它的面向对象特征主要可以概括为封装、继承和多态,本节对这些特征进行简单介绍。

面向对象开发模式更有利于人们开拓思维,在具体的开发过程中便于程序的划分,方便程序员分工合作,提高开发效率。面向对象程序设计有以下优点。

(1) 可重用性: 代码重复使用,减少代码量,提高开发效率。

(2) 可扩展性: 新的功能可以很容易地加入系统中,便于软件的修改。

(3) 可管理性: 能够将功能与数据结合,方便管理。

2.3.1 类与对象

类与对象是面向对象至关重要的两个词汇,学习 Java 语言必须掌握类与对象的概念,只有这样才可能从深层次理解 Java 语言的开发理念。本节将详细介绍 Java 中类的定义和对象的使用。

1. 类与对象的概述

面向对象的编程思想力图让程序中对事物的描述与该事物在现实中的形态保持一致。为了做到这一点,面向对象的编程思想中用到了两个概念,即类和对象。

类是对某一类事物的抽象描述,可以理解为类别,每个类别都有每个类别的特点。而对象用于表示现实中该类事物的个体。类可以认为是对对象的概括和总结,类是定义,而对象就是依据这个定义制造出来的实体。

所以我们总是可以说,某个对象是属于某个类的对象。例如,张三是一名学生,这里张三是对象,而学生是张三这个对象所属的类,那么我们就可以说: 张三是学生。类和对象的关系,总是可以体现为这样的“是”的关系。

在程序运行中,对象空间里只有对象,没有类,因为类不是实体。而当我们书写程序时,我们是在写类的定义。运行程序的时候,根据类的定义动态地制造出对象来,由对象之间的消息交互来形成程序的执行结果。

任何一个对象都可以看作由两部分组成：数据和对这些数据的操作。而类是制造对象的依据，所以在类的定义里就是要规定这个类的对象具有什么样的属性和能对这些数据做什么样的操作，或者说能接受什么样的消息。任何对象必定属于某个类型。属于同一个类的对象，可以响应相同的消息，执行相同的操作。或者，反过来说，如果两个对象能够响应相同的消息，我们就认为它们属于同一个类型。例如一支铅笔和一支钢笔，尽管它们有很大的不同，但是它们都可以用来写字，根据这一点，我们可以断定它们都属于同一个类型：笔。

Java 是一门面向对象的程序设计语言，在 Java 中存在“万物皆对象”的说法。类和对象是 Java 程序设计的基础。由于类是抽象的，在 Java 中，类是创建对象的模板；对象是具体的，是类的实例。下面来介绍如何定义类，并使用定义的类创建对象。

2. 类的定义

Java 的源文件是以.java 结尾的文本文件。在源程序文件中，实际上写的是类的定义（也称类的声明）。类的定义语法如下：

```
[public][abstract | final] class 类名称 [extends 父类名称] [implements 接口名称列表]
{
    变量成员声明及初始化;
    方法声明及方法体;
}
```

从上可以看出，与类定义相关的关键字有 class、extends 和 implements。其中关键字 class 表明其后声明的是一个类。如果所声明的类从某一父类派生而来，那么，父类的名字应写在 extends 之后。如果所声明的类要实现某些接口，那么，接口的名字应写在 implements 之后。这三个关键字中只有关键字 class 在类的定义过程中是必需的，另外两个关键字根据需要采用。

对于类的定义，可采用修饰符 public、abstract 或 final 中的一个或者多个修饰，它们用来限定类的使用方式，其中 public 表明此类为公有类，abstract 指明此类为抽象类，final 指明此类为终结类。

类的声明体中包含变量成员和方法声明。变量成员和方法声明都可以有多个。下面是一个类定义的简单例子。

【例 2-6】 定义一个类 Circle，表示圆。

```
class Circle
{
  double radius;
  double getArea()
  {
    return 3.14 ×radius ×radius;
  }
}
```

代码说明：

(1) 程序首先用 class 定义了一个名为 Circle 的类；

(2) 声明了一个成员变量 radius，表示圆的半径；

(3) 声明了一个成员方法 getArea，用来计算圆的面积。

3. 对象的创建和使用

在 Java 程序中，创建对象的方式有多种。最常用的方式是 new 语句，下面定义由类产生对象的基本形式：

```
类名 对象名=new 类名();
```

下面这个示例给出了使用 Circle 类的对象来调用类中的属性与方法的过程。

【例 2-7】 对象的访问。

```
class TestCircleDemo
{
    Circle c =new Circle();        //声明 Circle 类的对象
    c.radius =15;                  //设置成员变量的值
    c.getArea();                   //访问成员方法,返回,没有输出
}
```

4. 构造方法与对象初始化

对象被创建后，一般需要对其成员变量赋初值。Java 语言通常将相关语句定义在构造方法中。构造方法是在对象创建时自动调用执行的，以完成对新创建对象的初始化工作。

在定义和使用构造方法时，需要注意以下几点：

(1) 它具有与类名相同的名称；

(2) 它没有返回值；

(3) 构造方法一般不能直接调用，而是在创建对象时用 new 源代码来调用；

(4) 构造方法的主要作用是完成对实例对象的初始化工作。

【例 2-8】 构造方法的声明。

```
class Circle                       //定义 Circle 类
{
    double radius;                 //定义成员变量,用于表示半径
    Circle(double r)               //初始化成员变量(半径)
    {
        radius =r;
    }
    double getArea()               //定义成员方法,用于计算圆面积
    {
        return 3 .14 ×radius ×radius;
    }
```

```
}

class TestCircleDemo                //测试类
{
    Circle c =new Circle(15)        //声明 Circle 类对象,并初始化
    c.getArea();                    //访问成员方法,然后输出
}
```

代码说明

(1) 先在 Circle 类中定义一个构造方法 Circle(double r);

(2) TestCircleDemo 创建一个 Circle 类对象,用 new 操作符可以自动调用该构造方法,括号中的 15 作为实参传递给构造方法中的 r,从而将新创建对象的 radius 成员变量初始化为 15。

注意:每个类至少有一种构造方法,如果类没有定义任何构造方法,系统将自动产生默认的构造方法。

2.3.2 继承与封装

1. 封装

在面向对象程序设计方法中,封装是一种信息隐蔽技术。通常对象可以把自己的属性的值保护起来,不让其他对象随便接触或改变。其他对象若想改变本对象的属性值,则需要通过传递消息给本对象,请本对象做出动作来改变自己属性的值。这是面向对象思想最重要的原则之一:封装。

封装的定义是将数据和对这些数据的操作放在一起。更严苛的定义是,用这些操作把数据隐藏起来,外界只能看见操作,而看不见数据。

封装的基本原则是要把对象的内部和界面分隔开来。对象内部的数据和内部操作被隐藏起来,公开的只是可以对外的操作,这些公开的部分称为对象的界面。这样,只能通过发消息给界面来要求对象做什么,而不能直接操纵对象内部的数据。

实现封装有以下好处:

(1) 用户只能通过对外提供的公共访问方法来访问数据,能防止对属性的不合理操作;

(2) 易于修改,增加代码的可维护性;

(3) 能进行数据检查;

(4) 能隐藏类的实现细节,提高安全性。

封装的形式如下:

```
封装属性: private 属性类型属性名
封装方法: private 方法返回类型方法名称
```

实现封装的具体步骤如下。

(1) 修改属性的可见性来限制对属性的访问,一般设为 private。

(2) 为每个属性创建一对赋值(setter)方法和取值(getter)方法,一般设为 public,用于

属性的读写。以上实例中 public 方法是外部类访问该类成员变量的入口。

(3) 在赋值和取值方法中,加入属性控制语句(对属性值的合法性进行判断)。

【例 2-9】　circle 类的封装。

```
class Circle                              //定义 circle 类
{
    private double r;                     //定义变量 r
    public void set_r(double r)           //对变量 r 进行设置
    public double get_r()                 //对变量 r 进行读取
    {
        return r;
    }
    public void area()                    //计算圆面积
        double s=0;
        s=3.14 ×r ×r;
        System.out.println("圆半径长为:"+r);
        System.out.println("圆面积为:"+s);
    }
}
```

代码说明

上述案例中使用 private 关键字修饰属性,这就意味除了 Circle 类本身外,其他任何类都不可以访问这些属性。但是,可以调用 sct 方法来对其进行赋值,通过调用 get 方法来访问这些属性。

最终通过封装,实现了对属性的数据访问,满足了条件。

2. 继承

继承是面向对象的特征之一。继承和现实生活中的"继承"的相似之处是保留一些父辈的特性,从而减少代码冗余,提高程序运行效率。

Java 中的继承就是在已经存在类的基础上进行扩展,从而产生新的类。已经存在的类称为父类、基类或超类,而新产生的类称为子类或派生类。在子类中,不仅包含父类的属性和方法,还可以增加新的属性和方法。

继承是 Java 面向对象编程技术的一块基石,因为它允许创建分等级层次的类。继承就是子类继承父类的属性和行为,使得子类对象(实例)可以直接具有与父类相同的属性、相同的行为。子类可以直接访问父类中非私有的属性和行为。

继承提高了代码的复用性,使类与类之间产生了关系。子类拥有父类非 private 的属性、方法。子类可以拥有自己的属性和方法,即子类可以对父类进行扩展。子类可以用自己的方式实现父类的方法。同时,继承提高了类之间的耦合性。

Java 的继承是单继承,但是可以多重继承。单继承就是一个子类只能继承一个父类,而多重继承则是,例如 B 类继承 A 类,C 类继承 B 类,按照关系,B 类是 C 类的父类,A 类是 B 类的父类,这是 Java 继承区别于 C++ 继承的一个特性。Java 与 C++ 定义继承类的方式十分相似,只是 Java 用关键字 extends 代替了 C++ 中的冒号。

类的继承不改变类成员的访问权限，也就是说，如果父类的成员是公有的、被保护的或默认的，它的子类仍具有相应的这些特性，并且子类不能获得父类的构造方法。

在 Java 中，如果要实现继承的关系，可以使用如下的语法：

```
class 子类 extends 父类
{
    类的主体;
}
```

注意：extends 关键字直接跟在子类名之后，其后是该类要继承的父类名称。

【例 2-10】 子类继承父类示例。

```
class Person
{
    private String name;
    private int age;
    public void setName(String name)
    {
        this.name =name;
    }
    public void setAge(int age)
    {
        this.age =age;
    }
    public String getName()
    {
        return this.name;
    }
    public int getAge()
    {
        return this.age;
    }
}

class Student extends Person                //定义子类 Student 继承自 Person
{
}

public class TestDemo                       //测试类
{
public static void main(String args[])
    {
        Student stu =new Student();         //实例化的是子类
        stu.setName("陈晓");                 //Person 类定义
        stu.setAge(30);                     //Person 类定义
```

```
        System.out.println("姓名:" +stu.getName() +",年龄:" +stu.getAge());
    }
}
```

程序运行结果如下：

```
姓名：陈晓,年龄：30
```

代码说明

示例中，可以看出 Student 类通过 extends 关键字继承了 Person 类。这样 Student 类便成为 Person 类的子类。从运行结果不难看出，子类虽然没有定义姓名和年龄属性，但是能访问这些成员和方法。这说明子类继承父类后，会自动拥有父类所有的成员。

在面向对象语言中，继承是必不可少的、非常优秀的语言机制，从上面的案例中可以看出继承实现了代码共享，减少了创建类的工作量，使子类拥有了父类的方法和属性。

但继承本身也有一定的局限性：只要继承，子类就必须拥有父类的属性和方法；子类拥有父类的属性和方法后多了些约束，降低了代码的灵活性；当父类的常量、变量和方法被修改时，需要考虑子类的修改，有可能会导致大段的代码需要重构。综上，开发者应当灵活运用继承，取之长处避之短处。

2.3.3　抽象类和接口

1. 抽象类

Java 语言提供了两种类，分别为具体类和抽象类。前面例子中学习接触的类都是具体类。本节介绍抽象类。

通过前面的学习，可以知道在面向对象概念中，所有的对象都是通过类来描绘的，但是反过来，并不是所有的类都用来描绘对象。如果一个类中没有包含足够的信息来描绘一个具体的对象，这样的类就是抽象类。

抽象类往往用来表征抽象概念，是对一系列看上去不同，但是本质上相同的具体概念的抽象。例如，演奏家演奏钢琴或小提琴，这里的钢琴或小提琴是一些具体概念，它们是不同的，但是它们又都属于“乐器”这一概念。因此“乐器”可以看成一个抽象概念或是抽象类。

Java 中抽象类的语法格式如下：

```
public abstract class 类名
{
    抽象类;                    //抽象类中可以包含变量、常量,抽象方法,非抽象方法
}
```

其中，abstract 表示该类或该方法是抽象的，如果一个方法使用 abstract 来修饰，则说明该方法是抽象方法。需要注意的是 abstract 关键字只能用于普通方法，不能用于 static 方法或者构造方法中。

抽象类定义规则如下：

(1) 抽象类和抽象方法都必须用 abstract 关键字来修饰;

(2) 抽象类不能被实例化,也就是不能用 new 关键字去产生对象;

(3) 抽象方法只需要声明,而不需要实现。

注意:在使用 abstract 关键字修饰抽象方法时不能使用 private 修饰,因为抽象方法必须被子类重写,而如果使用了 private 声明,则子类是无法重写的。

【例 2-11】 创建一个几何图形的抽象类。

```
public abstract class Shape
{
    public int width;                    //几何图形的长
    public int height;                   //几何图形的宽
public Shape(int width, int height)
    {
        this.width =width;
        this.height =height;
    }
    public abstract double area();       //定义抽象方法,计算面积
}
```

代码说明

该程序中创建了抽象类 Shape,并创建了长度和宽度两个属性,并且通过构造方法 Shape() 给这两个属性赋值。

在 Shape 类的最后定义了一个抽象方法 area(),用来计算图形的面积。在这里,Shape 类只是定义了计算图形面积的方法,而对于如何计算并没有任何限制。也可以这样理解,抽象类 Shape 仅定义了子类的一般形式。

2. 接口的声明和实现

抽象类可以看作从多个类中抽象出来的模板,如果将这种抽象进行得更加彻底,可以提炼出一种更加特殊的“抽象类”——接口(interface)。接口是 Java 中最重要的概念之一,它可以被理解为一种特殊的类。

接口在 Java 编程语言中是一个抽象类型,是抽象方法的集合,接口通常以 interface 来声明。一个类通过继承接口的方式,从而来继承接口的抽象方法。接口并不是类,但编写接口的方式却和类很相似,但是它们又属于不同的概念。类描述对象的属性和方法。接口则包含类要实现的方法。

接口无法被实例化,但是可以被实现。一个实现接口的类,必须实现接口内所描述的所有方法,否则就必须声明为抽象类。另外,在 Java 中,接口类型可用来声明一个变量,它们可以成为一个空指针,或是被绑定在一个以此接口实现的对象上。

接口的声明语法格式如下:

```
[public] interface 接口名称 [extends 其他的接口名]
{
    …      //声明变量
```

```
…    //抽象方法
}
```

接口的实现语法格式如下：

```
Class 类名称 implements 接口 A,接口 B
{
  ⋮
}
```

实现接口需要注意以下几点。

(1) 实现接口与继承父类相似，一样可以获得所实现接口里定义的常量和方法。如果一个类需要实现多个接口，则多个接口之间以逗号分隔。

(2) 一个类可以继承一个父类，并同时实现多个接口，implements 部分必须放在 extends 部分之后。

(3) 一个类实现了一个或多个接口之后，这个类必须完全实现这些接口里所定义的全部抽象方法(也就是重写这些抽象方法)；否则，该类将保留从父接口那里继承到的抽象方法，该类也必须定义成抽象类。

【例 2-12】 接口的实现方式实例。

创建一个名称为 IMath 的接口，代码如下：

```
public interface IMath
{
    public int sum();                      //完成两个数的相加
    public int maxNum(int a,int b);        //获取较大的数
}
```

定义一个 MathClass 类并实现 IMath 接口，MathClass 类实现代码如下：

```
public class MathClass implements IMath
{
    private int num1;                          //第 1 个操作数
    private int num2;                          //第 2 个操作数
    public MathClass(int num1, int num2)       //构造方法
    {
        this.num1 =num1;
        this.num2 =num2;
    }
    //实现接口中的求和方法
    public int sum()
    {
        return num1 +num2;
    }
    //实现接口中获取较大数的方法
```

```
    public int maxNum(int a, int b)
    {
        if (a >=b)
        {
            return a;
        }
        else
        {
            return b;
        }
    }
}
```

最后创建测试类 NumTest,调用该类中的方法并输出结果。

```
public class NumTest
{
    public static void main(String[] args)
    {
        //创建实现类的对象
        MathClass calc =new MathClass(100, 300);
        System.out.println("100 和 300 相加结果是: " +calc.sum());
        System.out.println("100 比较 300,哪个大: " +calc.maxNum(100, 300));
    }
}
```

程序运行结果如下:

```
100 和 300 相加结果是: 400
100 比较 300,哪个大: 300
```

代码说明

该程序中首先定义了一个 IMath 的接口,在该接口中只声明了两个未实现的方法,这两个方法需要在接口的实现类中实现。在实现类 MathClass 中定义了两个私有的属性,并赋予两个属性初始值,同时创建了该类的构造方法。因为该类实现了 MathClass 接口,因此必须实现接口中的方法。在最后的测试类中,需要创建实现类对象,然后通过实现类对象调用实现类中的方法。

2.3.4 包

在编写 Java 程序时,随着程序架构越来越大,类的个数也越来越多,这时就会发现管理类名称也是一件很棘手的事,尤其是一些同名问题的发生。有时,开发人员还可能需要将处理同一方面的问题的类放在同一个目录下,以便于管理。

为了解决上述问题,Java 引入了包(package)机制,提供了类的多层命名空间,用于解决类的命名冲突、类文件管理等问题。

1. 包的概念

Java 中的包是类的集合,程序员可以将常用的类或功能相似的类放在同一个包中。类似 Windows 系统用文件夹的方式组织存放文件,Java 通过目录存放各种类文件,并将同一个目录中的类和接口文件看作属于同一个包。这种方式可以使程序模块结构清晰,并实现类的复用。

包的主要作用如下。

(1) 把功能相似或相关的类或接口组织在同一个包中,方便类的查找和使用。

(2) 如同文件夹一样,包也采用了树形目录的存储方式。同一个包中的类名字是不同的,不同的包中的类的名字是可以相同的,当同时调用两个不同包中相同类名的类时,应该加上包名加以区别。因此,包可以避免名字冲突。

(3) 包也限定了访问权限,拥有包访问权限的类才能访问某个包中的类。

2. 创建包

创建包的时候,需要为这个包取一个合适的名字。之后,如果其他的一个源文件包含了这个包提供的类、接口、枚举或者注释类型,都必须将这个包的声明放在这个源文件的开头。包声明应该在源文件的第一行,每个源文件只能有一个包声明,这个文件中的每个类型都应用于它。通常使用 package 语句定义类所在的包,语法格式如下:

```
package 包名;
```

创建 Java 包需要注意下列规则:

(1) 包名全部使用小写字母(多个单词也全部小写);

(2) 如果包名包含多个层次,每个层次用“.”分割;

(3) 包名一般由倒置的域名开头,例如 com.WeChat,不要有 www;

(4) 自定义包不能以 Java 开头。

3. 使用包

为了能够使用某一个包的成员,需要在 Java 程序中明确导入该包。使用关键字 import 语句便能完成此功能。

在 Java 源文件中,import 语句位于 package 语句之后,所有类的定义之前。import 语句可以没有,也可以有多条,其语法格式为:

```
import  package1[ .package2…] .(类名 | *);
```

该条语法中,import 关键字后跟包名,包名和包名之间使用“.”分隔,最后为类名或“*”。

2.3.5　异常处理

很多事件并非总是按照人们意愿顺利发展的,经常出现这样或那样的异常情况。计算机程序的编写也需要考虑处理这些异常情况。异常(exception)是在运行程序时产生的一种异常情况,对于异常的处理已经成为衡量一门语言是否成熟的标准之一。目前的主流编程语言,如 C++、Ruby 和 Python 等大多提供了异常处理机制。

1. 异常的基本概念

异常也称例外,是程序运行中发生的、会打断程序正常执行的事件。Java 库包含了系统定义的常见异常类,例如算术异常(ArithmeticException)、空指针异常(NullPointer Exception)等。表 2-9 列出了 Java 中常见的运行时异常。

表 2-9　Java 中常见的运行时异常

异常类型	说　　明
ArithmeticException	算术异常,例如以零做除数
ArrayIndexOutOfBoundException	数组索引越界
ArrayStoreException	向类型不兼容的数组元素赋值
ClassCastException	类型转换异常
IllegalArgumentException	使用非法实参调用方法
IllegalStateException	环境或应用程序处于不正确的状态
IllegalThreadStateException	被请求的操作与当前线程状态不兼容
IndexOutOfBoundsException	某种类型的索引越界
NullPointerException	尝试访问 null 对象成员,空指针异常
NegativeArraySizeException	负数范围内创建数组
NumberFormatException	数字转化格式异常
TypeNotPresentException	类型未找到

2. 异常处理机制

Java 提供了更加优秀的解决办法:异常处理机制。异常处理机制能让程序在异常发生时,按照代码预先设定的异常处理逻辑针对性地处理异常,让程序尽最大可能恢复正常并继续执行,且保持代码的清晰。

Java 的异常处理是由 try、catch、finally 三个关键字所组成的基本结构,其语法如下:

```
try
{
    要检查的程序语句块;                    //可能出现异常的语句
}
catch(异常类    对象名称)
{
    异常发生时的处理语句;                  //异常处理
}
```

```
finally
{
    一定会运行到的程序代码                 //不管是否出现异常,统一执行的代码
}
```

在以上语法中,可能引发异常的语句被封装在 try 语句块中,用以捕获可能发生的异常。catch 后的()放入匹配的异常类,指明 catch 语句可以处理的异常类型。

如果 try 语句块中发生异常,那么一个相应的异常对象就会被抛出,然后 catch 语句就会依据所抛出异常对象的类型对异常进行捕获并处理。处理之后,程序会跳过 try 语句块中剩余的语句,转到 catch 语句块后的第一条语句开始执行。如果 try 语句块中发生异常,而没有一个 catch 能够匹配捕获,这时,Java 会中断 try 语句块的执行,转而执行 finally 语句块。最后将这个异常抛回到这个方法的调用者。

如果 try 语句块中没有异常发生,那么 try 语句块正常结束,后面的 catch 语句块被跳过,程序将从 catch 语句块后的第一条语句开始执行。

异常处理流程图如图 2-8 所示。

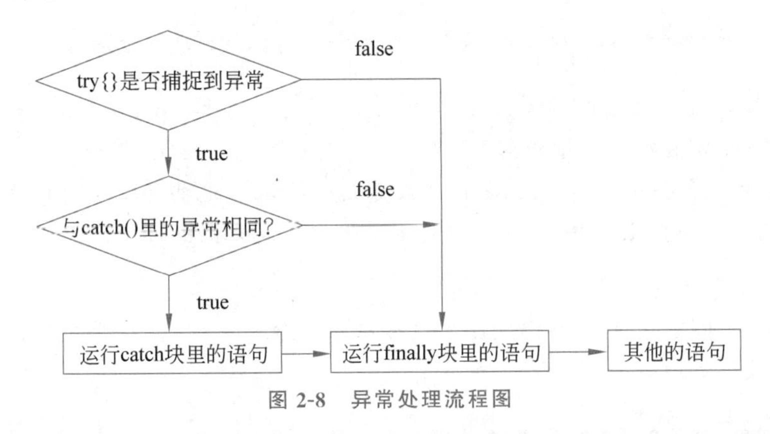

图 2-8　异常处理流程图

【例 2-13】 指定 try-catch 语句抛出异常。

```
public class ExcepTest
{
    public static void main(String args[])
    {
        try{
            int a[] =new int[2];
            System.out.println("Access element three :" +a[3]);
        }catch(ArrayIndexOutOfBoundsException e){
            System.out.println("Exception thrown  :" +e);
        }finally{
            System.out.println("Out of the block");
        }
    }
}
```

代码说明

示例中声明了两个元素的一个数组，当试图访问数组的第 4 个元素时就会抛出一个异常。上述示例先在 main()方法中使用了 try－catch 语句来捕获异常，将可能发生异常的代码放在了 try 块中，在 catch 语句中指定捕获的异常类型为 Exception，并调用异常对象方法输出异常信息。

3. 异常抛出

Java 中的异常处理除了捕获异常和处理异常之外，还包括声明异常和抛出异常。实现声明和抛出异常的关键字非常相似，它们是 throws 和 throw。可以通过 throws 关键字在方法上声明该方法要抛出的异常，然后在方法内部通过 throw 抛出异常对象。本节详细介绍在 Java 中如何声明异常和抛出异常。

1）throws 声明异常

当一个方法产生一个它不处理的异常时，那么就可以使用 throws 关键字在该方法的头部声明这个异常，以便将该异常传递到方法的外部进行处理。throws 具体语法如下：

```
returnType method_name (paramList) throws Exception1,Exception2,…{…}
```

其中，returnType 表示返回值类型；method_name 表示方法名；paramList 表示参数列表；Exception1，Exception2，…表示异常类。

注意：如果有多个异常类，它们之间需要用逗号分隔。这些异常类可以是方法中调用了抛出异常的方法而产生的异常，也可以是方法体中生成并抛出的异常。

2）throw 抛出异常

与 throws 不同的是，throw 语句用来直接抛出一个异常，后接一个可抛出的异常类对象，其语法格式如下：

```
throw ExceptionObject;
```

其中，ExceptionObject 是抛出类或其子类的对象。

【例 2-13】 方法内部抛出异常、处理异常。

```
public class Demo
{
    public static void main(String[] args)
    {
        int a=5,b=0;
        try
        {
            if(b==0)
            { throw new ArithmeticException();  //调用 throw 关键字抛出异常 }
            else
            { System.out.println(a+"/"+b+"="+a/b);}
            }
```

```
        catch(ArithmeticException)              //方法内处理异常{
            System.out.println("异常:"+e+" 被抛出了!");
        }
    }
}
```

◈习　　题

一、判断题

1. Java 的源代码中定义几个类,编译结果就生成几个以.class 为后缀的字节码文件。（　）

2. Java 程序里,创建新的类对象用关键字 new,回收无用的类对象用关键字 free。（　）

3. Java 有垃圾回收机制,内存回收程序可在指定的时间释放内存对象(人工可以指定的程序改变)。（　）

4. 构造函数用于创建类的实例对象,构造函数名应与类名相同,返回类型为 void(无返回类型)。（　）

5. 在异常处理中,若 try 中的代码可能产生多种异常,则可以对应多个 catch 语句;若 catch 中的参数类型有父类子类关系,此时应该将父类放在后面,子类放在前面。（　）

6. 拥有 abstract 方法的类是抽象类,但抽象类中可以没有 abstract 方法。（　）

7. Java 的屏幕坐标以像素为单位,容器的左下角被确定为坐标的起点。（　）

8. 静态初始化器是在其所属的类加载内存时由系统自动调用执行。（　）

二、选择题

1. 以下关于继承的叙述正确的是(　)。
   A. 在 Java 中类只允许单一继承。
   B. 在 Java 中一个类只能实现一个接口。
   C. 在 Java 中一个类不能同时继承一个类和实现一个接口。
   D. 在 Java 中接口只允许单一继承。

2. (　)不是 Java 的原始数据类型。
   A. int　　B. boolean　　C. float　　D. char

3. 若需要定义一个类域或类方法,应使用哪种修饰符?(　)
   A. static　　B. package　　C. private　　D. public

4. 下列哪些语句关于 Java 内存回收的说明是正确的?(　)
   A. 程序员必须创建一个线程来释放内存。
   B. 内存回收程序负责释放无用内存。
   C. 内存回收程序允许程序员直接释放内存。
   D. 内存回收程序可以在指定的时间释放内存对象。

5. 在使用 interface 声明一个接口时,只可以使用(　)修饰符修饰该接口。

A. private　　　　B. protected
C. private protected　　　　D. public

6. 编译 Java Application 源程序文件将产生相应的字节码文件，这些字节码文件的扩展名为(　　)。

A. java　　B. class　　C. html　　D. exe

7. 设 x = 1 , y = 2 , z = 3，则表达式 y+=z-- /++ x 的值是(　　)。

A. 3　　B. 3.5　　C. 4　　D. 5

8. 关于 for循环和 while 循环的说法哪个正确？(　　)

A. while 循环先判断后执行，for 循环先执行后判断。
B. while 循环判断条件一般是程序结果，for 循环的判断条件一般是非程序结果。
C. 两种循环任何时候都不可以替换。
D. 两种循环结构中都必须有循环体，循环体不能为空。

9. 关于对象成员占用内存的说法哪个正确？(　　)

A. 同一个类的对象共用同一段内存。
B. 同一个类的对象使用不同的内存段，但静态成员共享相同的内存空间。
C. 对象的方法不占用内存。
D. 以上都不对。

10. 下列说法哪个正确？(　)

A. 不需要定义类，就能创建对象。
B. 对象中必须有属性和方法。
C. 属性可以是简单变量，也可以是一个对象。
D. 属性必须是简单变量。

三、填空题

1. 开发与运行 Java 程序需要经过的三个主要步骤为________、________和________。

2. 在 Java 的基本数据类型中，char 型采用 Unicode 编码方案，每个 Unicode 码占用________字节内存空间，这样，无论是中文字符还是英文字符，都占用________字节内存空间。

3. 设 x = 2 ，则表达式 (x + +)/3 的值是________。

4. 若 x = 5，y = 10，则 x < y 和 x >= y 的逻辑值分别为________和________。

5. ________方法是一种仅有方法头，没有具体方法体和操作实现的方法，该方法必须在抽象类之中定义。________方法是不能被当前类的子类重新定义的方法。

6. 创建一个名为 MyPackage 的包的语句是________，该语句应该放在程序中的位置为________。

7. 在 Java 程序中，通过类的定义只能实现________重继承，但通过接口的定义可以实现________重继承关系。

8. Java 中的________就是在已经存在类的基础上进行扩展，从而产生新的类。已经存在的类称为________。

9. Java 语言提供了两种类，分别为________和________。

10. switch 中的表达式结果必须为________或________。

11. 异常处理是由________、________和________块三个关键所组成的程序块。

12. 当声明一个数组 int arr[] = new int[5]; 时，这代表这个数组所保存的变量类型是________，数组名是________，数组的大小为________，数组元素下标的使用范围是________。

四、简答题

1. 简述 Java 中的异常处理机制。

2. 什么是继承？

3. 按以下要求编写程序。

(1) 创建一个 Rectangle 类，添加 width 和 height 两个成员变量。

(2) 在 Rectangle 中添加两种方法分别计算矩形的周长和面积。

(3) 编程利用 Rectangle 输出一个矩形的周长和面积。

4. 定义一个接口 Area，其中包含一个计算面积的抽象方法 calculateArea()，然后设计 MyCircle 和 MyRectangle 两个类都实现这个接口中的方法 calculateArea()，计算圆和矩形的面积。

第3章 开发环境搭建及调试

本章学习目标

- 下载和安装 DevEco Studio,并配置开发环境。
- 熟悉 DevEco Studio 的常用功能。
- 熟练掌握如何创建一个应用,并使用预览器查看页面效果。
- 熟悉如何用本地模拟器、远程模拟器、远程设备运行一个应用。
- 了解注册和登录华为开发者联盟账号。

3.1 开发环境搭建

3.1.1 DevEco Studio 功能简介

DevEco Studio 是华为公司为 HarmonyOS 应用开发提供的一个集成开发工具,它是基于 IntelliJ IDEA Community 开源版本打造,面向全场景多设备,提供一站式的应用集成开发环境(Integrated Development Environment,IDE),支持分布式多端开发、分布式多端调测、多端模拟仿真,提供全方位的质量与安全保障。

作为一款开发工具,除了具有基本的代码开发、编译构建及调测等功能外,DevEco Studio 还具有如下特点。

(1) 高效智能代码编辑:支持 eTS、JavaScript、C/C++、Java 等语言的代码高亮、代码智能补齐、代码错误检查、代码自动跳转、代码格式化、代码查找等功能,提升代码编写效率。

(2) 低代码可视化开发:丰富的 UI 界面编辑能力,支持自由拖曳组件和可视化数据绑定,可快速预览效果,所见即所得;同时支持卡片的零代码开发,降低开发门槛,提升界面开发效率。

(3) 多端双向实时预览:支持 UI 界面代码的双向预览、实时预览、动态预览、组件预览及多端设备预览,便于快速查看代码运行效果。

(4) 多端设备模拟仿真:提供 HarmonyOS 本地模拟器、远程模拟器、超级终端模拟器,支持手机、智慧屏、智能穿戴设备等多端设备的模拟仿真,便捷获取调试环境。

(5) 支持分布式多段应用开发:HarmonyOS 是分布式操作系统,DevEco Studio 支持一个项目代码跨设备运行和调试,支持不同设备界面的实时预览和差异化开发,为分布式应用开发提供了支持。

开发者在进行 HarmonyOS 应用开发之前,需要对开发软件 DevEco Studio 进行下载安装，并进行一些必要的软件准备和配置，具体的应用开发环境搭建流程如图 3-1 所示。

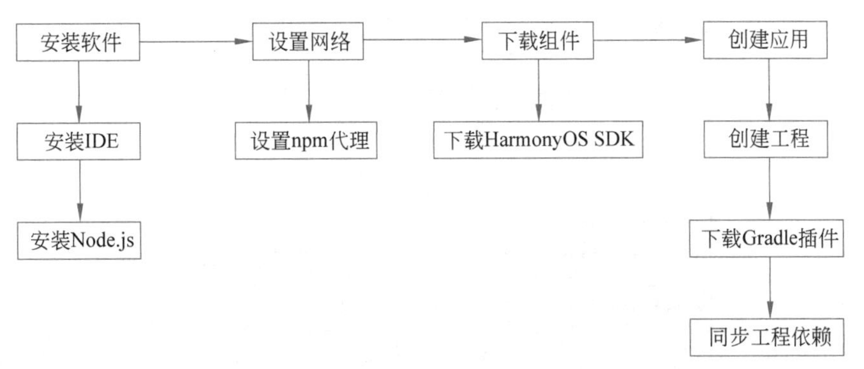

图 3-1　开发环境搭建

3.1.2　DevEco Studio 下载安装

DevEco Studio 的编译构建依赖 JDK（Java Development Kit），DevEco Studio 预置了 OpenJDK，即安装过程中会自动安装 JDK。

进入 HarmonyOS Developer 产品页（https://developer.harmonyos.com/），单击“开发”按钮，选择 DevEco Studio，单击“立即下载”按钮，在“更多版本”中找到 DevEco Studio 3.0 Release，下载 devecostudio-windows-tool-3.0.0.993.zip 压缩包。

（1）双击打开安装包，单击 Next 按钮，如图 3-2 所示。

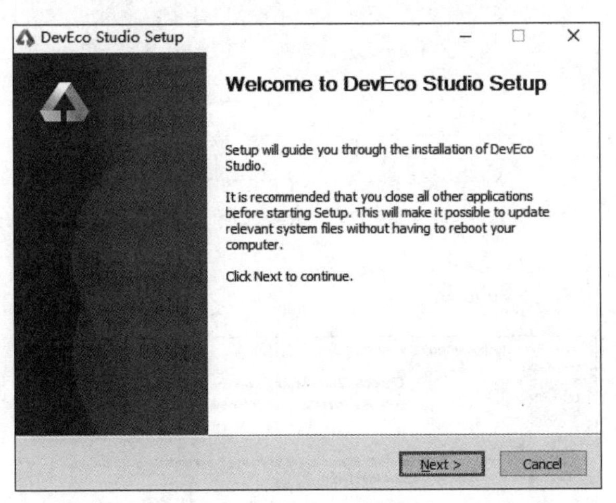

图 3-2　打开安装包

（2）选择软件安装路径，读者可根据自己计算机的配置安装，建议安装到系统盘（C 盘）以外的其他盘，单击 Browse 按钮可以更改路径，更改完毕后单击 Next 按钮，如图 3-3 所示。

（3）选择需要的安装选项，建议初学者只选择第一项创建桌面图标，单击 Next 按钮，如图 3-4 所示。

（4）创建开始菜单文件夹（如图 3-5 所示），即创建在桌面左下角开始栏里的文件夹，用来打开 DevEco Studio，打开方式为“开始”→Huawei→DevEco Studio。单击 Install 按钮，

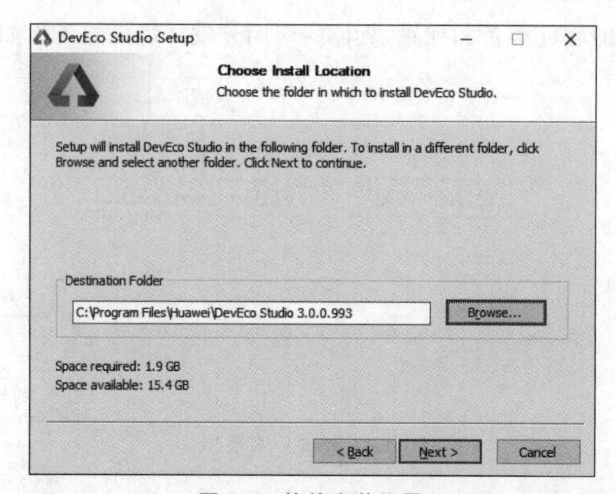

图 3-3　软件安装位置

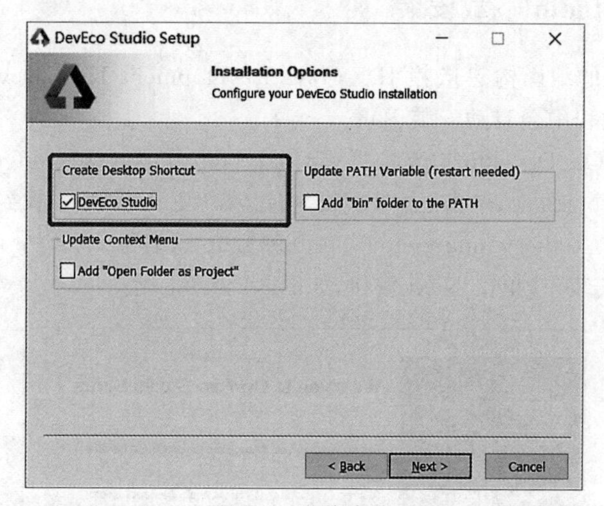

图 3-4　安装选项

然后单击 Next 按钮，直至安装完成。

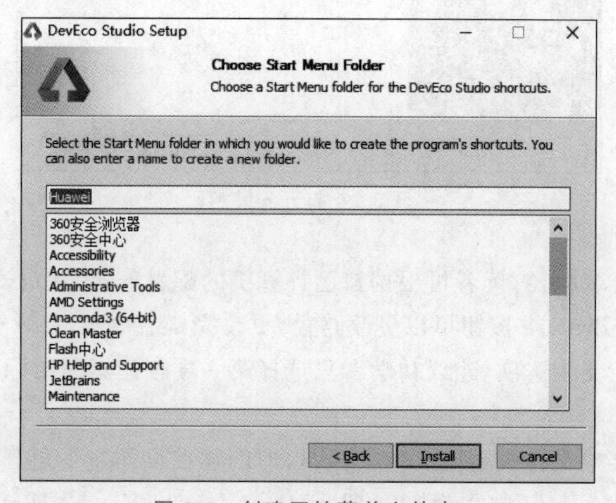

图 3-5　创建开始菜单文件夹

(5) 完成 DevEco Studio 的安装,界面如图 3-6 所示。先不勾选 Run DevEco Studio 选项,单击 Finish 按钮。

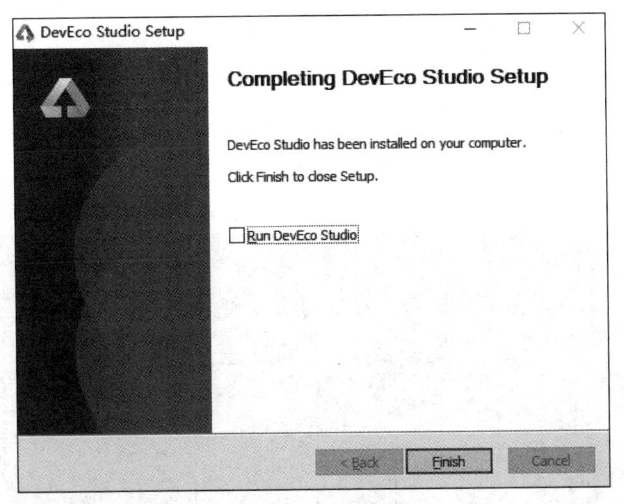

图 3-6　完成安装

(6) 下面对 DevEco Studio 进行设置,在桌面双击启动 DevEco Studio,弹出接受条款界面,单击 Agree 按钮,如图 3-7 所示。

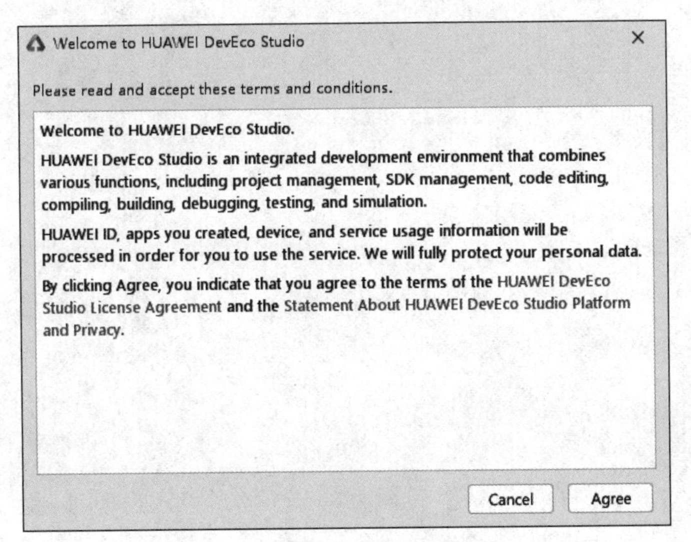

图 3-7　接受条款界面

(7) 导入设置,如果之前有导出的设置,可以按其进行导入。建议初学者选择不导入,单击 OK 按钮,如图 3-8 所示。

(8) 进入 DevEco Studio 操作向导页面,修改 npm registry,DevEco Studio 已预置对应的仓(默认的 npm 仓可能出现部分开发者无法访问或访问速度缓慢的情况),直接单击 Start using DevEco Studio 按钮进入下一步,如图 3-9 所示。

(9) Node.js 安装,选择 Download,Huawei mirror,并选择安装位置,如图 3-10 所示。单击 Next 按钮,直至安装完成,单击 Finish 按钮。

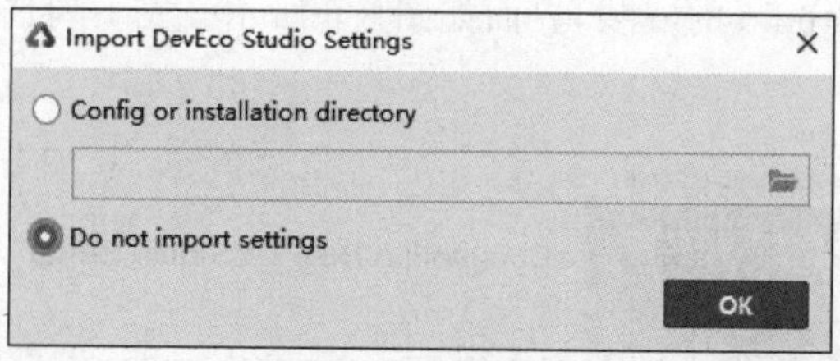

Import DevEco Studio Settings
Config or installation directory
Do not import settings
OK

图 3-8　导入设置

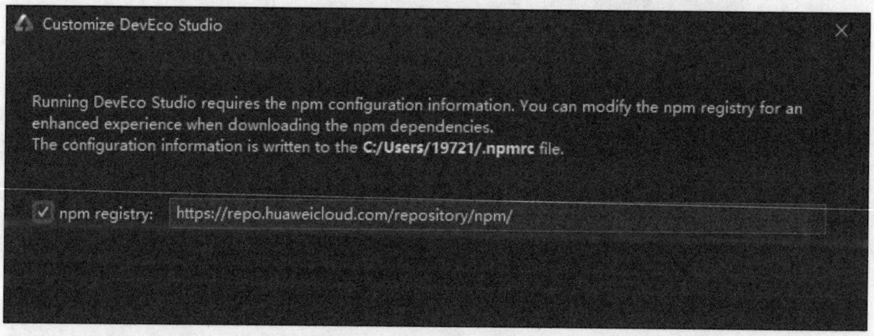

Customize DevEco Studio
Running DevEco Studio requires the npm configuration information. You can modify the npm registry for an enhanced experience when downloading the npm dependencies.
The configuration information is written to the C:/Users/19721/.npmrc file.
npm registry:
https://repo.huaweicloud.com/repository/npm/

图 3-9　npm 设置

Node.js Setup
Node.js setup from:
Local
Download
Download Node.js v14.19.1 from:
Huawei mirror
Node.js official site
Location:
C:\Users\WWJ\nodejs
Click Next to download Node.js to the above location.
Cancel
Previous
Next
Finish

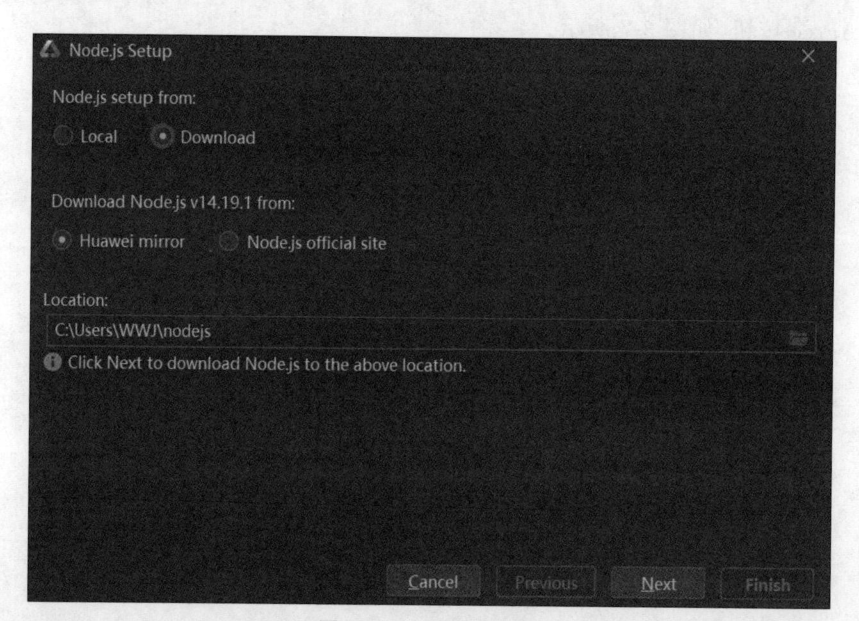

图 3-10　Node.js 安装

(10) SDK 组件设置，选择安装位置，单击 Next 按钮，如图 3-11 所示。

(11) SDK 设置确认，单击 Next 按钮，如图 3-12 所示。

(12) 接受许可协议，分别单击 OpenHarmony-SDK 和 HarmonyOS-SDK 下的 Accept 按钮，如图 3-13 所示，然后单击 Next 按钮，直至完成，单击 Finish 按钮。

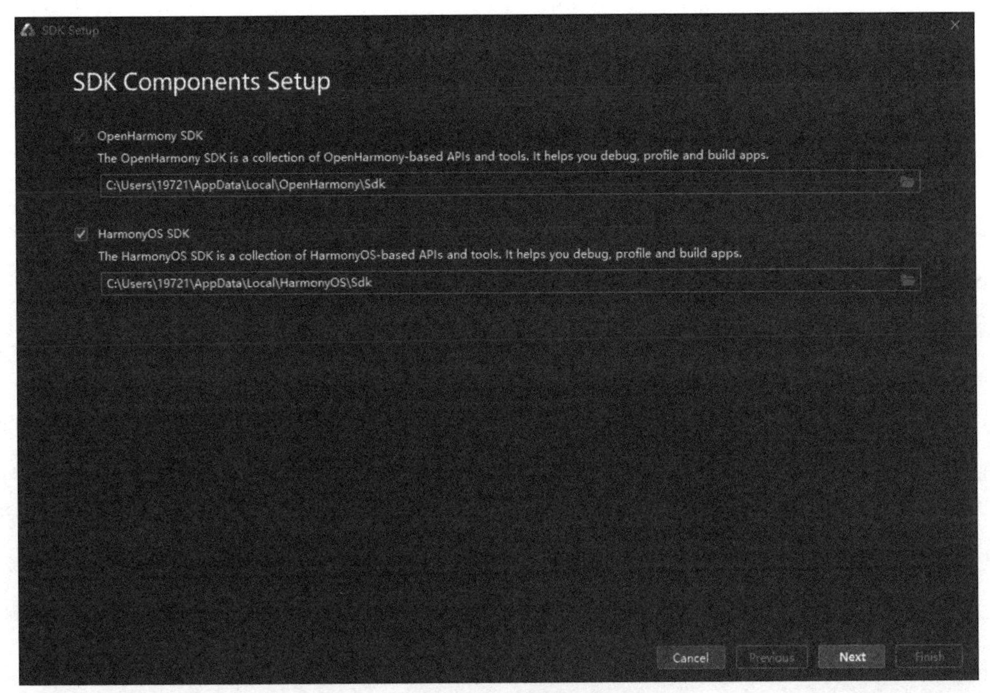

图 3-11　SDK 组件设置

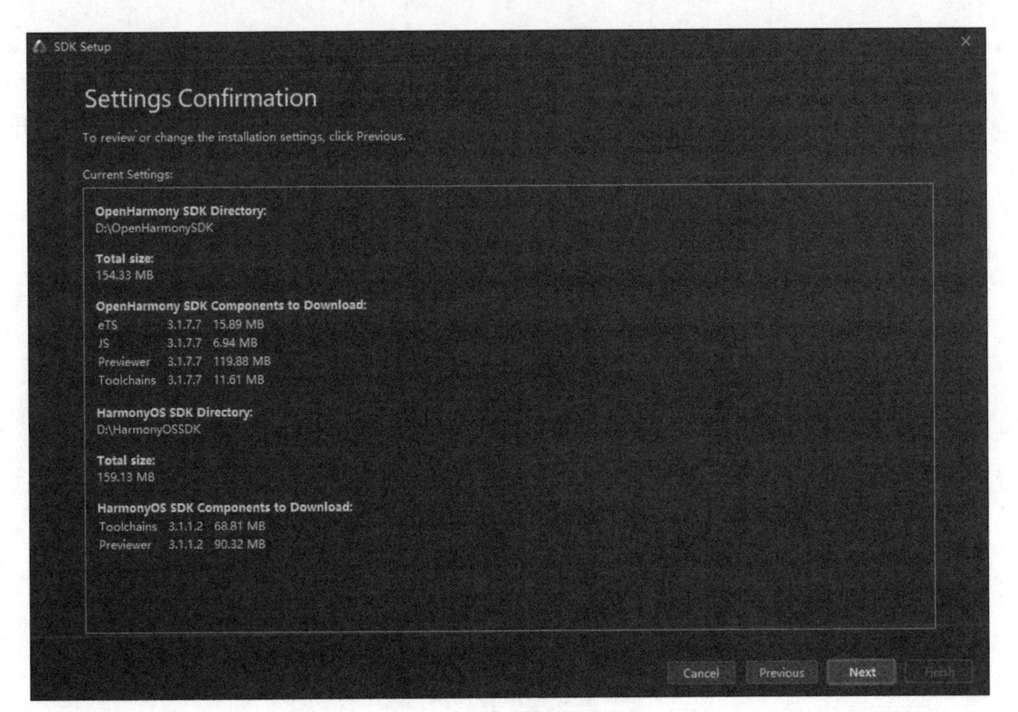

图 3-12　SDK 设置确认

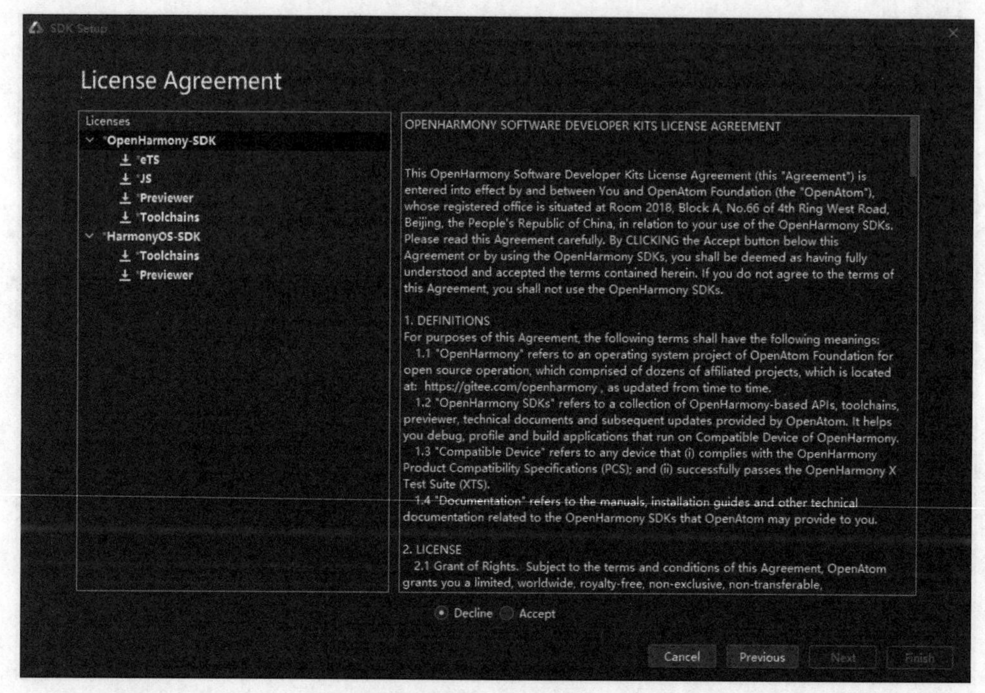

图 3-13　接受许可协议

3.1.3　第一个工程的创建及配置

通过 3.1.2 节的学习，读者应已成功安装了 DevEco Studio 开发工具，下面就可以开发第一个 HarmonyOS 应用，本节将演示第一个应用——Hello World。

(1) 打开开发工具 DevEco Studio 后，出现如图 3-14 所示界面，单击左侧栏的 Create Project 按钮创建新工程。

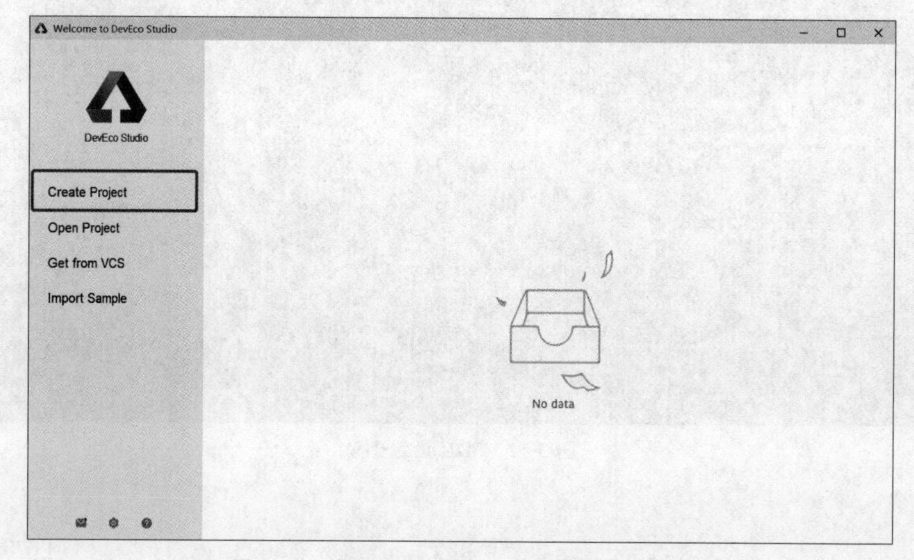

图 3-14　单击 Create Project 按钮创建新工程

(2) 新建工程后，下一步跳转至如图 3-15 所示的界面，选择支持不同开发语言类型的模板。界面有 HarmonyOS 和 OpenHarmony 两个选项，OpenHarmony 是开源项目，应用开发初学者可以暂时不用考虑。本节的例子选择 HarmonyOS 下的 Empty Ability 模板(有关 Ability 的概念将在第 5 章进行介绍，这里简单认为它是应用所具有的一个功能)，它支持包括手机、平板电脑、车机、智慧屏、智能穿戴设备等多种终端设备。单击 Next 按钮进入下一步。

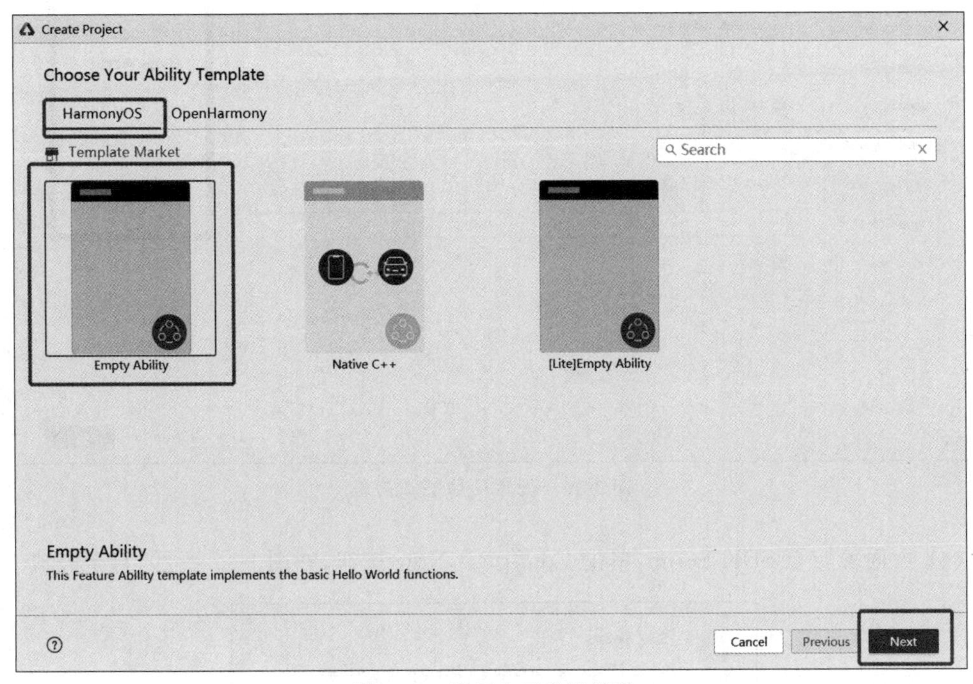

图 3-15 选择应用类型模板

(3) 进入配置界面，如图 3-16 所示，配置这个工程的名称、类型、包名、存储位置、SDK 版本信息、设备类型等。

Project Name：项目名称，遵循命名规范，数字不能为首位，不能用空格符等，不支持中文命名，由大小写字母、数字和下画线组成。

Project Type：选择 Application 项，代表开发的是一个独立的应用。

Bundle Name：一款上市 App 独一无二的标识，默认情况下，应用 ID 会使用该名称，应用发布时，应用 ID 需要唯一。

Save location：工程存储位置，读者可以根据需要修改。

Compile SDK：应用的目标 API 版本，在编译构建时，DevEco Studio 会根据指定的 Compile API 版本进行编译打包，因为本书的编译语言为 Java，所以这里建议选择 API 7 (在 API 7 以后，没有以 Java 语言为编译语言的环境)。

Language：选择 Java。

Compatible SDK：兼容的最低 API 版本，这里选择 6，因为运行程序时使用的远程模拟器最低 API 版本为 6。

Device Type：默认选择 Phone。

配置完成后单击 Finish 按钮。

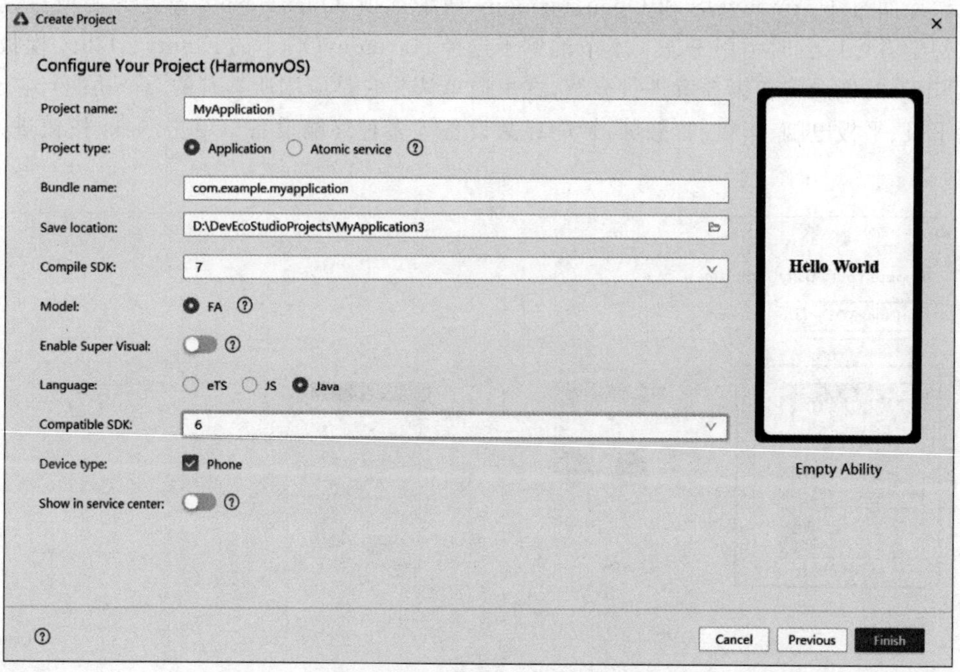

图 3-16　配置项目基本信息

(4) 页面跳转至 SDK Setup,单击 Configure Now 按钮,如图 3-17 所示,直至完成。

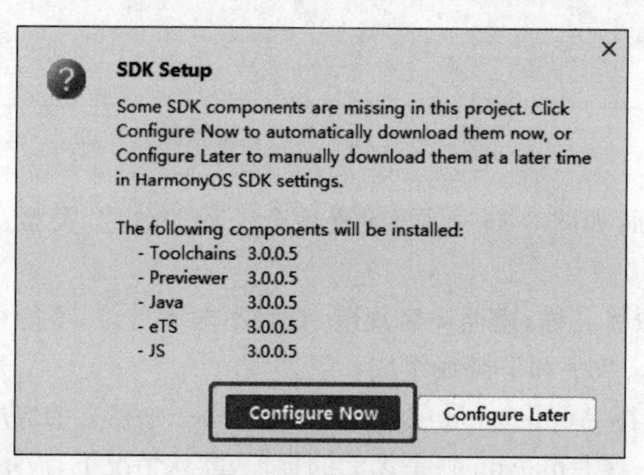

图 3-17　SDK 设置

(5) 配置完成后单击 Finish 按钮,DevEco Studio 会自动生成工程代码,界面显示如图 3-18 所示。界面可分成上方菜单栏、工程目录、代码编辑区、右上角工具栏和下方控制台。HarmonyOS 应用开发默认使用 Gradle 进行编译构建,首次创建工程会自动下载 Gradle 相关依赖,时间较长,需要耐心等待。

工程目录区结构如图 3-19 所示。

图 3-19 中各文件夹含义如下。

.gradle: Gradle 配置文件,由系统自动生成,一般情况下不需要进行修改。

entry: 默认启动模块(主模块),开发者用来编写源码文件以及开发资源文件的目录。

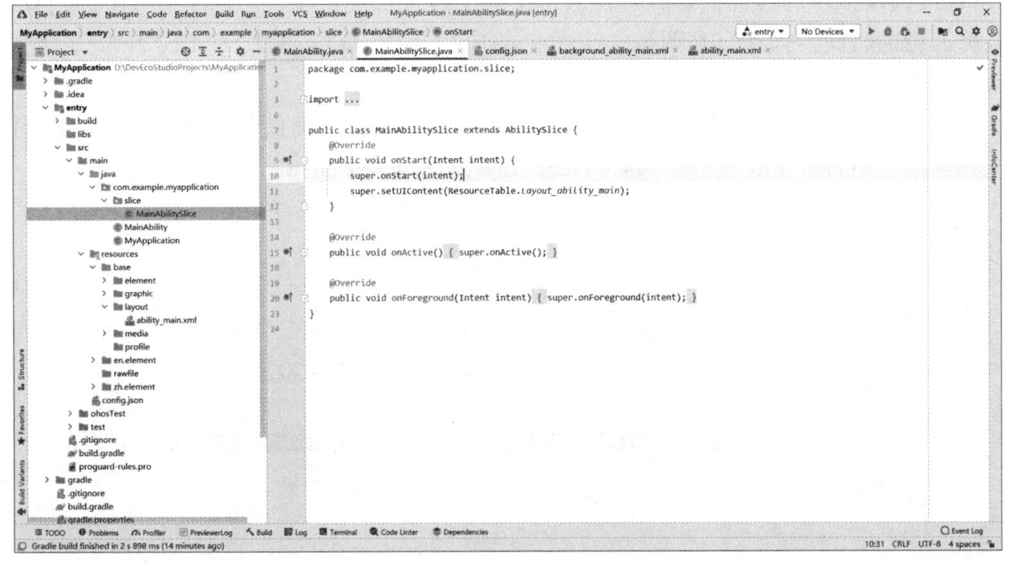

图 3-18　自动生成工程代码

entry/libs：用于存放 entry 模块的依赖文件。

entry/src/main/java：用于存放 Java 源码。

entry/src/main/java/com.example.myapplication/slice/MainAbilitySlice：承载单个页面的具体逻辑实现和界面 UI。

entry/src/main/java/com.example.myapplication/slice/MainAbility：应用的入口。

entry/src/main/resources：用于存放应用用到的资源文件，如图形、多媒体、字符串、布局文件等。

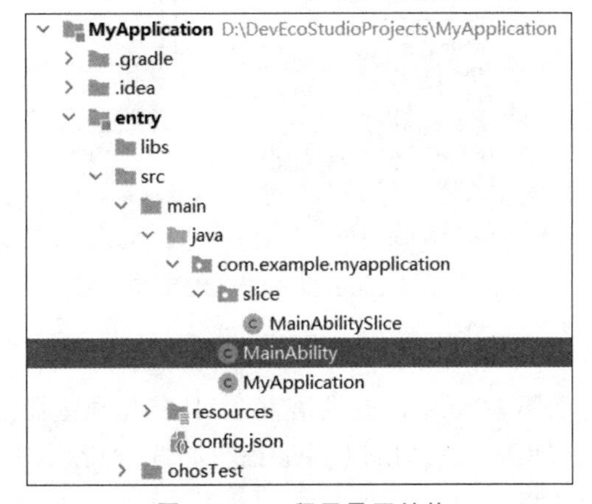

图 3-19　工程目录区结构

entry/src/main/config.json：模块配置文件，主要包含 HAP(HarmonyOS Ability Package)包的配置信息、应用在具体设备上的配置信息以及应用的全局配置信息。

3.2　调试工程

构建好应用之后，用户可以使用预览器查看设计界面的效果，还可以通过远程模拟器、本地模拟器和远程设备调试程序。本节将分别介绍这几种调试方式。

3.2.1　DevEco Studio 预览器

在前面的章节中，我们已经创建了一个简单的 HarmonyOS 应用，现在需要查看其页面效果。使用设备模拟器或远程设备查看页面效果有一个缺点，那就是启动应用相对来说比较慢，且远程模拟器或远程设备有时会因为在线使用人数过多导致短暂性不可用，而等待又会浪费大量的时间。如果只是调试一个简单的应用界面，可以通过 DevEco Studio 预览器快速地查看页面效果，这样非常节省时间。

在使用预览器查看应用界面的 UI 效果前，需要在设置中确保已下载 Previewer 资源，在上方菜单栏中打开 File→Settings→HarmonyOS SDK→Platforms，如图 3-20 所示。

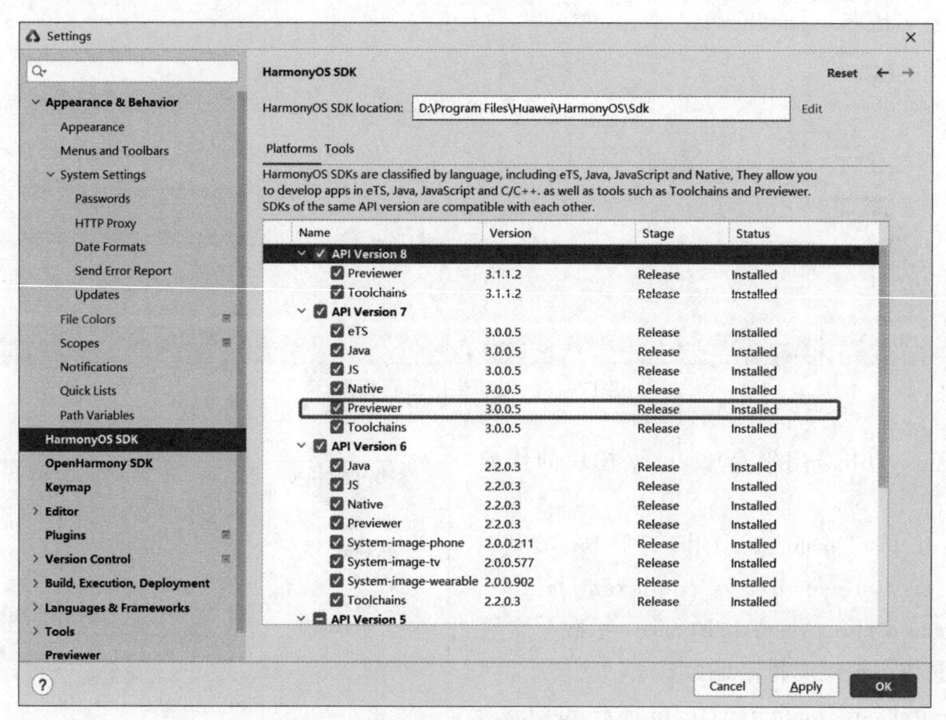

图 3-20　安装预览器

图 3-20 中的开发语言、工具链和预览器都要根据需求进行下载。本书所有应用的开发语言均为 Java，所以 Java 语言必选，推荐 API 7、API 6 版本都选。预览器和工具链版本建议选择 API 7。

打开预览器的方式有以下两种。

(1) 在上方菜单栏选择 View→Tool Windows→Previewer，打开预览器。

(2) 在右上角工具栏中单击 Previewer 按钮打开预览器。

预览效果如图 3-21 所示。

3.2.2　在远程模拟器中调试

在应用程序开发完成之后，除了可以通过预览器查看预览界面以外，还可以选择在模拟器或远程设备中运行程序，本节将介绍远程模拟器的使用。在使用远程模拟器之前，开发者需要注册一个华为开发者联盟账号。使用远程模拟器调试程序并配合 Hilog 日志查看控制台日志输出，观察程序运行流程，是常用的程序调试方式，本书后续章节都使用了在远程模拟器中运行应用并调试程序的方式。

图 3-21　预览器效果

1. 华为开发者联盟账号注册和实名

华为开发者联盟开放诸多能力和服务，助力联盟成员打造优质应用。开发者需要注册华为开发者联盟账号并且进行实名认证，才能享受联盟开放的各类能力和服务。华为开发者支持企业身份证验证和个人身份验证。下面介绍成为个人开发者的注册和实名过程。

(1) 打开华为开发者联盟官网（https://developer.huawei.com/consumer/cn/），单击"注册"按钮进入注册页面。

(2) 注册华为开发者联盟账号可以通过电子邮箱或手机号码。如果使用电子邮箱注册，请输入正确的电子邮箱地址和验证码，设置密码后，单击"注册"按钮。电子邮箱注册页面如图 3-22 所示。

图 3-22　电子邮箱注册界面

(3) 如果使用手机号码注册，请输入正确的手机号码，并输入接收的短信验证码，在设置密码后单击“注册”按钮。手机号码注册页面如图 3-23 所示。

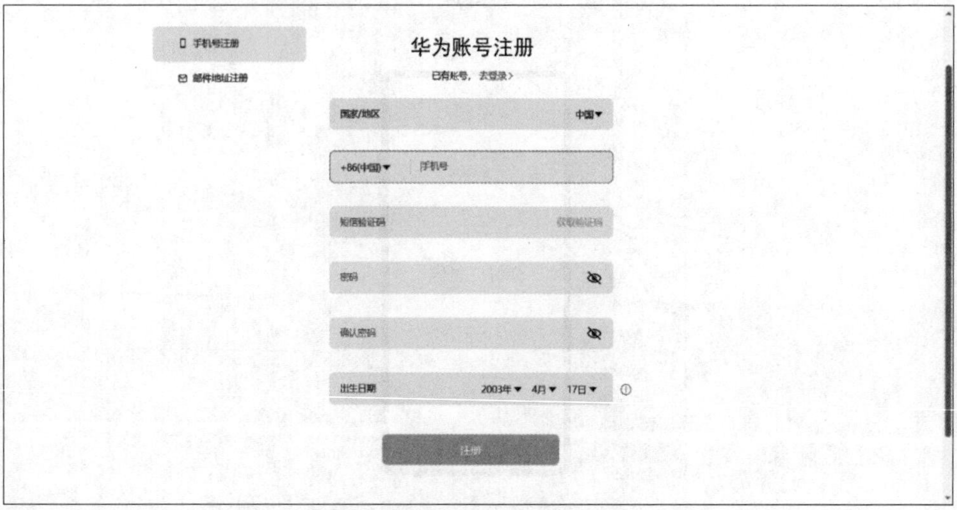

图 3-23　手机号码注册页面

(4) 华为商城账号、华为云账号和花粉论坛账号均可登录联盟。登录华为开发者联盟官网，单击网站右上角的“登录”按钮，显示如图 3-24 所示的登录界面。输入账号和密码后单击“登录”按钮即可登录，也可以使用华为移动服务 App 扫一扫登录。

图 3-24　登录页面

(5) 登录后，需要进行个人身份实名认证。登录账号，单击右上角“管理中心”按钮跳转到开发者实名认证页面，如图 3-25 所示。

(6) 在开发者实名认证页面，单击图 3-26 所示的“个人开发者”下方的“下一步”按钮，进入应用敏感性选择页面。请根据上架应用的敏感性选择认证方式，可以按照网页所给提示选择是否有敏感应用上架到应用市场。如需要上架的是敏感应用，请选择“是”，单击“下

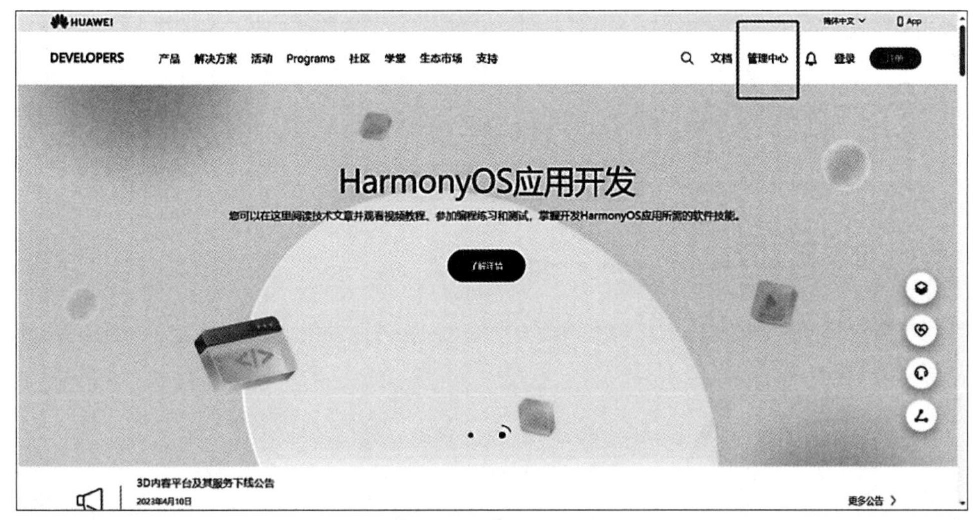

图 3-25　实名认证入口

一步”按钮进入实名认证方式选择页面(可通过人脸识别认证或个人银行卡认证方式进行实名认证)。如需要上架的是非敏感应用,请选择“否”,单击“下一步”按钮进入实名认证方式选择页面(可选择人脸识别认证或个人银行卡认证或身份证人工审核认证)。以上的认证方式和大多数软件的认证方式都很类似,这里不再赘述。

图 3-26　实名认证页面：个人开发者实名认证

2. 运行应用

(1) 单击 DevEco Studio 右上角工具栏中的“运行”按钮(三角形,见图 3-27)运行工程,或使用快捷键 Shift+F10 运行工程。

(2) 此时,DevEco Studio 右下角会弹出如图 3-28 所示的错误提示,“App Launch: Select a device first.”,即启动运行前要选择相应设备的模拟器或远程设备。那么如何启动

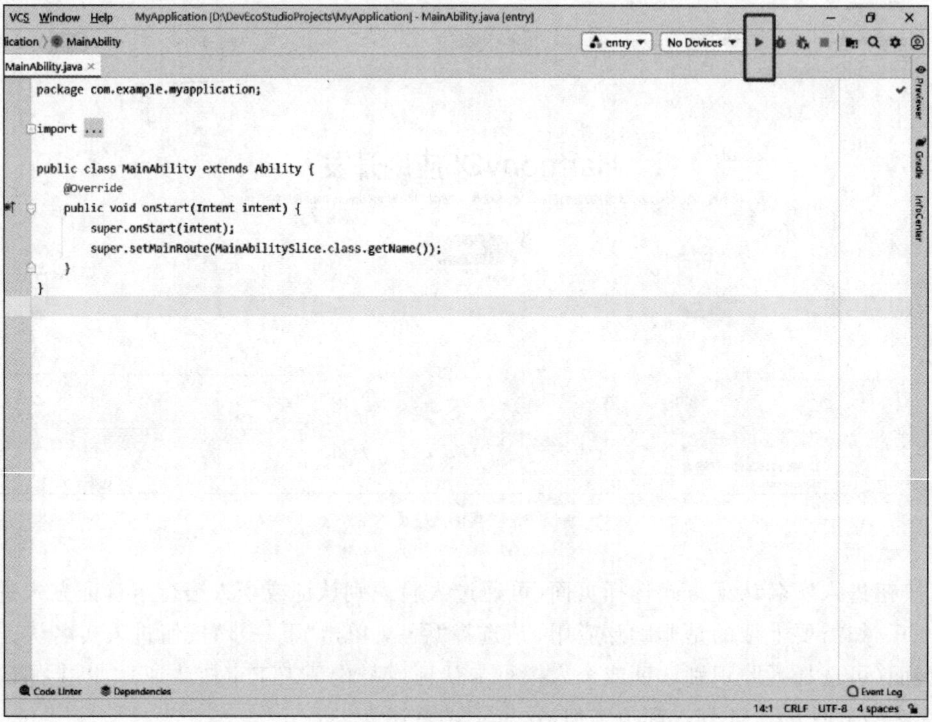

VCS Window Help MyApplication [D:\DevEcoStudioProjects\MyApplication] - MainAbility.java [entry]

ication 〉 MainAbility entry No Devices

MainAbility.java

```
package com.example.myapplication;

import ...

public class MainAbility extends Ability {
    @Override
    public void onStart(Intent intent) {
        super.onStart(intent);
        super.setMainRoute(MainAbilitySlice.class.getName());
    }
}
```

Previewer Gradle InfoCenter

Code Linter Dependencies Event Log

14:1 CRLF UTF-8 4 spaces

图 3-27 运行工程

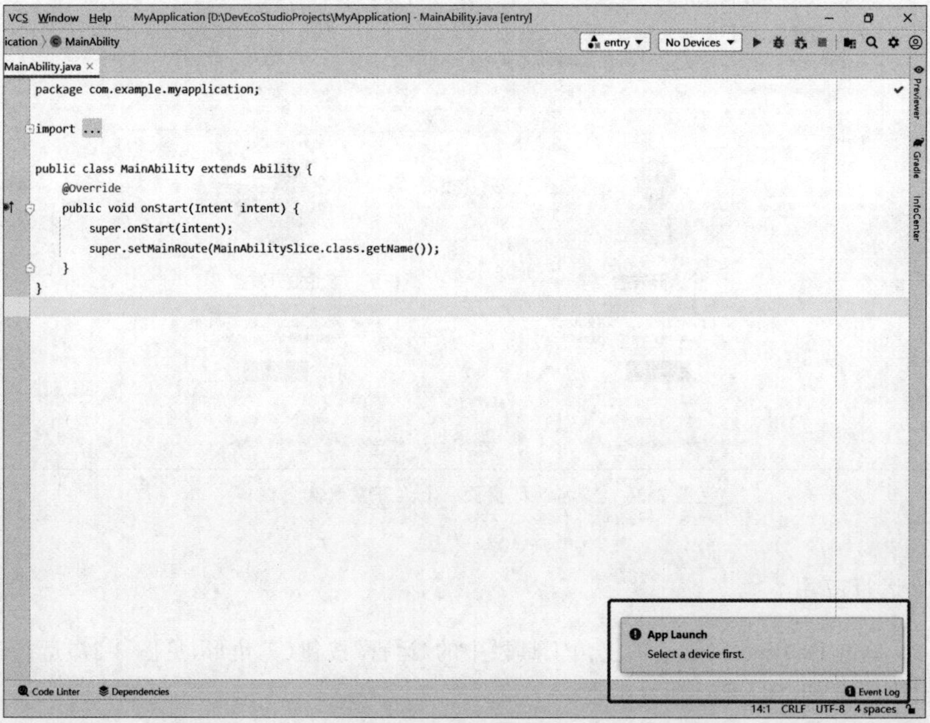

VCS Window Help MyApplication [D:\DevEcoStudioProjects\MyApplication] - MainAbility.java [entry]

ication 〉 MainAbility entry No Devices

MainAbility.java

```
package com.example.myapplication;

import ...

public class MainAbility extends Ability {
    @Override
    public void onStart(Intent intent) {
        super.onStart(intent);
        super.setMainRoute(MainAbilitySlice.class.getName());
    }
}
```

Previewer Gradle InfoCenter

App Launch
Select a device first.

Code Linter Dependencies Event Log

14:1 CRLF UTF-8 4 spaces

图 3-28 弹出错误提示

远程模拟器呢？

(3) 我们所创建的这个应用的目标是可以在手机上运行，因此需要相应的手机设备模拟器来运行。在 DevEco Studio 上方菜单栏中选择 Tools→Device Manager，打开设备模拟器管理界面，操作如图 3-29 所示。

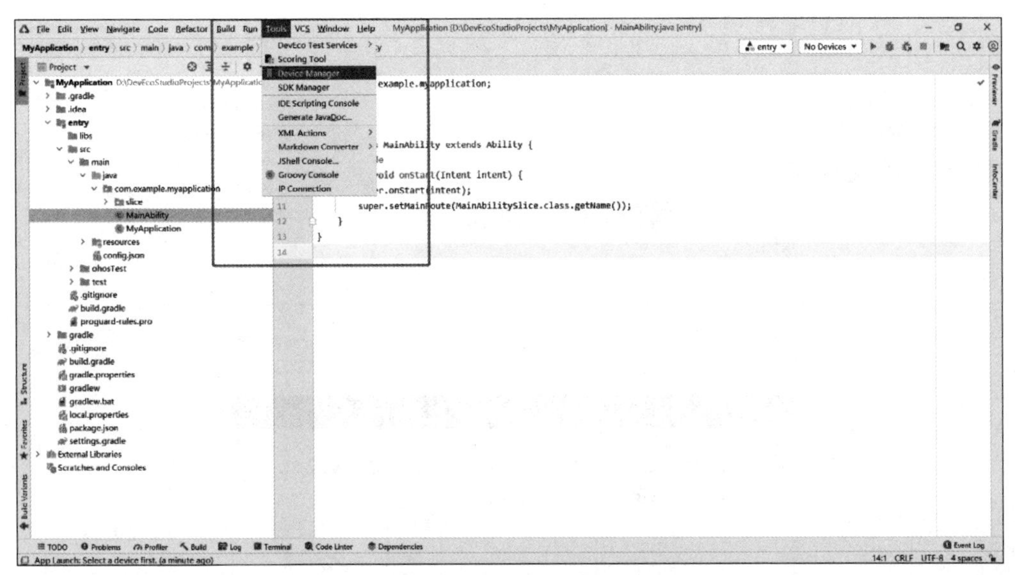

图 3-29　打开设备模拟器管理界面

(4) 进入 Device Manager 界面，如图 3-30 所示。此时有三种设备可以选择，分别是 Local Emulator、Remote Emulator、Remote Device，即本地模拟器、远程模拟器及远程设备。此处选择远程模拟器，这时候界面出现 Not logged in 字样，提示开发者需要使用华为开发者账号登录，并根据提示对设备进行授权，单击 Sign in 按钮，界面会跳转到华为账户登录界面，如图 3-31、图 3-32 所示。

图 3-30　设备管理界面

(5) 使用前面注册的华为账号进行登录，然后单击图 3-32 所示的“允许”按钮。如果看到如图 3-33 所示的界面，则代表授权已经成功。

图 3-31 登录界面

图 3-32 对设备进行授权

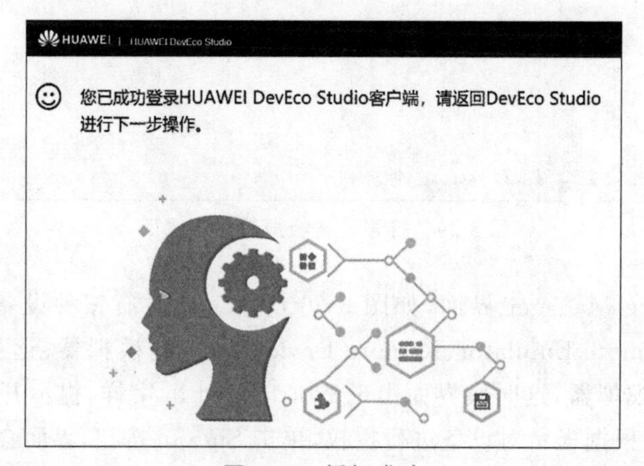

图 3-33 授权成功

(6) 授权完成之后，再次返回 DevEco Studio 开发工具，此时就可以看到如图 3-34 所示

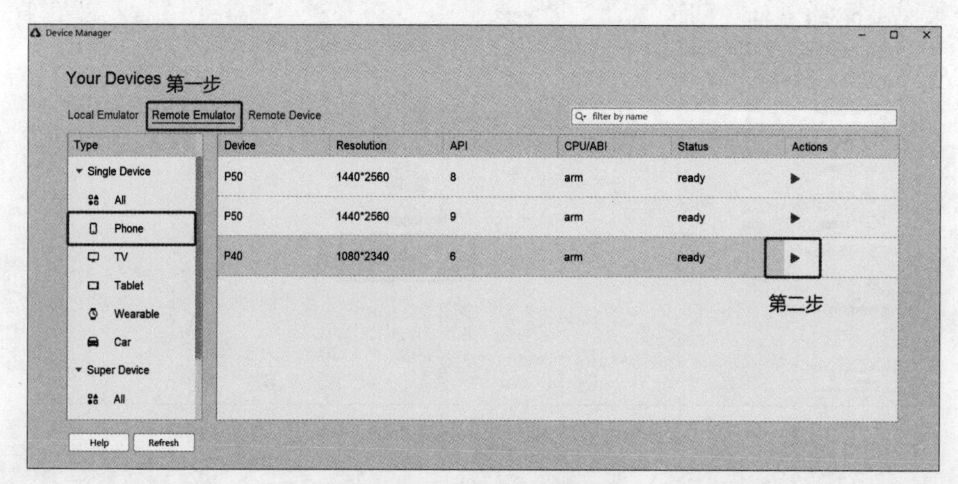

图 3-34 设备模拟器列表

的各种类型的设备模拟器列表，列表中包含 Phone、Car、TV、Tablet、Wearable 等模拟器，这里单击启动 Phone 模拟器（以 P40 为例）。单击代表“运行”的箭头，短暂等待后就可以在 DevEco Studio 主界面看到 Phone 模拟器已经启动了，如图 3-35 所示。

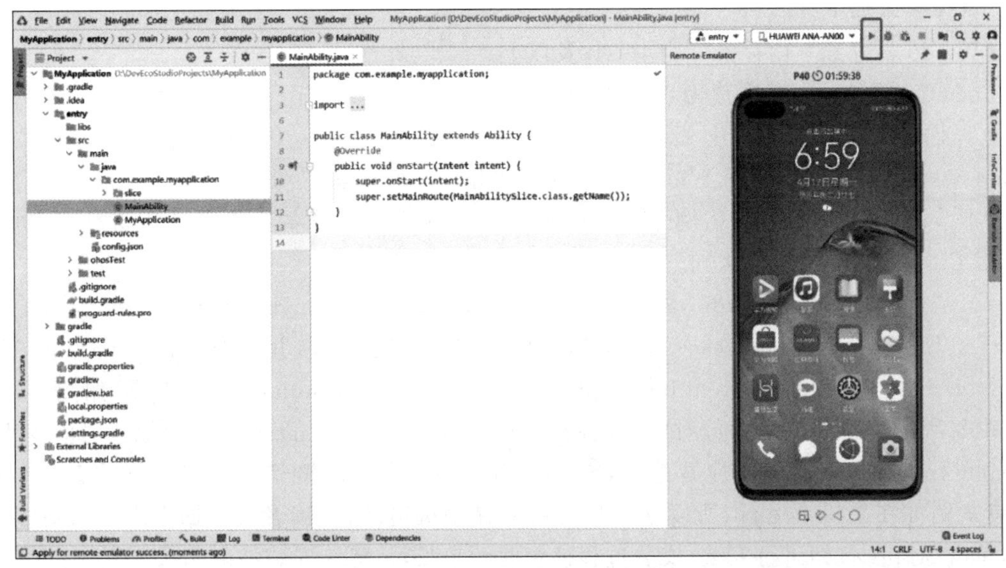

图 3-35　手机模拟器已经启动

（7）再次单击“运行”按钮，运行结果将显示在远程模拟器中，如图 3-36 所示。到这里，就代表我们已经成功实现了第一个 HarmonyOS 应用的开发和运行了。

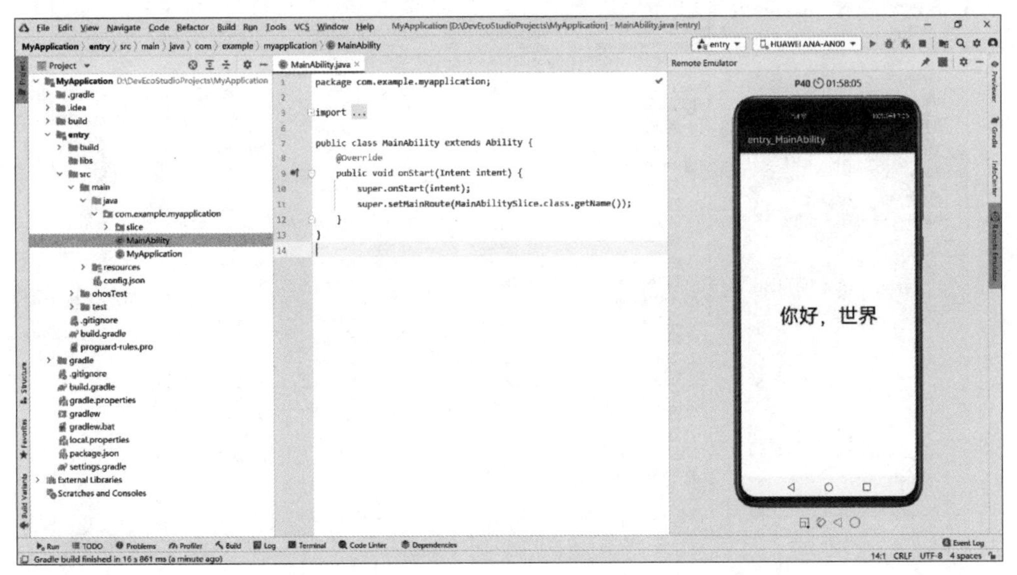

图 3-36　成功运行效果

3.2.3　在本地模拟器中调试

因为每次运行远程模拟器都有时长限制，且对网速也有一定的要求，对长时间调试的用户体验不太友好，所以用户还可以使用本地模拟器调试程序。在使用本地模拟器时需要注意，本地模拟器仅支持 API 6 的应用程序。本地模拟器调试程序不需要登录授权，在调试过程中没有网络数据交换，具有很好的流畅性和稳定性，但是需要耗费一定的计算机磁盘资源。具体要求如下。

Windows 系统：内存推荐为 16GB 及以上。

macOS 系统：内存推荐为 8GB 及以上。

不支持在虚拟机系统上运行本地模拟器，例如不支持在 Ubuntu 系统上通过安装 Windows 虚拟机，然后使用 Windows 系统安装和运行模拟器。

本节以 Windows 系统为例介绍使用本地模拟器需要的准备工作以及运行结果，创建 Local Emulator 的操作方法如下。

（1）打开 DevEco Studio，选择 Files→Settings→HarmonyOS SDK（macOS 系统为 DevEco Studio→Preferences→HarmonyOS SDK）页签，勾选并下载 Platforms 下 API Version 6 中的镜像包 System-image-phone 和 Tools 下的 EmulatorX86 资源，如图 3-37、图 3-38 所示。不同的镜像包对应不同的设备类型，System-image-phone 镜像包对应手机，System-image-tv 镜像包对应智慧屏，System-image-wearable 镜像包对应智能手表。本书所有案例都在手机上运行，所以这里只需要选择手机镜像包，读者可根据需求进行更多选择，单击 Apply 按钮进行安装，安装过程持续时间较长，请等待安装结束。

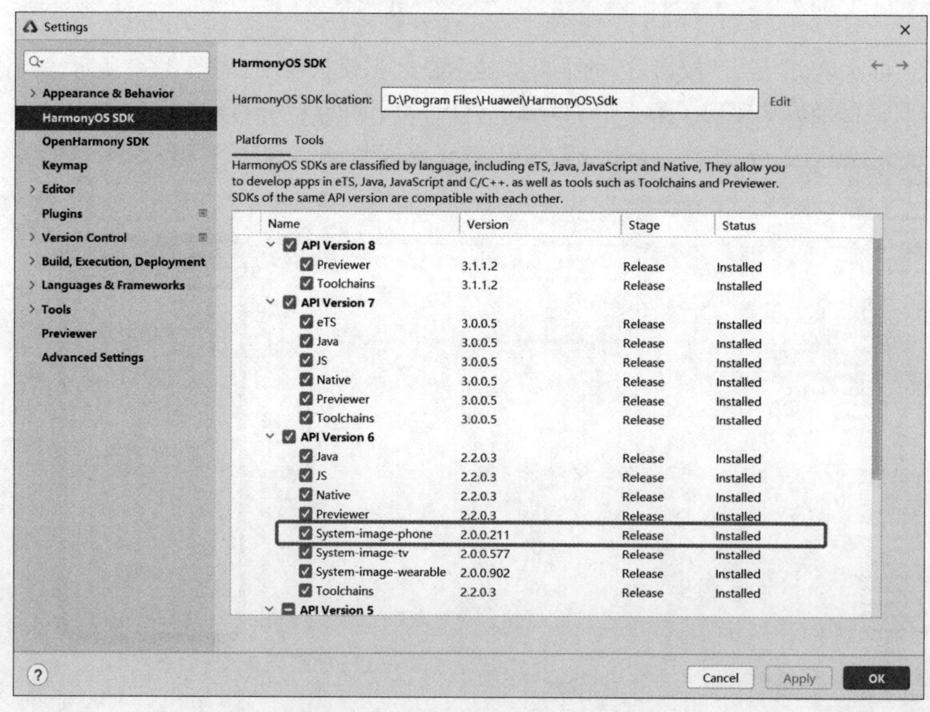

图 3-37　下载 System-image-phone 资源

（2）在上方菜单栏选择 Tools→Device Manager，进入图 3-39 所示界面，单击 Edit 按钮设置本地模拟器的存储路径，推荐安装在系统盘（C 盘）以外的其他盘。单击图 3-39 中右下角的“＋New Emulator”按钮，创建一个本地模拟器。

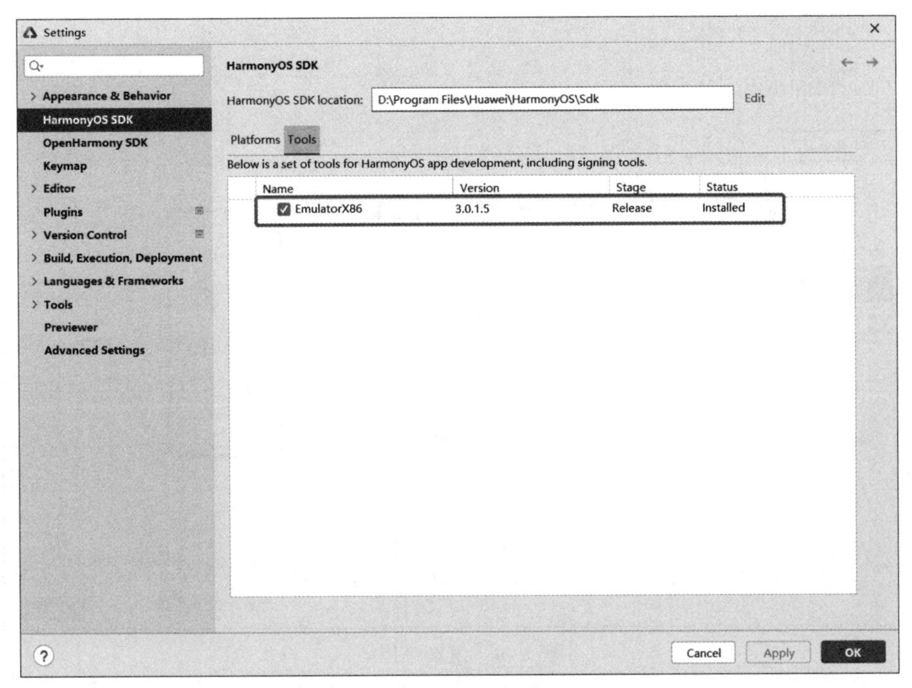

图 3-38　下载 EmulatorX86 资源

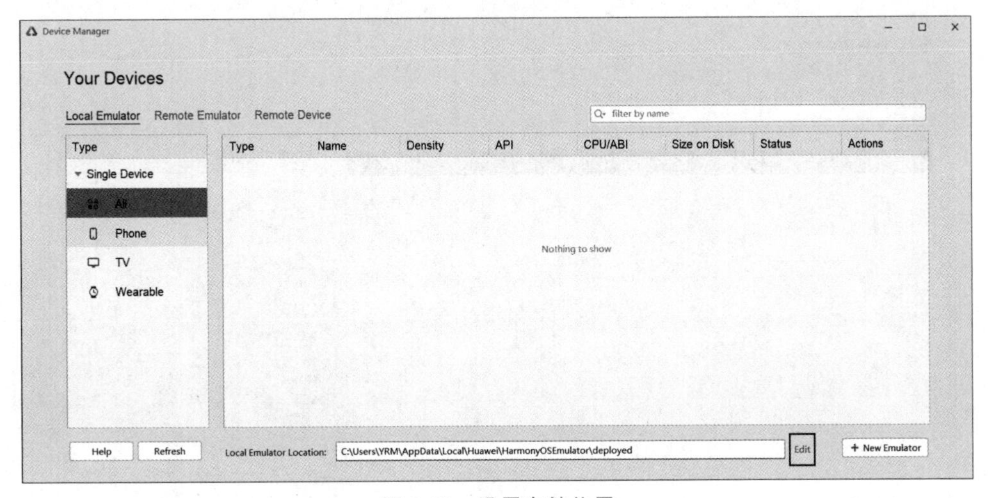

图 3-39　设置存储位置

(3) 进入创建模拟器页面，在左侧选择 Phone，选中默认的模拟器，单击 Next 按钮。也可以单击 New Hardware 按钮添加一个新设备，以便自定义设备的相关参数，如尺寸、分辨率、内存等参数，如图 3-40 所示。

(4) 选中被推荐的模拟器，继续单击 Next 按钮，如图 3-41 所示。

(5) 最后再确认本地模拟器配置，同时也可以在该界面修改模拟器信息，确认无误后单击 Finish 按钮，完成添加本地模拟器，如图 3-42 所示。

(6) 以上就完成了创建一个默认的本地 Phone 模拟器。在设备管理页面启动模拟器，

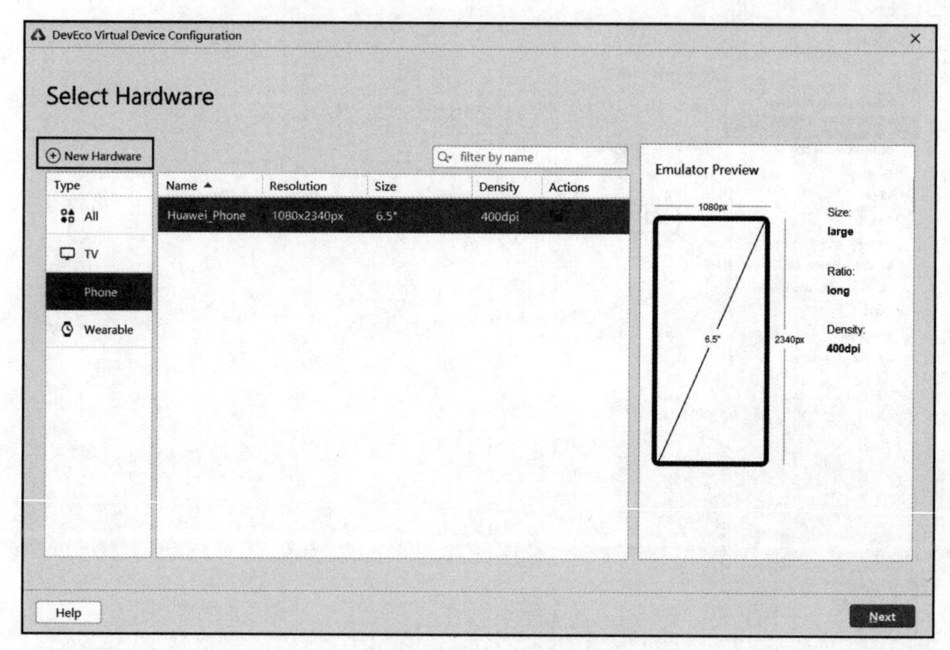

图 3-40 创建模拟器

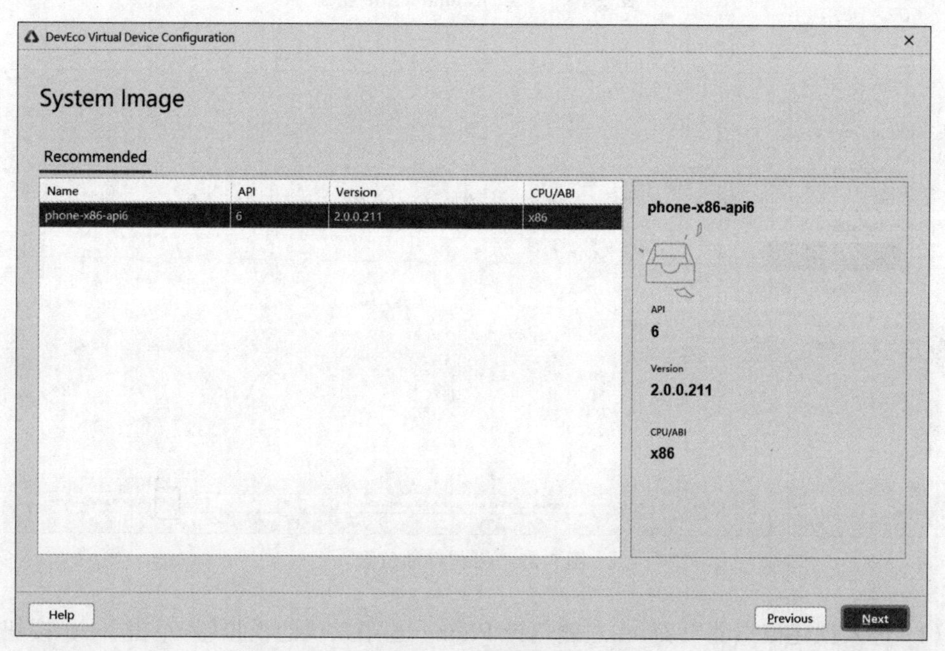

图 3-41 选择模拟器

如图 3-43 所示。

(7) 在创建本地模拟器的全过程中，如果出现其他问题，请单击设备管理页面左下角 Help 按钮，到开发者官网寻找解决方案。最后用本地模拟器运行程序如图 3-44 所示。

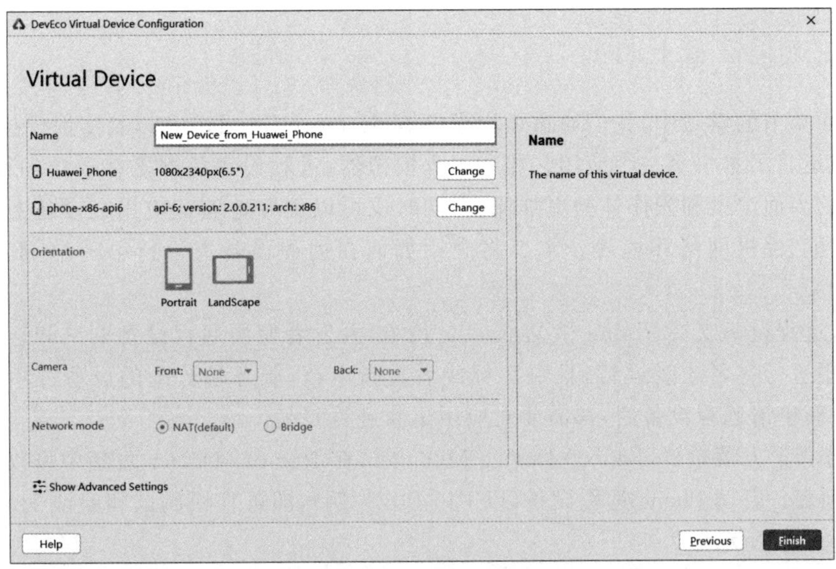

图 3-42　确认配置，完成添加

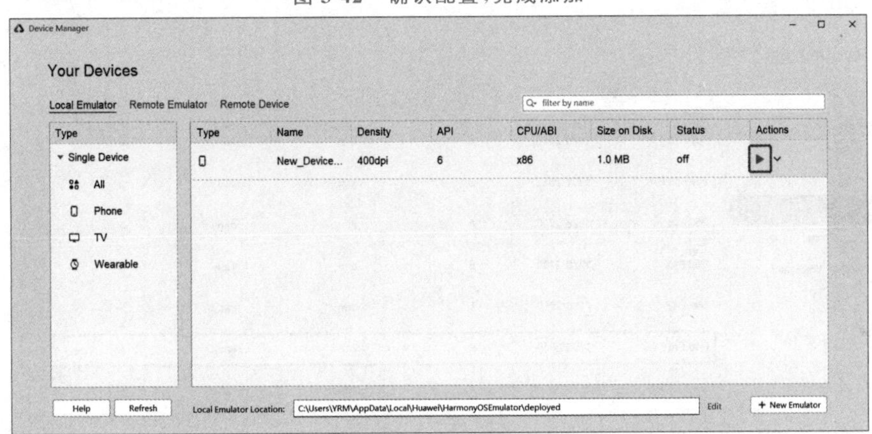

图 3-43　启动模拟器

图 3-44　在本地模拟器中运行程序

3.2.4 在远程设备上调试

在前面章节的学习中,我们通过远程模拟器(Remote Emulator)以及本地模拟器(Local Emulator)运行了本书第一个应用。相比远程模拟器,远程设备是部署在云端的设备资源,远程设备的界面渲染和操作体验更加流畅,同时也可以更好地验证应用在设备上的运行效果,例如性能、手机网络环境等。本节将介绍如何在远程设备上运行第一个 HarmonyOS 应用。

目前,远程设备支持 Phone 和 Wearable 设备,开发者使用远程设备调试和运行应用时需要对应用进行签名才能运行,且每次释放后重新申请,服务端分配的设备都不一样。因此,每次重新申请远程设备后,都需要对应用重新进行签名。

(1) 选择上方菜单栏 Tools→Device Manager,在 Remote Device 页签中可以看到远程设备设备列表。启动 Phone 远程设备(以 P40 Pro 为例),即可轻松调试和验证 HarmonyOS 应用,如图 3-45 所示。

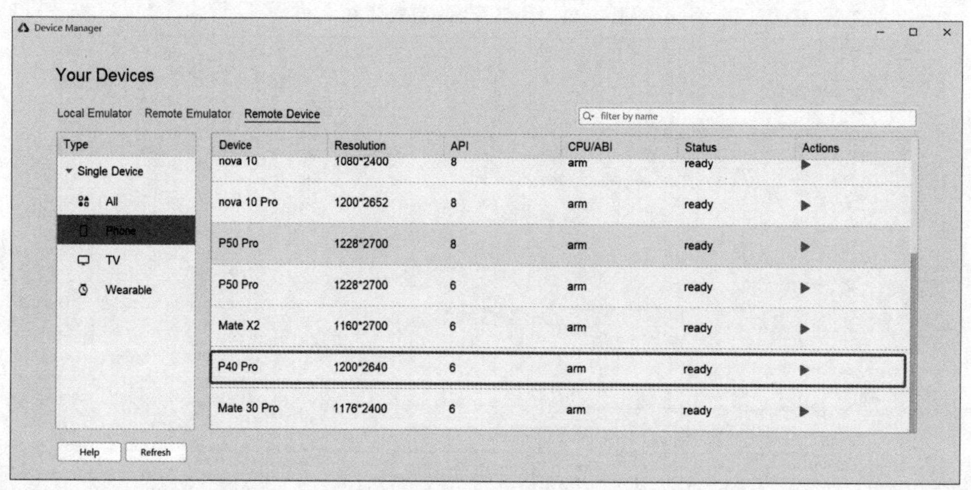

图 3-45 启动远程设备

(2) 单击"运行"按钮后,会弹出如图 3-46 所示警告,意思是在启动远程设备之前需要对应用进行签名,这里推荐以自动签名的方式进行签名。

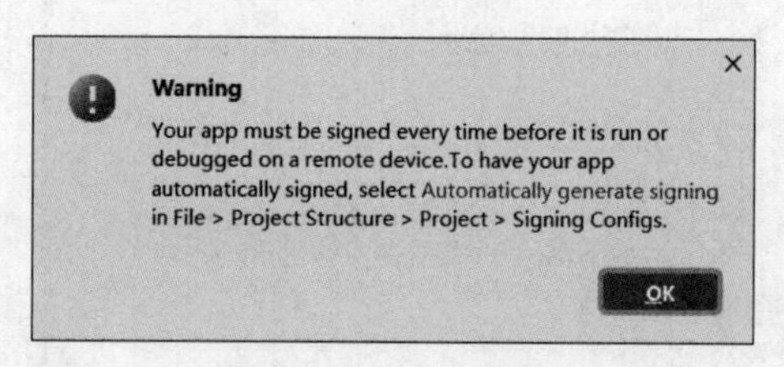

图 3-46 提示签名

(3) 在上方菜单栏选择 File→Project Structure→Project→Signing Configs→Debug,勾选 Automatically generate signature,单击 Apply 按钮,再单击 OK 按钮,如图 3-47 所示。

(4) 签名成功之后,运行程序,运行效果如图 3-48 所示。

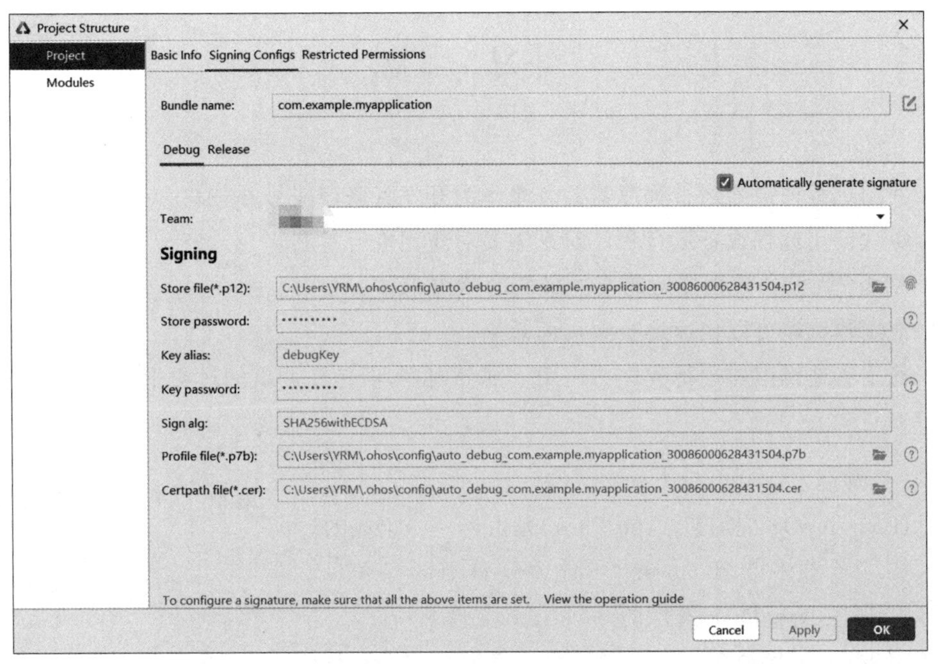

图 3-47　以自动签名的方式签名

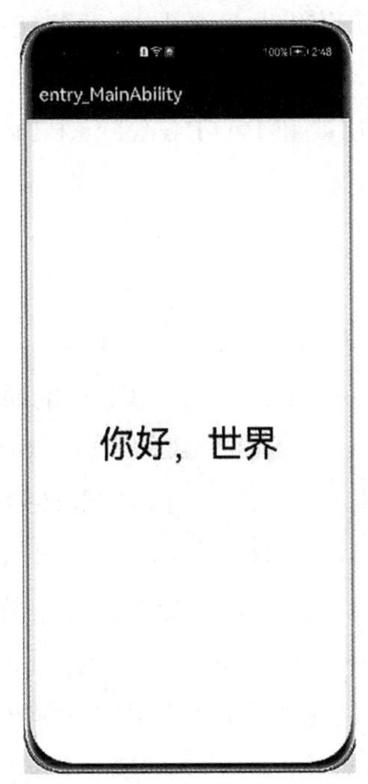

图 3-48　在远程设备中运行程序

习　　题

一、判断题

1. 使用远程模拟器运行程序需要登录华为开发者联盟账号并授权。（　　）

2. 每次使用远程设备运行程序时都需要对应用进行签名。（　　）

3. API 6 为设备模拟器所需要的最低的 API 版本。（　　）

4. 使用预览器可以快速地查看页面效果。（　　）

5. 使用本地模拟器运行程序会占用一部分内存，但是在调试的过程中操作更流畅。（　　）

二、选择题

1. HarmonyOS 应用包（App Pack）是由（　　）组成的。

A. 一个或多个 HarmonyOS 能力包 HAP

B. 描述 App Pack 属性的 pack.info 文件

C. Module 模块

D. config.json 配置文件

2. Huawei DevEco Studio 应用开发工具是多设备统一开发的环境，具有哪些特点？（　　）

A. 支持 FA（Feature Ability）和 PA（Particle Ability）快速开发。

B. 支持分布式多端应用开发。

C. 支持多设备模拟器。

D. 支持多设备预览器。

3. resources 目录不包括以下哪个目录？（　　）

A. Java 目录　　B. base 目录　　C. 限定词目录　　D. rawfile 目录

4. 配置文件 config.json 中由下面哪 3 个部分组成？（　　）

A. Media　　B. App　　C. deviceConfig　　D. module

5. HarmonyOS 应用的每个 HAP（HarmonyOS Ability Package）的根目录下都存在一个 config.json 配置文件，以下哪几项信息是该配置文件中的一级目录？（　　）

A. app　　B. deviceConfig　　C. module　　D. abilities

6. 在开发 HarmonyOS 手机应用时，可以使用以下哪些开发语言？（　　）

A. Java　　B. JavaScript　　C. Python　　D. Android

三、填空题

1. HarmonyOS 应用开发使用的开发工具为________。

2. 工程目录 entry/src/main/resources 用于存放________资源。

3. 使用本地模拟器运行程序的优点是________。

4. 使用远程设备运行程序的优点是________。
5. 一个 App 可以包含________特性类型的 HAP。

四、简答题

1. 试用远程模拟器运行第一个 HarmonyOS 应用——Hello World。
2. 预览器、远程模拟器分别在什么场景下使用比较合适?

第4章

用户界面(UI)

本章学习目标

- 理解 HarmonyOS 中 UI 组件及组件容器的基本概念。
- 熟悉常用组件,如 Text、Button、Image 等的使用方法。
- 熟悉常用布局,如 DirectionalLayout、DependentLayout 等的使用方法。
- 熟练给组件添加单击事件监听回调。

4.1 UI 框架概述

应用在屏幕上会显示一个用户界面(UI,User Interface),该界面用来显示所有可被用户查看和交互的内容。优秀的应用程序一定拥有一个实用且美观的用户界面 UI。UI 设计最为重要的两个原则为易用性原则和美观性原则。易用性原则就是要求界面要以用户为中心,突出重点信息和常用控件。美观性原则就是要通过协调的布局、和谐的配色和美观的字体等方面让界面赏心悦目。这个追求"颜值"的时代对 UI 设计提出了更高的要求。

应用中所有的用户界面元素都是由 Component(组件)和 ComponentContainer(组件容器)构成。Component 是绘制在屏幕上的一个对象,用户能与之交互。ComponentContainer 是一个用于容纳其他 Component 和 ComponentContainer 对象的容器。

UI 框架提供了一部分 Component 和 ComponentContainer 的具体子类,即创建 UI 的各类组件,包括一些常用的组件(如文本、按钮、图片、列表等)和常用的布局。用户可以通过组件进行交互操作,并获得响应。所有的 UI 操作都应该在主线程中进行。

4.1.1 组件和布局

用户界面元素统称为 Component,组件可根据一定的层级结构进行组合形成布局。组件在未被添加进布局中时,既无法显示也无法交互,因此一个用户界面至少包含一个布局。在 UI 框架中,具体的布局类通常以 XXLayout 命名,完整的用户界面是一个布局,用户界面中也可以包含多个布局,布局中容纳 Component 与 ComponentContainer 对象。

4.1.2 Component 和 ComponentContainer

Component 提供内容显示,是界面中所有组件的基类,开发者可以给 Component 设置事件处理回调来创建一个可交互的组件。Java UI 框架提供了一些常用的界面元素,也可将其称为组件,组件一般直接继承 Component 或它的子类,如 Text、Image 等。

ComponentContainer 作为容器容纳 Component 或其他 ComponentContainer 对象,并对它们进行布局。Java UI 框架提供了一些标准布局功能的容器,它们继承自 ComponentContainer,一般以 Layout 结尾,如 DirectionalLayout、DependentLayout 等。

4.1.3　组件树

布局将 Component 和 ComponentContainer 以树状的层级结构进行组织,这样的一个布局就称为组件树。组件树的特点是仅有一个根组件,其他组件有且仅有一个父节点,组件之间的关系受到父节点的规则约束,如图 4-1 所示。

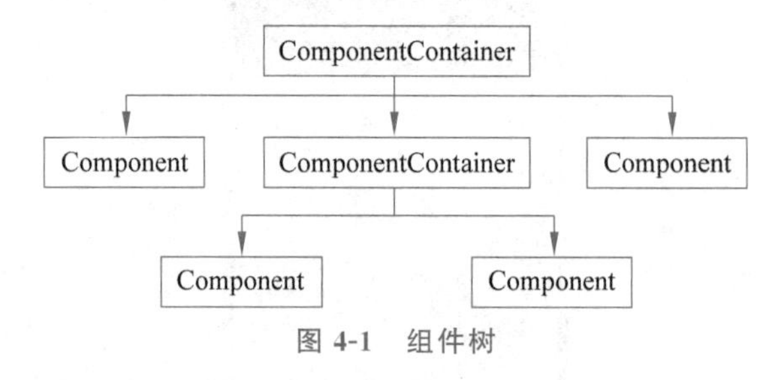

图 4-1　组件树

4.1.4　常用组件与布局分类

组件需要进行组合,并添加到界面的布局中。根据组件的功能,可以将组件分为布局类、显示类、交互类三类,具体分类如表 4-1 所示。

表 4-1　组件分类

组件类别	组件名称	功能描述
显示类	Text、Image 等	提供了单纯的内容显示,例如用于文本显示的 Text,用于图像显示的 Image 等
交互类	TextField、Button 等	提供了具体场景下与用户交互响应的功能,例如 Button 提供了单击响应功能等
布局类	DirectionalLayout、DependentLayout、StackLayout、TableLayout 等	提供了不同布局规范的组件容器,例如以单一方向排列的 DirectionalLayout、以相对位置排列的 DependentLayout 等

在 HarmonyOS 应用开发中,UI 实现包括 Java UI 和方舟开发两个框架,本书主要围绕 Java UI 框架阐述。该框架中提供了以下两种编写布局的方式。

(1) 在代码中创建布局:用代码创建 Component 和 ComponentContainer 对象,为这些对象设置合适的布局参数和属性值,并将 Component 添加到 ComponentContainer 中,从而创建出完整界面。

(2) 在 XML 中声明 UI 布局:按层级结构来描述 Component 和 ComponentContainer 的关系,给组件节点设定合适的布局参数和属性值,可直接加载生成此布局。

这两种方式创建得到的布局没有本质的差别,对于在 XML 中声明的布局,在加载完成后同样可在代码中对该布局进行修改。本书推荐使用在 XML 中声明 UI 布局的方式。

4.2 常用组件开发

对于如图 4-2 所示的“仿 QQ 登录页面”这一常见页面，其中包含了图片(Image)组件作为登录页面的图标；文本编辑(Textfield)组件 2 个，用来完成“用户名”“密码”的输入；按钮(Button)组件用来单击“登录”按钮；还有 2 个文本(Text)组件实现“忘记密码”“注册”功能。本节将详细介绍这几种常用组件的开发使用。

图 4-2 仿 QQ 登录页面

4.2.1 Text

Text 是用来显示字符串的组件，在界面上显示为一块文本区域。Text 作为一个基本组件，有很多扩展，常见的有按钮组件 Button，文本编辑组件 TextField。

在第 3 章创建的第一个应用 MyApplication 的 Project 窗口中，打开 entry/src/main/resources/base/layout/ability_main.xml。内容如下：

```
<?xml version="1.0" encoding="utf-8"?>
<DirectionalLayout
    xmlns:ohos="http://schemas.huawei.com/res/ohos"
ohos:height="match_parent"
ohos:width="match_parent"
ohos:alignment="center"
ohos:orientation="vertical">

<Text
ohos:id="$+id:text_helloworld"
```

```
ohos:height="match_content"
ohos:width="match_content"
ohos:background_element="$ graphic:background_ability_main"
ohos:layout_alignment="horizontal_center"
ohos:text="$string:mainability_HelloWorld"
ohos:text_size="40vp"
        />
</DirectionalLayout>
```

代码说明

创建“Helloworld”文本，所有代码包含在<Text>标签内，主要语句含义如下。

ohos:id="$+id:text_helloworld"：引入文本ID。

ohos:height="match_content"、ohos:width="match_content"：配置文本组件的高度和宽度与文本字体大小相匹配。

ohos:layout_alignment="horizontal_center"：使文本组件在布局中水平居中。

ohos:text="$string:mainability_HelloWorld"：用来配置组件显示的文字内容。该语句中包含了$符号，$符号表示引用了其他资源，这里指引用了element、zh、en.json文件里面的内容，主要是为了处理Text组件显示文字的国际化问题，也可以不用引用，直接将文字内容赋值上去即可，例如ohos:text="你好，HarmonyOS"。

ohos:background_element="$graphic:background_ability_main"：用来配置常用的背景，如常见的文本背景、按钮背景。上述配置引用了background_ ability_main.xml文件里面的内容，该文件放置在resource/base/graphic目录下。

background_ability_main.xml文件内容如下：

```
<?xml version="1.0" encoding="UTF-8" ?>
<shape
    xmlns:ohos="http://schemas.huawei.com/res/ohos"
    ohos:shape="rectangle">
    <solid
        ohos:color="#FFFFFF"/>
</shape>
```

代码说明

ohos:shape="rectangle"：用于设置Text组件形状为矩形。

ohos:color="#FFFFFF"：用于设置Text组件背景填充色为纯白色。

修改background_ability_main.xml文件内容如下：

```
<?xml version="1.0" encoding="UTF-8" ?>
<shape
    xmlns:ohos="http://schemas.huawei.com/res/ohos"
    ohos:shape="rectangle">
    <solid
        ohos:color="#DEDEDE"/>
```

```
    <corners
        ohos:radius="20vp"/>
</shape>
```

代码说明

ohos:radius="20vp"：将 Text 组件设置为圆角，圆角的弧度与其赋值成正比。

在 ability_main.xml 文件中，预览修改后的新页面的效果，如图 4-3 所示。

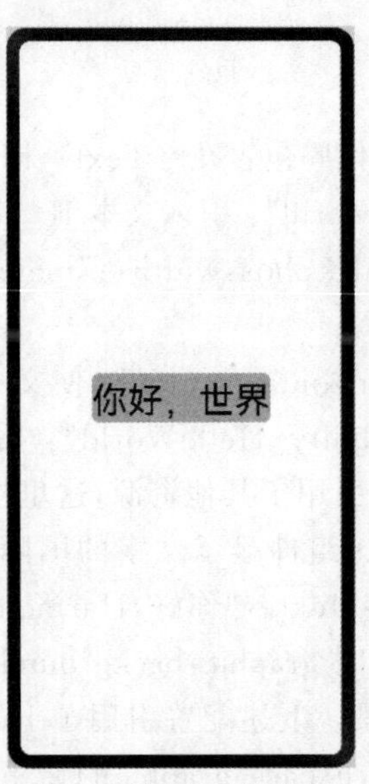

图 4-3 页面显示效果

下面创建一个名为 TextDemo 的应用，演示改变文本组件的不同属性如字重、字体、不同排列方式等所显示的效果。

在 ability_main.xml 文件中，修改其内容如下：

```
<?xml version="1.0" encoding="utf-8"?>
<DirectionalLayout
    xmlns:ohos="http://schemas.huawei.com/res/ohos"
    ohos:height="match_parent"
    ohos:width="match_parent"
    ohos:alignment="center"
    ohos:orientation="vertical">

    <Text
        ohos:id="$+id:text_helloworld"
        ohos:height="match_content"
        ohos:width="match_content"
        ohos:background_element="$graphic:background_ability_main"
        ohos:layout_alignment="horizontal_center"
        ohos:text="$string:mainability_HelloWorld"
```

```
        ohos:text_size="40vp"
        />

    <Text
        ohos:id="$+id:text_helloworld1"
        ohos:height="match_content"
        ohos:width="match_content"
        ohos:background_element="$graphic:background_ability_main"
        ohos:layout_alignment="horizontal_center"
        ohos:text="$string:mainability_HelloWorld"
        ohos:text_color="#FFEE0B0B"
        ohos:text_size="28fp"
        ohos:top_margin="15vp"
        />

    <Text
        ohos:id="$+id:text_helloworld2"
        ohos:height="match_content"
        ohos:width="150vp"
        ohos:background_element="$graphic:background_ability_main"
        ohos:layout_alignment="horizontal_center"
        ohos:text="$string:mainability_HelloWorld"
        ohos:text_size="40vp"
        ohos:text_weight="700"
        ohos:top_margin="15vp"
        />

    <Text
        ohos:id="$+id:text_helloworld3"
        ohos:height="100vp"
        ohos:width="300vp"
        ohos:background_element="$graphic:background_ability_main"
        ohos:layout_alignment="horizontal_center"
        ohos:text="$string:mainability_HelloWorld"
        ohos:text_alignment="center"
        ohos:text_size="40vp"
        ohos:top_margin="15vp"
        />

    <Text
        ohos:id="$+id:text_helloworld4"
        ohos:height="match_content"
        ohos:width="150vp"
        ohos:background_element="$graphic:background_ability_main"
        ohos:layout_alignment="horizontal_center"
```

```
        ohos:max_text_lines="2"
        ohos:multiple_lines="true"
        ohos:text="$string:mainability_HelloWorld"
        ohos:text_size="40vp"
        ohos:top_margin="15vp"

        />

</DirectionalLayout>
```

上述代码中的几个文本组件,分别设置了下面几项信息。

第2个Text组件中设置字体大小和颜色。

ohos:text_color="#FFEE0B0B":设置Text组件中字体的颜色;

ohos:text_size="28fp":设置Text组件中字体的大小。

第3个Text组件中设置文本字重。

ohos:text_weight="700":设置Text组件文本的字重。

第4个Text组件中设置文本对齐方式。

ohos:text_alignment="center":设置文本对齐方式为居中对齐。

第5个Text组件中设置文本多行显示。

ohos:multiple_lines="true":设置Text组件支持多行显示。

ohos:max_text_lines="2":设置Text组件最大显示行数为2。

修改MainAbilitySlice,其内容如下:

```
public class MainAbilitySlice extends AbilitySlice {
    @Override
    public void onStart(Intent intent) {
        super.onStart(intent);
        super.setUIContent(ResourceTable.Layout_ability_main);
        //找到组件
        Text text_helloworld2 =findComponentById
                (ResourceTable.Id_text_helloworld2);
        Text text_helloworld3 =findComponentById
                (ResourceTable.Id_text_helloworld3);
        //给 text_helloworld2 添加单击事件
        text_helloworld2.setClickedListener(component ->{
            //跑马灯效果
            text_helloworld2.setTruncationMode(Text
                    .TruncationMode.AUTO_SCROLLING);
            //始终处于自动滚动状态
            text_helloworld2.setAutoScrollingCount(Text
                    .AUTO_SCROLLING_FOREVER);
            //启动跑马灯效果
            text_helloworld2.startAutoScrolling();
```

```
        });
        //给 text_helloworld3 添加单击事件
        text_helloworld3.setClickedListener(component ->{
            //设置文本框内容
            text_helloworld3.setText("文本框 4 被点击了");
        });
    }

    @Override
    public void onActive() {
        super.onActive();
    }

    @Override
    public void onForeground(Intent intent) {
        super.onForeground(intent);
    }
}
```

上述代码中，首先找到第 3 个和第 4 个 Text 组件，然后分别为其添加单击事件，这里只需要理解为给 Text 组件添加该单击事件，在程序运行之后，单击第 3 个和第 4 个 Text 组件，即可执行相应的事件内容。第 3 个 Text 组件的事件内容是一个跑马灯的效果，第 4 个 Text 组件的事件内容是将文本内容修改为“文本框 4 被点击了”。

打开远程模拟器，运行程序，分别单击第 3 个和第 4 个 Text 组件，运行结果分别如图 4-4、图 4-5 所示。

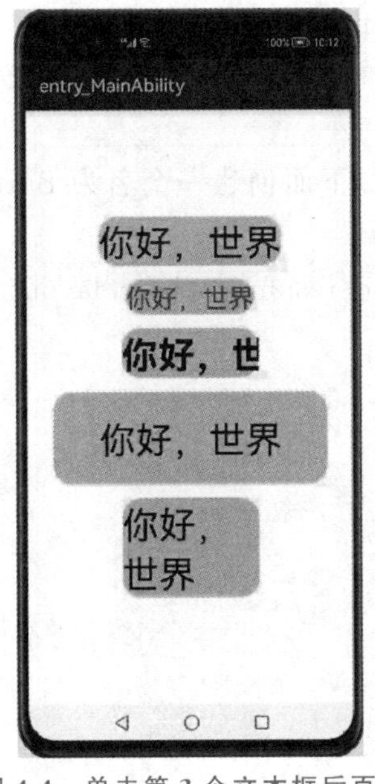

图 4-4 单击第 3 个文本框后页面

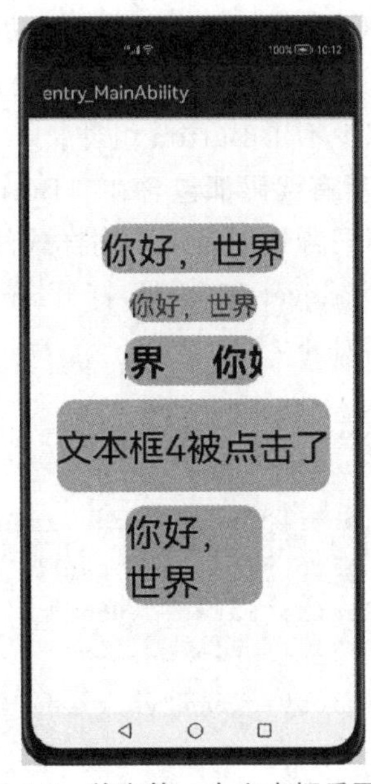

图 4-5 单击第 4 个文本框后页面

除了上例的属性外，Text组件的其他常见XML属性通过表4-2给出。

表4-2 Text组件常见的XML属性

属性名称	中文描述	取值说明	使用案例
text	显示文本	设置文本字符串	ohos:text="姓名"
hint	提示文本	设置文本字符串	ohos:hint="用户名："
text_font	字体	serif、HwChinese-medium等	ohos:text_font="serif"
text_size	文本大小	推荐以fp为单位的浮点数值	ohos:text_size="28fp"
text_color	文本颜色	设置颜色值	ohos:text_color="#DEDEDE"
hint_color	提示文本颜色	设置颜色值	ohos:hint_color="#DEDEDE"
text_alignment	文本对齐方式	left(左对齐)、horizontal_center(水平居中)等，也可以使用"|"进行多项组合	ohos:text_alignment="left"
max_text_lines	文本最大行数	设置整型数值	ohos:max_text_lines="2"
multiple_lines	多行模式	设置true/false	ohos:multiple_lines="true"
italic	斜体	设置true/false	ohos:italic="true"

4.2.2 Button

Button是一种常见的组件，单击可以触发相应的操作，通常由文本或图标单独组成，也可以由图标和文本共同组成。

常用交互类组件有Button、Textfield等，这些组件提供了具体场景下与用户交互响应的功能，例如Button提供了单击响应功能，Textfield提供了输入信息功能。

Button应该是在UI界面设计中使用最为广泛的组件，因为无论是提交表单还是执行下一页操作，都少不了Button组件。

Button的所有代码都包含在<Button>标签内，下面创建一个名为ButtonDemo的应用，以演示在不同背景下显示不同样式的按钮。

在新建的Project工程中，打开entry/src/main/resources/base/layout/ability_main.xml。修改内容如下：

```
<?xml version="1.0" encoding="utf-8"?>
<DirectionalLayout
    xmlns:ohos="http://schemas.huawei.com/res/ohos"
    ohos:height="match_parent"
    ohos:width="match_parent"
    ohos:alignment="center"
    ohos:orientation="vertical">

    <Button
        ohos:id="$+id:Button"
```

```
        ohos:height="match_content"
        ohos:width="match_content"
        ohos:background_element="$graphic:background_ability_main"
        ohos:padding="5vp"
        ohos:text="按钮"
        ohos:text_size="50fp"
        />

    <Button
        ohos:id="$+id:Button1"
        ohos:height="match_content"
        ohos:width="match_content"
        ohos:background_element="$graphic:background_button_oval"
        ohos:padding="5vp"
        ohos:text="按钮"
        ohos:text_size="50fp"
        ohos:top_margin="15vp"
        />

    <Button
        ohos:id="$+id:Button2"
        ohos:height="match_content"
        ohos:width="200vp"
        ohos:background_element="$graphic:background_button_capsule"
        ohos:padding="5vp"
        ohos:text="按钮"
        ohos:text_size="50fp"
        ohos:top_margin="15vp"
        />

    <Button
        ohos:id="$+id:Button3"
        ohos:height="150vp"
        ohos:width="150vp"
        ohos:background_element="$graphic:background_button_circle"
        ohos:padding="5vp"
        ohos:text="按钮"
        ohos:text_size="50fp"
        ohos:top_margin="20vp"
        />

</DirectionalLayout>
```

代码说明

上述代码创建了 4 个 Button 组件,它们的 ID 不同,但是文本显示内容一样。

(1) 第一个普通 Button 组件。

ohos:background_element="$graphic:background_ability_main"：引用了资源文件 background_ability_main.xml。

修改 background_ability_main.xml 文件，内容如下：

```
<?xml version="1.0" encoding="UTF-8" ?>
<shape
    xmlns:ohos="http://schemas.huawei.com/res/ohos"
    ohos:shape="rectangle">

    <solid
        ohos:color="#0aabbc"/>
</shape>
```

其中，各行代码说明如下。

ohos:shape="rectangle"：设置 Button 组件形状为矩形。

ohos:color="#0aabbc"：设置 Button 组件的背景填充色。

(2) 第二个椭圆 Button 组件。

ohos:background_element="$graphic:background_button_oval"：引用了资源文件 background_button_oval.xml。因为在 graphic 目录下没有 background_button_oval.xml，所以需要创建此文件，创建流程如下。

选中 graphic 文件并右击，选择 New→Graphic Resource File。在弹出的窗口设置 File name 为 background_button_oval；设置 Root element 为 shape；单击 OK 按钮，如图 4-6、图 4-7 所示。

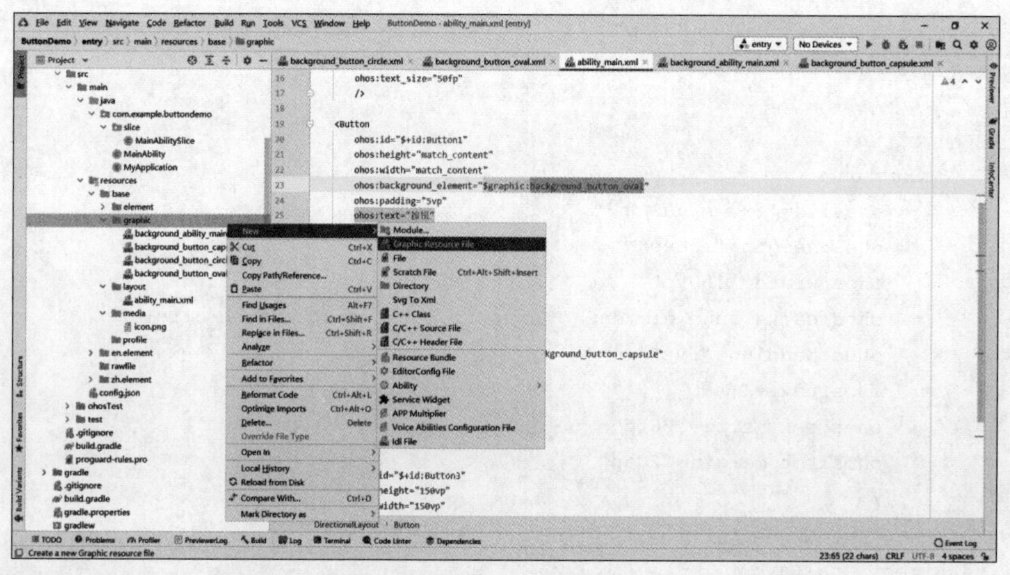

图 4-6　创建 graphic 资源文件

在新建的 background_button_oval 文件中做如下修改：

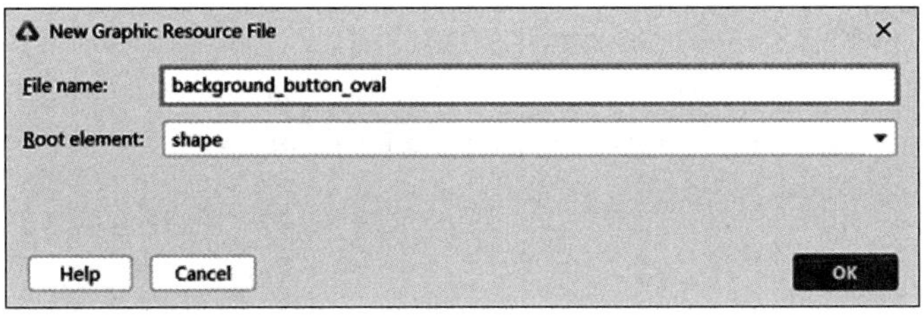

图 4-7　设置 graphic 资源文件

```
<?xml version="1.0" encoding="UTF-8" ?>
<shape
    xmlns:ohos="http://schemas.huawei.com/res/ohos"
    ohos:shape="oval">

    <solid
        ohos:color="#0aabbc"/>
</shape>
```

上述代码中,ohos:shape="oval"用于设置 Button 组件形状为椭圆形。

(3) 第三个胶囊 Button 组件。

ohos:background_element="$graphic:background_button_capsule":引用了资源文件 background_button_capsule.xml。

创建并修改 background_button_capsule.xml 文件,内容如下:

```
<?xml version="1.0" encoding="UTF-8" ?>
<shape
    xmlns:ohos="http://schemas.huawei.com/res/ohos"
    ohos:shape="rectangle">

    <corners
        ohos:radius="50vp"/>

    <solid
        ohos:color="#0aabbc"/>
</shape>
```

上述代码中,ohos:radius="50vp"用于设置 Button 组件为圆角。圆角弧度与赋值成正比。

(4) 第四个圆形 Button 组件。

ohos:height="150vp"、ohos:width="150vp":定义了 Button 组件的高宽相等,这是创建圆形按钮所必需的条件。

ohos:background_element="$graphic:background_button_circle":引用了资源文件 background_button_circle.xml。

创建并修改 background_button_circle.xml 文件,内容如下:

```
<?xml version="1.0" encoding="UTF-8" ?>
<shape
    xmlns:ohos="http://schemas.huawei.com/res/ohos"
    ohos:shape="oval">

    <solid
        ohos:color="#0aabbc"/>
</shape>
```

打开远程模拟器,运行程序,运行结果如图 4-8 所示。

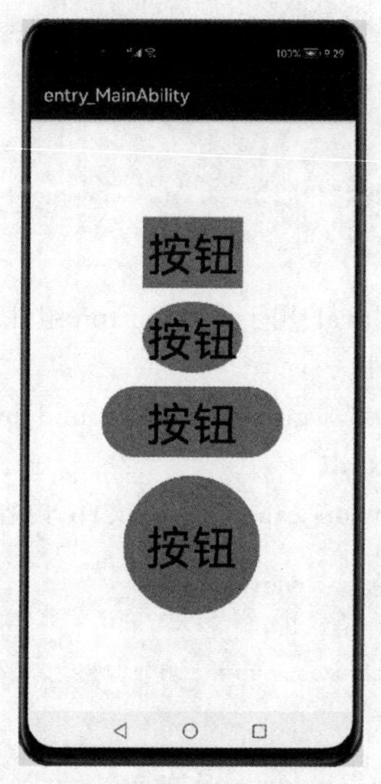

图 4-8　程序运行结果

Button 无自有的 XML 属性,其共有 XML 属性继承自 Text。

4.2.3　Image

Image 是用来显示图片的组件。下面创建一个名为 ImageDemo 的应用来演示 Image 组件的创建、图片透明度设置、图片缩放及压缩、图片裁剪等。

DevEco Studio 自身携带的图片资源为 media 资源文件下的 icon.png,如果需要其他图片资源,那么需要进行下面的图片添加操作,引入其他图片资源。

(1) 首先将图片添加至 media 资源文件下,在 Project 窗口,打开 entry/src/main/resources/base/media,拖动所需图片文件添加至 media 文件夹下,支持多种图片后缀,这里以 Plant.jpg 为例,如图 4-9 所示。

注意:图片的名字需要满足 Java 中标识符的命名规范,例如由 26 个大小写英文字母、0～9、下画线或 $ 组成;数字不可以开头;不可以使用关键字(class、int 等)和保留字(goto

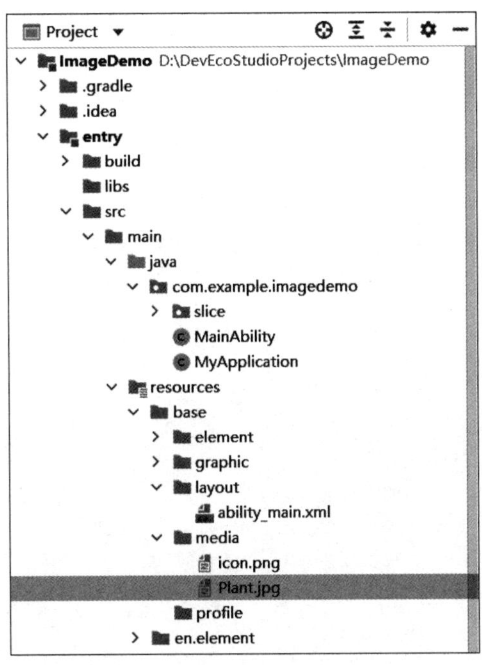

图 4-9　引入 Plant.jpg 图片资源

和 const),但能包含关键字和保留字;标识符不能包含空格等。如果命名不规范,将导致图片无法引用。

(2) 然后创建 Image,所有代码应包含在<Image>标签内,下面通过一个例子来演示如何设置图片的透明度,进行图片缩放及压缩、图片裁剪等操作。

在新建应用的 Project 窗口中,打开 entry/src/main/resources/base/layout/ability_main.xml。修改内容如下:

```
<?xml version="1.0" encoding="utf-8"?>
<DirectionalLayout
    xmlns:ohos="http://schemas.huawei.com/res/ohos"
    ohos:height="match_parent"
    ohos:width="match_parent"
    ohos:alignment="top"
    ohos:orientation="vertical">

    <Image
        ohos:id="$+id:Image_plant1"
        ohos:height="match_content"
        ohos:width="match_content"
        ohos:image_src="$media:Plant"
        ohos:layout_alignment="horizontal_center"
        ohos:top_margin="15vp"
        />
```

```
    <Image
        ohos:id="$+id:Image_plant2"
        ohos:height="match_content"
        ohos:width="match_content"
        ohos:alpha="0.5"
        ohos:image_src="$media:Plant"
        ohos:layout_alignment="horizontal_center"
        ohos:top_margin="15vp"/>

    <Image
        ohos:id="$+id:Image_plant3"
        ohos:height="match_content"
        ohos:width="match_content"
        ohos:image_src="$media:Plant"
        ohos:layout_alignment="horizontal_center"
        ohos:scale_x="1.5"
        ohos:scale_y="1.5"
        ohos:top_margin="30vp"/>

    <Image
        ohos:id="$+id:Image_plant4"
        ohos:height="150vp"
        ohos:width="300vp"
        ohos:image_src="$media:Plant"
        ohos:layout_alignment="horizontal_center"
        ohos:scale_mode="zoom_center"
        ohos:top_margin="60vp"/>

    <Image
        ohos:id="$+id:Image_plant5"
        ohos:height="match_content"
        ohos:width="50vp"
        ohos:clip_alignment="left"
        ohos:image_src="$media:Plant"
        ohos:layout_alignment="horizontal_center"
        ohos:top_margin="15vp"
        />
</DirectionalLayout>
```

代码说明

上述代码创建了 5 个 Image 组件，分别介绍 Image 组件的创建、设置图片透明度、设置图片缩放系数、设置图片缩放模式、设置图片裁剪对齐方式。

(1) 第一个 Image 组件。

ohos:image_src="$media:Plant"：引用了 resources/base/media 下的图片资源

Plant.jpg。

ohos:height="match_content"、ohos:width="match_content"：设置 Image 组件的高宽，此时设置为与图片高宽相等。

(2) 第二个 Image 组件设置图片透明度。

ohos:alpha="0.5"：将图片的透明度设置为 0.5，其取值范围为 0～1。

(3) 第三个 Image 组件设置图片缩放系数。

ohos:scale_x="1.5"、ohos:scale_y="1.5"：将图片 x 轴方向长度放大 1.5 倍，y 轴方向长度放大 1.5 倍。

(4) 第四个 Image 组件设置图片缩放格式。

ohos:height="150vp"、ohos:width="300vp"：设置 Image 组件的高为 150vp，宽为 300vp，此时图片尺寸与 Image 组件尺寸不同，可以根据不同的缩放方式来对图片进行缩放。

ohos:scale_mode="zoom_center"：表示原图按照比例缩放到与 Image 最窄边一致，并居中显示。

(5) 第五个 Image 组件设置图片裁剪对齐方式。

ohos:height="match_content"、ohos:width="50vp"：此时，Image 组件高度与图片相同，宽度为 50vp，小于图片尺寸。

ohos:clip_alignment="left"：表示按左对齐裁剪。

打开远程模拟器，运行程序，运行结果如图 4-10 所示。

图 4-10　程序运行结果

其他常用的 ImageXML 属性如表 4-3 所示。

表 4-3 Image 常用的 XML 属性

属性名称	中文描述	取值说明	使用案例
clip_alignment	裁剪方式	left(左对齐裁剪)、center(居中对齐裁剪)等	ohos:clip_alignment="left"
image_src	图像	引用 media 中的图片资源	ohos:image_src="$media:Plant"
scale_mode	缩放类型	zoom_center：表示原图按照比例缩放到与 Image 最窄边一致,并居中显示	ohos:scale_mode="center"

表 4-3 并没有完全介绍 Image 所有的 XML 属性,详细的 Image XML 属性请到 HarmonyOS 官网开发者指南中查找。

4.2.4 TextField

TextField 提供了一种文本输入框。

我们创建一个名为 TextFieldDemo 的应用来演示有关文本输入组件的相关设置,其代码应该包含在<TextField>标签中。

在 TextFieldDemo 应用中打开 ability_main.xml 文件,修改内容如下：

```
<?xml version="1.0" encoding="utf-8"?>
<DirectionalLayout
    xmlns:ohos="http://schemas.huawei.com/res/ohos"
    ohos:height="match_parent"
    ohos:width="match_parent"
    ohos:alignment="center"
    ohos:orientation="vertical">

    <TextField
        ohos:id="$+id:TextField_id"
        ohos:height="80vp"
        ohos:width="match_parent"
        ohos:background_element="$graphic:background_ability_main"
        ohos:basement="#FF1E1F21"
        ohos:hint="用户名:"
        ohos:left_margin="20vp"
        ohos:padding="10vp"
        ohos:right_margin="20vp"
        ohos:text_size="28fp"
        ohos:top_margin="30vp"
        />

    <TextField
        ohos:id="$+id:TextField_password"
        ohos:height="80vp"
        ohos:width="match_parent"
```

```
        ohos:background_element="$graphic:background_ability_main"
        ohos:basement="#FF1E1F21"
        ohos:hint="密码:"
        ohos:left_margin="20vp"
        ohos:padding="10vp"
        ohos:right_margin="20vp"
        ohos:text_size="28fp"
        ohos:top_margin="30vp"
        />

</DirectionalLayout>
```

代码说明

ohos:basement="#FF1E1F21":描述 TextField 组件的基线,其赋值代表基线颜色。

ohos:hint="用户名:":描述 TextField 组件的提示文本。

ohos:background_element="$graphic:background_ability_main":引用了 background_ability_main.xml 文件,修改内容如下:

```
<?xml version="1.0" encoding="UTF-8" ?>
<shape xmlns:ohos="http://schemas.huawei.com/res/ohos"
      ohos:shape="rectangle">
    <corners
        ohos:radius="40vp"/>
    <solid
        ohos:color="#DEDEDE"/>
</shape>
```

打开远程模拟器,运行程序,运行结果如 4-11 所示。

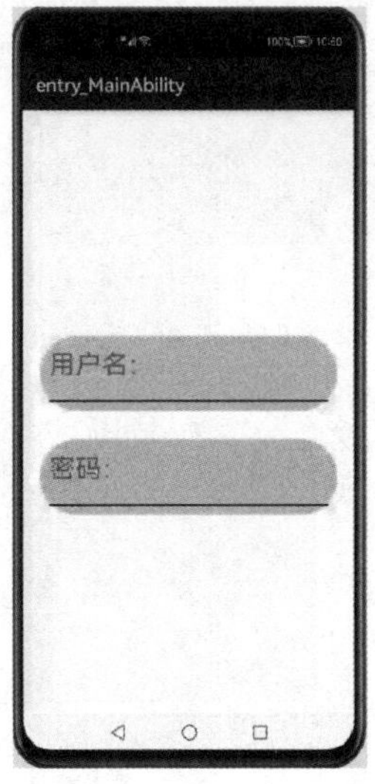

图 4-11 程序运行结果

TextField 共有的 XML 属性继承自 Text，自有的 XML 属性如表 4-4 所示。

表 4-4 TextField 自有的 XML 属性

属性名称	中文描述	取值说明	使用案例
basement	输入框基线	直接配置色值	ohos:basement="#000000"

4.2.5 ProgressBar

ProgressBar 用于显示执行任务的进度，在应用开发过程中，遇到要实现加载文件、音乐播放等功能时，就需要进度条组件来完成页面效果。本节主要演示两种进度条，分别是 ProgressBar(直线进度条）和 Round ProgressBar(圆形进度条）。

创建一个名为 ProgressBarDemo 的应用来演示两种进度条的设置。修改 ability_main.xml 文件，其内容如下：

```
<?xml version="1.0" encoding="utf-8"?>
<DirectionalLayout
    xmlns:ohos="http://schemas.huawei.com/res/ohos"
    ohos:height="match_parent"
    ohos:width="match_parent"
    ohos:alignment="center"
    ohos:orientation="vertical">

    <ProgressBar
        ohos:id="$+id:ProgressBar"
        ohos:height="match_content"
        ohos:width="300vp"
        ohos:divider_lines_enabled="true"
        ohos:divider_lines_number="9"
        ohos:layout_alignment="horizontal_center"
        ohos:max="100"
        ohos:min="0"
        ohos:progress="40"
        ohos:progress_color="#0aabbc"
        ohos:progress_hint_text="40%"
        ohos:progress_hint_text_color="black"
        ohos:progress_hint_text_size="28fp"
        ohos:progress_width="20vp"
        />

    <RoundProgressBar
        ohos:id="$+id:RoundProgressBar"
        ohos:height="300vp"
        ohos:width="300vp"
```

```
        ohos:layout_alignment="horizontal_center"
        ohos:max="100"
        ohos:min="0"
        ohos:progress="40"
        ohos:progress_color="#0aabbc"
        ohos:progress_hint_text="40%"
        ohos:progress_hint_text_color="black"
        ohos:progress_hint_text_size="28fp"
        ohos:progress_width="20vp"
        ohos:top_margin="30vp"/>

</DirectionalLayout>
```

ProgressBar 组件有两种排列方向，分别是水平排列和垂直排列，默认情况下为水平排列，上述代码中的 ProgressBar 组件没有规定排列方向，所以其排列方向为水平方向。在其 <ProgressBar> 标签内添加语句 ohos:orientation="vertical"，可将 ProgressBar 组件的排列方向修改为垂直排列，这里不再演示。ProgressBar 组件常用的 XML 属性见表 4-5。

表 4-5　ProgressBar 常见的 XML 属性

属性名称	中文描述	取值说明	使用案例
divider_lines_enabled	分割线	设置 true/false	ohos:divider_lines_enabled="true"
divider_lines_number	分割线数量	设置整型数值	ohos:divider_lines_number="9"
max	最大值	同上	ohos:max="100"
min	最小值	同上	ohos:min="100"
orientation	排列方向	horizontal(水平排列)、vertical(垂直排列)	ohos:orientation=" vertical "
progress	当前进度	设置整型数值	ohos:progress="40"
progress_width	进度条宽度	以 vp 为单位的浮点数值	ohos:progress_width="20vp"
progress_color	进度条颜色	设置色值	ohos:progress_color="#0aabbc"
progress_hint_text	进度提示文本	设置文本字串	ohos:progress_hint_text="40%"
progress_hint_text_color	进度提示文本颜色	设置色值	ohos:progress_hint_text_color="black"
progress_hint_text_size	进度提示文本大小	以 fp 为单位的浮点数值	ohos:progress_hint_text_size="28fp"

RoundProgressBar 继承自 ProgressBar，拥有 ProgressBar 的全部属性，在设置同样的属性时用法和 ProgressBar 一致，用于显示圆形进度。其自有 XML 属性如表 4-6 所示。

表 4-6 RoundProgressBar 自有 XML 属性

属性名称	中文描述	取值说明	使用案例
start_angle	圆形进度条的起始角度	设置浮点数值	ohos:start_angle="45"
max_angle	圆形进度条的最大角度	同上	ohos:max_angle="275"

4.3 常用布局开发指导

本节介绍使用 XML 文件的形式创建布局，这样布局的方式更加简便直观。每一个 Component 和 ComponentContainer 对象大部分属性都支持在 XML 中进行设置，它们都有各自的 XML 属性列表。某些属性仅适用于特定的组件，例如，只有 Text 支持 text_color 属性，不支持该属性的组件如果添加了该属性，该属性则会被忽略。具有继承关系的组件子类将继承父类的属性列表，Component 作为组件的基类，拥有各个组件常用的属性，例如 ID、布局参数等。

1. ID

```
ohos:id="$+id:text"
```

在 XML 中使用此格式声明一个对开发者友好的 ID，它会在编译过程中转换成一个常量。尤其在 DependentLayout 布局中，组件之间需要描述相对位置关系，描述时要通过 ID 来指定的对应组件。

布局中的组件通常要设置独立的 ID，以便在程序中查找该组件。如果布局中有不同组件设置了相同的 ID，在通过 ID 查找组件时会返回查找到的第一个组件，因此尽量保证在所要查找的布局中为组件设置独立的 ID，避免出现与预期不符合的问题。

2. 组件/布局参数

```
ohos:width="20vp"
ohos:height="10vp"
```

上述代码以设置具体数值的方式声明了组件的宽和高，用这种方式声明组件的宽和高，数值有两种单位，分别是：10/10px(以像素为单位)、10vp(以屏幕相对像素为单位)。

px：像素的单位，1px 代表手机屏幕上的一个像素点。常见的手机分辨率有 320×480，480×800，1080×1920 等，这些数值的单位都是 px；由于 px 在不同手机上的大小不同，差别较大，适配性差，所以不建议使用。而且因为手机分辨率不同，应用中用到的某个固定尺寸大小的图片或某个固定字体大小的文本就会因手机分辨率不同而出现失真或变形的情况，所以为了更好地适配不同的手机，产生了不依赖像素的单位 vp。

vp：即 virtualpixel，虚拟像素单位，是一台设备针对应用而言所具有的虚拟尺寸(区别于屏幕硬件本身的像素单位)。它提供了一种灵活的方式来适应不同屏幕密度的显示效果。使用虚拟像素单位 vp 可以使元素在不同密度的设备上具有一致的视觉体量。

声明字体大小时可以使用字体像素单位 fp，其大小规范默认情况下与 vp 相同，二者可以通用。

另外，HarmonyOS 还提供了如下方式声明组件的宽和高：

```
ohos:width=" match_parent"
ohos:height=" match_content"
```

match_parent：表示组件大小将扩展为父组件允许的最大值，它将占据父组件方向上的剩余大小。

match_content：表示组件大小与它的内容占据的大小范围相适应。

总结：在一般情况下，与字体大小有关用 fp；与间距有关用 vp；px 一般不使用。

常见的基础 XML 属性和常见的间距 XML 属性如表 4-7、表 4-8 所示。

表 4-7　常见的基础 XML 属性

属性名称	中文描述	取值说明	使用案例
id	识别组件对象，且唯一	设置一个对开发者友好的字符串	ohos:id="$+id:component_id"
width	宽度，必填	match_parent、match_content 以 vp 为单位的浮点数值	ohos:width="20vp"
height	高度，必填	match_parent、match_content 以 vp 为单位的浮点数值	ohos:height="20vp"
alpha	透明度	设置浮点数值，取值范围在 0～1	ohos:alpha="0.86"

表 4-8　常见的间距 XML 属性

属性名称	中文描述	取值说明	使用案例
padding	内间距	以 vp 为单位的浮点数值	ohos:padding="20vp"
left_padding	左间距	以 vp 为单位的浮点数值	ohos: left_padding ="20vp"
top_padding	上内间距	以 vp 为单位的浮点数值	ohos: top_padding ="20vp"
margin	外边距	以 vp 为单位的浮点数值	ohos: margin ="20vp"
left_margin	左外边距	以 vp 为单位的浮点数值	ohos: left_margin ="20vp"
top_margin	上外边距	以 vp 为单位的浮点数值	ohos: top_margin ="20vp"

更多详细的组件通用 XML 属性请到 HarmonyOS 官网(https://developer.harmonyos.com)开发者指南中查看。

4.3.1　DirectionalLayout

DirectionalLayout 是 Java UI 中的一种重要的组件布局，用于将一组 Component 按照水平(horizontal)或者垂直(vertical)方向排布，能够方便地对齐布局内的组件。该布局和其他布局的组合可以实现更加丰富的布局样式，如图 4-12 所示。

下面创建一个名为 LoginPageDemo 的应用来演示图 4-2 所示的登录界面。

首先需要将图片 QQ.jpg 放入 media 文件下，QQ.jpg 如图 4-13 所示。

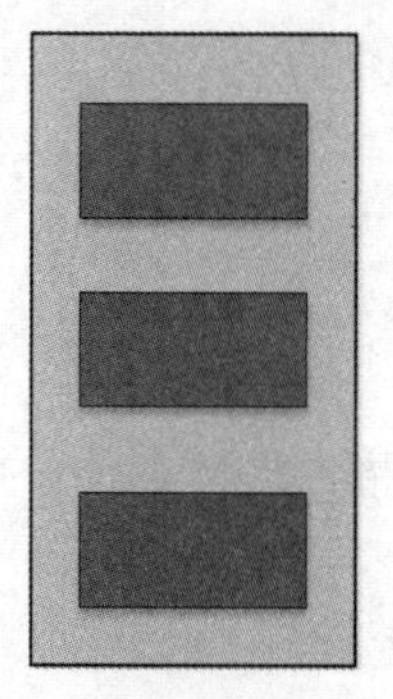
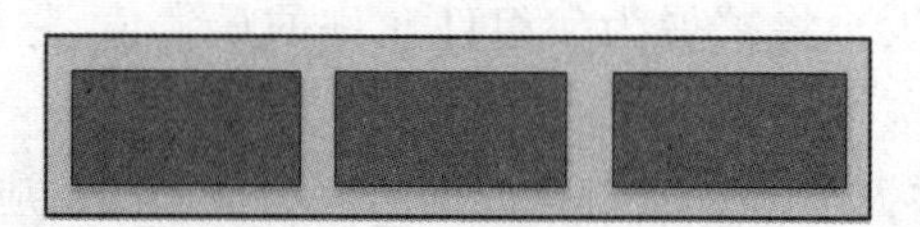

图 4-12 DirectionalLayout 垂直和水平方向排列示意图

图 4-13 QQ.jpg

在 LoginPageDemo 应用中打开 ability_main.xml 文件，修改内容如下：

```
<?xml version="1.0" encoding="utf-8"?>
<DirectionalLayout
    xmlns:ohos="http://schemas.huawei.com/res/ohos"
    ohos:height="match_parent"
    ohos:width="match_parent"
    ohos:alignment="center"
    ohos:orientation="vertical">

    <Image
        ohos:id="$+id:Image_icon"
        ohos:height="100vp"
        ohos:width="100vp"
        ohos:image_src="$media:QQ"
        ohos:scale_mode="zoom_center"
        />

    <TextField
        ohos:id="$+id:TextField_id"
        ohos:height="80vp"
        ohos:width="match_parent"
        ohos:background_element="$graphic:background_ability_main"
        ohos:basement="#FF1E1F21"
        ohos:hint="用户名:"
        ohos:left_margin="20vp"
        ohos:padding="10vp"
        ohos:right_margin="20vp"
        ohos:text_size="28fp"
        ohos:top_margin="30vp"
        />

    <TextField
```

```
        ohos:id="$+id:TextField_password"
        ohos:height="80vp"
        ohos:width="match_parent"
        ohos:background_element="$graphic:background_ability_main"
        ohos:basement="#FF1E1F21"
        ohos:hint="密码:"
        ohos:left_margin="20vp"
        ohos:padding="10vp"
        ohos:right_margin="20vp"
        ohos:text_size="28fp"
        ohos:top_margin="30vp"
        />

    <Button
        ohos:id="$+id:Button_login"
        ohos:height="match_content"
        ohos:width="match_parent"
        ohos:background_element="$graphic:background_ability_main_button"
        ohos:left_margin="20vp"
        ohos:padding="10vp"
        ohos:right_margin="20vp"
        ohos:text="登录"
        ohos:text_size="28fp"
        ohos:top_margin="30vp"
        />

    <DirectionalLayout
        ohos:height="match_content"
        ohos:width="match_content"
        ohos:orientation="horizontal"
        ohos:top_margin="30vp">

        <Text
            ohos:id="$+id:Text_forgetPassword"
            ohos:height="match_content"
            ohos:width="match_content"
            ohos:text="忘记密码"
            ohos:text_size="28fp"
            />

        <Text
            ohos:id="$+id:Text_register"
            ohos:height="match_content"
            ohos:width="match_content"
```

```
            ohos:left_margin="130vp"
            ohos:text="注册"
            ohos:text_size="28fp"
            />

    </DirectionalLayout>

    <DirectionalLayout
        ohos:height="match_content"
        ohos:width="match_content"
        ohos:orientation="horizontal"
        >

        <Text
            ohos:height="match_content"
            ohos:width="135vp"
            ohos:background_element="$graphic:background_ability_main_line"
            />

        <Text
            ohos:height="match_content"
            ohos:width="70vp"
            ohos:background_element="$graphic:background_ability_main_line"
            ohos:left_margin="110vp"
            />

    </DirectionalLayout>

</DirectionalLayout>
```

代码说明

上述代码中采用了 DirectionalLayout 布局，描述了一个登录页面，其中对 DirectionalLayout 布局进行了嵌套使用，在父布局中使用了 ohos:orientation="vertical"语句，描述了父布局中子布局、组件的排列方式为垂直方向排列。ohos:alignment="center"语句描述了父布局中子布局、组件对齐方式统一为居中对齐。

在子布局中使用了 ohos:orientation="horizontal"语句，描述了子布局中组件排列方式为水平方向排列。

(1) TextField 组件中，ohos:background_element="$graphic:background_ability_main"引用了 background_ability_main.xml 文件，其内容如下：

```
<?xml version="1.0" encoding="UTF-8" ?>
<shape xmlns:ohos="http://schemas.huawei.com/res/ohos"
    ohos:shape="rectangle">
```

```
    <corners
        ohos:radius="40vp"/>

    <solid
        ohos:color="#DEDEDE"/>
</shape>
```

上述代码描述了 TextField 组件的形状和填充色。

(2) Button 组件中,ohos:background_element="$graphic:background_ability_main_button"引用了 background_ability_main_button.xml 文件,其内容如下:

```
<?xml version="1.0" encoding="UTF-8" ?>
<shape
    xmlns:ohos="http://schemas.huawei.com/res/ohos"
    ohos:shape="rectangle">

    <corners
        ohos:radius="40vp"/>

    <solid
        ohos:color="#FF0A8AE2"/>
</shape>
```

上述代码描述了 Button 组件的形状和填充色。

(3) Text 组件中,ohos:background_element="$graphic:background_ability_main_line"引用了 background_ability_main_line 文件,其内容如下:

```
<?xml version="1.0" encoding="UTF-8" ?>
<shape
    xmlns:ohos="http://schemas.huawei.com/res/ohos"
    ohos:shape="line">

    <stroke
        ohos:width="1vp"
        ohos:color="#FF111111"
        />

</shape>
```

上述代码中,ohos:shape="line"语句描述了 Text 组件形状为线条,<stroke>标签为设置线条的颜色和宽度。

读者可以根据自己的喜好修改代码,重新设置登录界面的样式和布局。DirectionalLayout 常用的 XML 属性及所包含组件常用的 XML 属性,如表 4-9、表 4-10 所示。

表 4-9 DirectionalLayout 常用的 XML 属性

属性名称	中文描述	取值说明	使用案例
alignment	对齐方式	left(左对齐)、top(顶部对齐)、center(居中对齐)等,也可以使用"|"进行多项组合	ohos:alignment="left"
orientation	子布局排列方向	horizontal 表示水平方向布局,vertical 表示垂直方向布局	ohos:orientation="vertical"

表 4-10 DirectionalLayout 所包含组件常用的 XML 属性

属性名称	中文描述	取值说明	使用案例
layout_alignment	对齐方式	center(居中对齐)等,也可以使用"|"进行多项组合。	ohos:layout_alignment="center"

4.3.2 DependentLayout

DependentLayout 是 Java UI 系统里的一种常见布局。与 DirectionalLayout 相比,DependentLayout 拥有更多的排布方式,每个组件可以指定相对于其他同级元素的位置,或者指定相对于父组件的位置。DependentLayout 效果如图 4-14 所示。

下面创建一个名为 DependentLayoutDemo 的应用来演示,最终显示效果如图 4-15 所示。

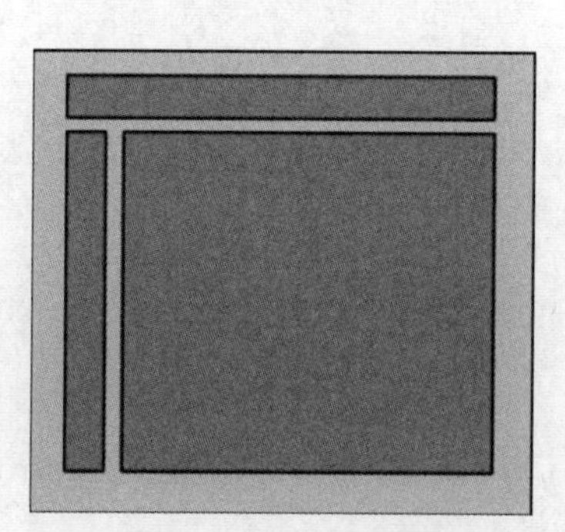

图 4-14 DependentLayout 效果示意图

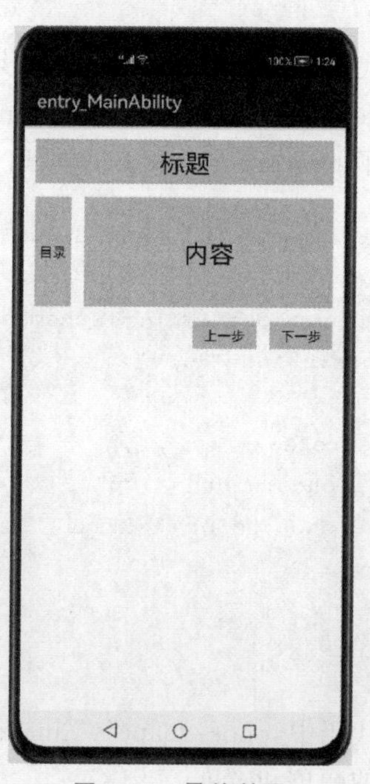

图 4-15 最终效果

打开 DependentLayoutDemo 应用中的 ability_main.xml 文件。修改内容如下:

```
<?xml version="1.0" encoding="utf-8"?>
<DependentLayout
    xmlns:ohos="http://schemas.huawei.com/res/ohos"
    ohos:height="match_content"
    ohos:width="match_parent"
    >

    <Text
        ohos:id="$+id:Text1"
        ohos:height="match_content"
        ohos:width="match_parent"
        ohos:background_element="#DEDEDE"
        ohos:left_margin="15vp"
        ohos:padding="5vp"
        ohos:right_margin="15vp"
        ohos:text="标题"
        ohos:text_alignment="horizontal_center"
        ohos:text_size="28fp"
        ohos:top_margin="15vp"
        />

    <Text
        ohos:id="$+id:Text2"
        ohos:height="120vp"
        ohos:width="match_content"
        ohos:align_parent_left="true"
        ohos:background_element="#DEDEDE"
        ohos:below="$id:Text1"
        ohos:bottom_margin="15vp"
        ohos:left_margin="15vp"
        ohos:multiple_lines="true"
        ohos:padding="5vp"
        ohos:right_margin="15vp"
        ohos:text="目录"
        ohos:text_alignment="center"
        ohos:text_size="15fp"
        ohos:top_margin="15vp"/>

    <Text
        ohos:id="$+id:Text3"
        ohos:height="120vp"
        ohos:width="match_parent"
        ohos:background_element="#DEDEDE"
        ohos:below="$id:Text1"
```

```
        ohos:bottom_margin="15vp"
        ohos:end_of="$id:Text2"
        ohos:right_margin="15vp"
        ohos:text="内容"
        ohos:text_alignment="center"
        ohos:text_size="28fp"
        ohos:top_margin="15vp"/>

    <Button
        ohos:id="$+id:Button1"
        ohos:height="match_content"
        ohos:width="70vp"
        ohos:background_element="#DEDEDE"
        ohos:below="$id:Text3"
        ohos:bottom_margin="15vp"
        ohos:left_of="$id:Button2"
        ohos:padding="5vp"
        ohos:right_margin="15vp"
        ohos:text="上一步"
        ohos:text_size="15fp"
        />

    <Button
        ohos:id="$+id:Button2"
        ohos:height="match_content"
        ohos:width="70vp"
        ohos:align_parent_end="true"
        ohos:background_element="#DEDEDE"
        ohos:below="$id:Text3"
        ohos:bottom_margin="15vp"
        ohos:padding="5vp"
        ohos:right_margin="15vp"
        ohos:text="下一步"
        ohos:text_size="15fp"
        />
</DependentLayout>
```

代码说明

“目录”文本组件中的 ohos:align_parent_left="true"、ohos:below="$id:Text1"用于确定其位置在“标题”文本组件的左下方。同理，“内容”文本组件中的 ohos:below="$id:Text1"用于确定其在“标题”文本框下方。

DependentLayout 的自有 XML 属性如表 4-11 所示。

表 4-11　DependentLayout 的自有 XML 属性

属性名称	中文描述	取值说明	使用案例
alignment	对齐方式	left(左对齐)、top(顶部对齐)、center(居中对齐)等,也可以使用"|"进行多项组合	ohos:alignment="left"

DependentLayout 所包含组件可支持的 XML 属性如表 4-12 所示。

表 4-12　DependentLayout 所包含组件可支持的 XML 属性

属性名称	中文描述	取值说明	使用案例
below	将上边缘与另一个子组件的下边缘对齐	仅可引用组件的 id	ohos:below="$id:Text1"
left_of	将右边缘与另一个子组件的左边缘对齐	仅可引用组件的 id	ohos:left_of="$id:Button2"
align_parent_left	将左边缘与父组件的左边缘对齐	true/false	ohos:align_parent_left="true"
align_parent_end	将结束边与父组件的结束边对齐	true/false	ohos:align_parent_end="true"

更多属性介绍请参考开发者联盟官网指南。

4.3.3　StackLayout

StackLayout 直接在屏幕中开辟出一块空白的区域,这块区域中的组件以层叠的形式显示,默认情况下,会将所有组件靠左上角对齐,先添加的组件位于底层,后添加的组件位于上一层,这样的结构类似一个栈结构,所以 StackLayout 也称栈布局,上层的组件会覆盖下层的组件。StackLayout 的示意图如图 4-16 所示。

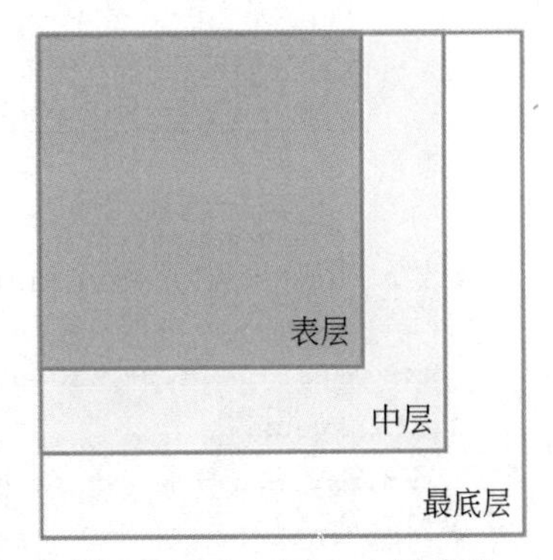

图 4-16　StackLayout 示意图

在 StackLayout 中组件是一层层堆叠的,其没有自有的 XML 属性,共有的 XML 属性继承自 Component。它所包含的组件支持的 XML 属性为对齐方式,如表 4-13 所示。

表 4-13　StackLayout 所包含组件支持的 XML 属性

属性名称	中文描述	取值说明	使用案例
layout_alignment	对齐方式	left(左对齐)、top(顶部对齐)、center(居中对齐),也可以使用"|"进行多项组合	ohos:layout_alignment="left"

下面创建一个名为 OtherLayout 的应用来演示。在此应用中的 layout 文件下,继续新建一个名为 ability_stacklayout 的 Layout 资源文件。将 File name 设置为 ability_stacklayout,将 Root element 设置为 StackLayout。单击 OK 按钮,创建完成。操作过程如图 4-17、图 4-18 所示。

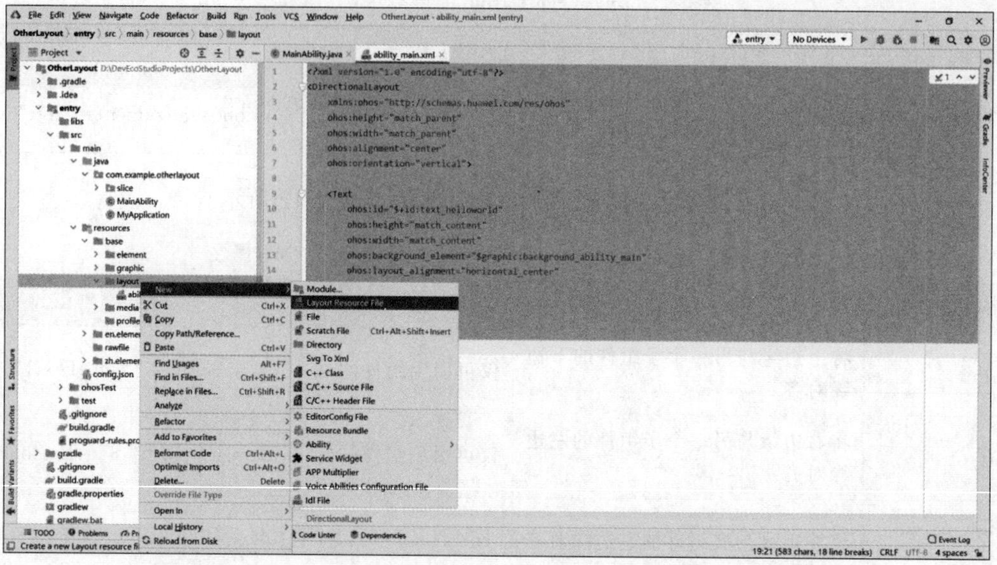

图 4-17 创建 Layout 资源文件

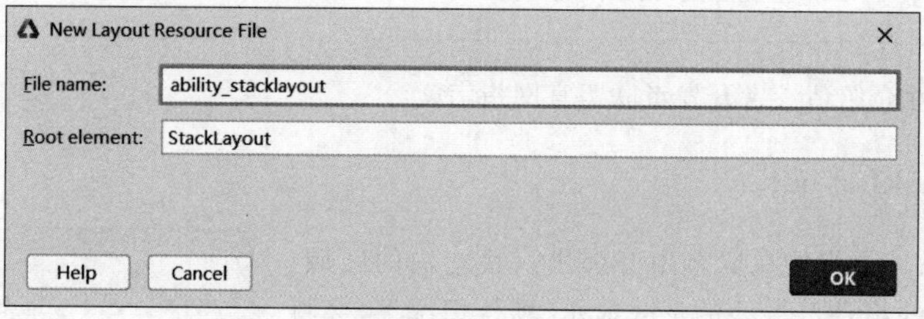

图 4-18 配置 Layout 资源文件

修改 ability_stacklayout.xml 文件,其内容如下:

```
<?xml version="1.0" encoding="utf-8"?>
<StackLayout
    xmlns:ohos="http://schemas.huawei.com/res/ohos"
    ohos:height="match_parent"
    ohos:width="match_parent"
    >

    <Text
        ohos:id="$+id:Text1"
        ohos:height="360vp"
        ohos:width="360vp"
        ohos:background_element="red"
        ohos:layout_alignment="right"
        ohos:text="red"
        ohos:text_alignment="left|bottom"
```

```
        ohos:text_size="28fp"/>

    <Text
        ohos:id="$+id:Text2"
        ohos:height="240vp"
        ohos:width="240vp"
        ohos:background_element="yellow"
        ohos:layout_alignment="right"
        ohos:text="yellow"
        ohos:text_alignment="left|bottom"
        ohos:text_size="28fp"/>

    <Text
        ohos:id="$+id:Text3"
        ohos:height="120vp"
        ohos:width="120vp"
        ohos:background_element="green"
        ohos:layout_alignment="right"
        ohos:text="green"
        ohos:text_alignment="left|bottom"
        ohos:text_size="28fp"/>

</StackLayout>
```

打开预览器,运行结果如图 4-19 所示。

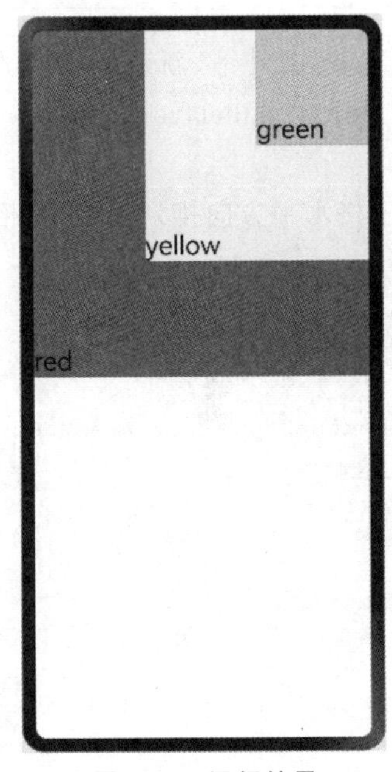

图 4-19　运行结果

4.3.4 TableLayout

TableLayout 为表格布局,其内部可指定划分成若干行和列,布局中的组件都按照排列方向依次放置在各个单元格中。TableLayout 的示意图如图 4-20 所示。

图 4-20 TableLayout 示意图

TableLayout 共有的 XML 属性继承子 Component,其常用 XML 属性如表 4-14 所示。

表 4-14 TableLayout 的常用 XML 属性

属性名称	中文描述	取值说明	使用案例
column_count	列数	整型数值	ohos:column_count="2"
row_count	行数	整型数值	ohos:row_count="4"
orientation	排列方向	horizontal(水平)、vertical(垂直)	ohos:orientation="vertical"

在 OtherLayout 应用中的 layout 文件下,新建一个名为 ability_tablelayout 的 Layout 资源文件。将 File name 设置为 ability_tablelayout,将 Root element 设置为 TableLayout。单击 OK 按钮,创建完成。

下面以学生信息表格为例,表格水平方向排列,演示表格布局的实现过程。修改 ability_tablelayout.xml,其内容如下:

```
<?xml version="1.0" encoding="utf-8"?>
<TableLayout
    xmlns:ohos="http://schemas.huawei.com/res/ohos"
    ohos:height="match_parent"
    ohos:width="match_parent"
    ohos:column_count="2"
    ohos:orientation="horizontal"
    ohos:padding="5vp"
    ohos:row_count="3"
    >

    <TextField
```

```
        ohos:id="$+id:TextField1"
        ohos:height="match_content"
        ohos:width="150vp"
        ohos:background_element="#DEDEDE"
        ohos:margin="10vp"
        ohos:padding="5vp"
        ohos:text="姓名:"
        ohos:text_size="28fp"
        />

    <TextField
        ohos:id="$+id:TextField2"
        ohos:height="match_content"
        ohos:width="150vp"
        ohos:background_element="#DEDEDE"
        ohos:margin="10vp"
        ohos:padding="5vp"
        ohos:text_size="28fp"
        />

    <TextField
        ohos:id="$+id:TextField3"
        ohos:height="match_content"
        ohos:width="150vp"
        ohos:background_element="#DEDEDE"
        ohos:margin="10vp"
        ohos:padding="5vp"
        ohos:text="学号:"
        ohos:text_size="28fp"
        />

    <TextField
        ohos:id="$+id:TextField4"
        ohos:height="match_content"
        ohos:width="150vp"
        ohos:background_element="#DEDEDE"
        ohos:margin="10vp"
        ohos:padding="5vp"
        ohos:text_size="28fp"
        />

    <TextField
        ohos:id="$+id:TextField5"
        ohos:height="match_content"
```

```
        ohos:width="150vp"
        ohos:background_element="#DEDEDE"
        ohos:margin="10vp"
        ohos:padding="5vp"
        ohos:text="性别:"
        ohos:text_size="28fp"
        />

    <TextField
        ohos:id="$+id:TextField6"
        ohos:height="match_content"
        ohos:width="150vp"
        ohos:background_element="#DEDEDE"
        ohos:margin="10vp"
        ohos:padding="5vp"
        ohos:text_size="28fp"
        />

</TableLayout>
```

打开预览器,运行结果如图 4-21 所示。

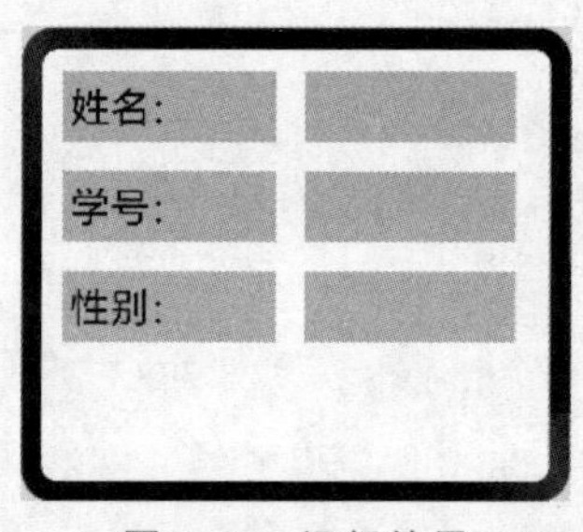

图 4-21 运行结果

关于其他布局,请参看 HarmonyOS 官网开发者指南。

4.4 事件监听器与组件状态

4.4.1 事件监听器

事件监听器承载着交互信息的传递,因此事件监听器多用于交互类组件,捕获用户的各类操作。

事件监听器中的"事件"有两类:一是用户操作类事件,二是组件的状态改变类事件。用户操作类事件可以根据操作方式的不同分为按键类事件和触摸类事件,触摸类事件还可以继续细分为单击类和手势类事件。用户操作类事件及监听器方法如表 4-15 所示。

表 4-15 用户操作类事件及监听器方法

事件类型	监听器接口	设 置 方 法	监听器接口方法
按键	KeyEventListener	setKeyEventListener	onKeyEvent()
触摸	TouchEventListener	setTouchEventListener	onTouchEvent()
单击	ClickedListener	setClickedListener	onClick()
双击	DoubleClickedListener	setDoubleClickedListener	onDoubleClick()
长按	LongClickedListener	onLongClickedListener	onLongClicked()
拖动	DraggedListener	setDraggedListener	onDragDown()
			onDragStart()
			onDragUpdate()
			onDragEnd ()
			onDragCancel()
			onDragPreAccept()
旋转	RotationEventListener	setRotationEventListener	onRotationEvent()
缩放	ScaledListener	setScaledListener	onScaleStart()
			onScaleUpdate()
			onScaleEnd()
滑动	ScrolledListener	setScrolledListener	onContentScrolled()

表 4-15 中各类事件详细分类如下。

(1) 按键：按键类。

(2) 触摸：触摸类。

(3) 单击、双击、长按：触摸类-单击。

(4) 拖动、旋转、缩放、滑动：触摸类-手势。

组件的状态改变类事件及监听器方法如表 4-16 所示。

表 4-16 组件的状态改变类事件及监听器方法

事件类型	监听器接口	设 置 方 法	监听器接口方法
绑定状态变化	BindStateChanged-Listener	setBindStateChanged-Listener	onComponentBoundToWindow()
			onComponentUnboundFromWindow()
组件状态变化	ComponentStateChanged-Listener	setFocusChanged-Listener	onComponentStateChanged()
焦点变化	FocusChangedListener	setComponentState-ChangedListener	onFocusChange()

注意：绑定状态指组件是否被加入布局的状态。当组件被加入或被移出布局时，组件的绑定状态会发生变化，并触发绑定状态变化监听器。

4.4.2 组件状态

组件状态包括空状态、按下状态、选中状态、禁用状态等。在 Java 中，组件状态由 ComponentState 类的静态常量进行定义。默认情况下，组件的状态为空状态。当组件被单击且不松开时，状态会从空状态切换到按下状态。在组件状态发生变化时，会触发组件状态改变监听器。组件状态如表 4-17 所示。

表 4-17 组件状态

组件状态(Java)	组件状态(XML)	状 态 类 型
COMPONENT_STATE_EMPTY	component_state_empty	空
COMPONENT_STATE_HOVERD	component_state_hovered	悬停
COMPONENT_STATE_FOCUSED	component_state_focused	焦点
COMPONENT_STATE_PRESSED	component_state_pressed	按下
COMPONENT_STATE_CHECKED	component_state_checked	选中(Check)
COMPONENT_STATE_SELECTED	component_state_selected	选中(Select)
COMPONENT_STATE_DISABLED	component_state_disabled	禁用

表 4-17 中各状态介绍如下。

(1) 空状态：默认情况下，组件状态为空。

(2) 悬停状态：指鼠标指针停留在组件上的状态，如果设备仅支持触摸，那么该设备的组件不会切换到悬停状态。

(3) 焦点状态：指当前用户界面中被用户关注的组件状态。

(4) 按下状态：当组件被单击且不松开时，组件状态切换为按下状态。

(5) 选中状态(Check)：适用于复选框(Checkbox)等组件。

(6) 选中状态(Select)：适用于单选按钮(RadioButton)、开关按钮(ToggleButton)等组件。

(7) 禁用状态：该状态下组件被禁用。

下面通过一个例子来更加直观的演示组件的状态变化。

4.4.3 案例：组件状态变化演示

下面创建一个名为 ComponentStatusDemo 的应用来演示组件的状态变化。首先需要创建一个可单击的 Button 组件来演示，修改 ability_main.xml 文件，其内容如下：

```
<?xml version="1.0" encoding="utf-8"?>
<DirectionalLayout
    xmlns:ohos="http://schemas.huawei.com/res/ohos"
    ohos:height="match_parent"
    ohos:width="match_parent"
    ohos:alignment="top"
```

```
    ohos:orientation="vertical">

    <Text
        ohos:height="match_content"
        ohos:width="match_content"
        ohos:background_element="$graphic:background_ability_main"
        ohos:layout_alignment="horizontal_center"
        ohos:text="组件状态案例"
        ohos:text_size="28fp"
        ohos:top_margin="10vp"
        />

    <Button
        ohos:id="$+id:Button"
        ohos:height="match_content"
        ohos:width="match_parent"
        ohos:background_element="$graphic:background_ability_main_button_state"
        ohos:layout_alignment="horizontal_center"
        ohos:margin="10vp"
        ohos:padding="5vp"
        ohos:text="按钮"
        ohos:text_size="28fp"
        />

</DirectionalLayout>
```

上述代码中 Button 组件引用了 background_ability_main_button_state.xml 文件，其内容如下：

```
<?xml version="1.0" encoding="utf-8"?>
<state-container
    xmlns:ohos="http://schemas.huawei.com/res/ohos">

    <item
        ohos:element="$graphic:background_ability_main_button_black"
        ohos:state="component_state_pressed"/>

    <item
        ohos:element="$graphic:background_ability_main_button"
        ohos:state="component_state_empty"/>
</state-container>
```

上述代码中<state-container>标签可以为按钮组件设置不同状态下的背景，其下的每个<item>子标签都对应了一个组件状态及该状态下的背景。对照表 4-16，这些状态分别是按下状态、空状态。按钮组件空状态下的背景引用了 background_ability_main_button.

xml 文件。创建并修改 background_ability_main_button.xml 文件,其内容如下:

```
<?xml version="1.0" encoding="UTF-8" ?>
<shape
    xmlns:ohos="http://schemas.huawei.com/res/ohos"
    ohos:shape="rectangle">

    <solid
        ohos:color="#0aabbc"/>

    <corners
        ohos:radius="50vp"/>
</shape>
```

按钮组件按下状态中引用的 background_ability_main_button_black.xml 文件中背景填充色为黑色,其他与 background_ability_main_button.xml 文件一致。

打开远程模拟器,运行程序,按住"按钮",运行结果如图 4-22、图 4-23 所示。

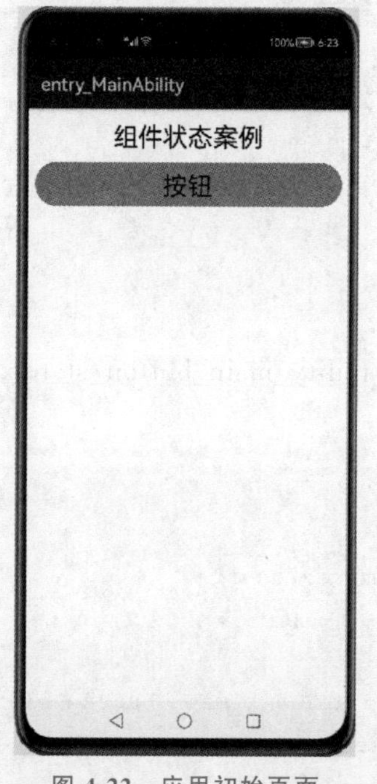

图 4-22 应用初始页面

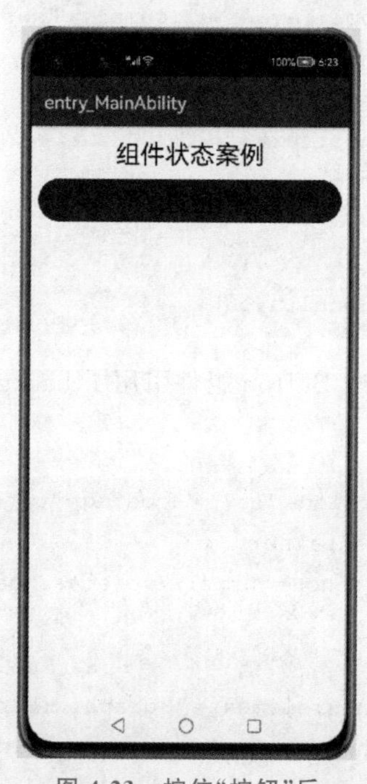

图 4-23 按住"按钮"后

观察运行结果可知,默认状态下"按钮"背景填充色为蓝色,按住按钮后,背景填充色变为黑色。

4.4.4 案例:单击事件监听回调的 4 种实现方法

在手机应用中,单击事件的使用非常频繁,大部分操作都是通过单击触发的,本节将介绍单击事件监听回调的 4 种实现方法及各自的适用场景。

单击事件一共有4种实现方法，分别是定义实现类、当前类作为实现类、匿名内部类、方法引用。创建一个名为ClickEventDemo的应用来以这4种方法演示给组件添加单击事件。XML文件中声明按钮组件相关内容可以参考4.4.3节中案例，这里不再赘述。

1. 定义实现类

通过外部类实现监听器接口，并重写onClick()方法，然后创建这个外部类对象，并将该对象传入setClickedListener(ClickedListener listener)方法中。具体实现流程如下。

(1)在给组件添加单击事件前，首先需要找到该组件，通过组件ID可以找到组件，示例代码如下：

```
Button Button1=findComponentById(ResourceTable.Id_Button1);
```

通过调用findComponentById(int resId)方法，找到组件。其参数对应XML文件中定义的组件的Id，系统会自动将一个int类型的数值赋予这个Id，如图4-24所示。

```
//找到组件
Text Text1 = findComponentById(ResourceTable.Id_Text1);
                                    com.example.clickeventdemo.ResourceTable
                                    public static final int Id_Text1 = 160000000
```

图4-24 组件Id所对应的值

(2) 创建一个名为MyListener的类并实现ClickedListener接口然后重写onClick()方法，示例代码如下：

```
//定义实现类
public class MyListener implements Component.ClickedListener {
    @Override
    public void onClick(Component component) {
        //将被点击的组件对象强转为Button类型
        Button Btn = (Button) component;
        //设置文本内容
        Btn.setText("按钮1被点击了");
    }
}
```

(3) 最后给组件添加单击事件，示例代码如下：

```
//Button1使用定义实现类的写法添加单击事件
Button1.setClickedListener(new MyListener());
```

上述代码调用setClickedListener(ClickedListener listener)方法给组件添加单击事件。其参数可以是对象或者方法，如果是方法则对应以方法引用的方式给组件添加单击事件。

定义实现类的写法给组件添加单击事件可能使业务逻辑过于零散，且不直观，使用场景较少。

2. 当前类作为实现类

将组件所在的 AbilitySlice 类实现监听器接口,并重写 onClick()方法,然后将 AbilitySlice 的 this 对象传入 setClickedListener(ClickedListener listener)方法中。实现流程如下:

首先需要找到组件,然后需要对 MainAbilitySlice 类实现 ClickedListener 接口并重写 onClick()方法。最后调用 setClickedListener()方法给组件添加单击事件。在有很多组件需要添加单击事件,或需要连续单击多个组件的情况下,推荐使用当前类作为实现类这种写法,因为这样写出来的代码更加简洁。示例代码如下:

```
//实现 ClickedListener 接口
public class MainAbilitySlice extends AbilitySlice implements Component.
ClickedListener {
    private Button Button2;

    @Override
    public void onStart(Intent intent) {
        super.onStart(intent);
        super.setUIContent(ResourceTable.Layout_ability_main);
        //找到组件
        Button2 = findComponentById(ResourceTable.Id_Button2);
        //Button2 使用当前类作为实现类的写法添加单击事件
        Button2.setClickedListener(this);
    }
    //重写 onClick 方法
    public void onClick(Component component) {
        //设置文本内容
        Button2.setText("按钮 2 被点击了");
    }
}
```

3. 匿名内部类

通过匿名内部类实现监听器接口,并重写 onClick()方法,然后将这个匿名内部类的对象传入 setClickedListener(ClickedListener listener)方法中。这种写法的优势是获取组件对象之后紧接着实现监听方法,这样书写单击事件的速度非常快,且直观具体,示例代码如下:

```
Button Button3=findComponentById(ResourceTable.Id_Button3);
//Button3 使用匿名内部类的写法添加单击事件
Button3.setClickedListener(new Component.ClickedListener() {
    @Override
    public voidonClick(Component component) {
```

```
        //设置文本内容
        Button3.setText("按钮 3 被点击了");
    }
});
```

其 Lambda 表达式示例代码如下：

```
Button Button3=findComponentById(ResourceTable.Id_Button3);
//Button3 使用匿名内部类的写法添加单击事件,Lambda 写法
Button3.setClickedListener(component ->{
    //设置文本内容
    Button3.setText("按钮 3 被点击了");
});
```

4. 方法引用

使用方法引用的方式给组件添加单击事件与定义实现类实现类似，使用时需要新建一个方法，方法名可以结合实际情况任取，这里以 onClick1 (Component component)为例，然后调用 setClickedListener()方法给组件添加单击事件。当单击事件执行复杂的任务时，可采用方法引用的写法，这样便于检查、维护。实现流程如下：

首先定义一个按钮组件 Button4 变量，示例代码如下：

```
private Button Button4;
```

然后找到该组件并为其添加单击事件，示例代码如下：

```
Button4 =findComponentById(ResourceTable.Id_Button4);
//Button4 使用方法引用的写法添加单击事件
Button4.setClickedListener(this::onClick1);
```

最后创建一个 onClick1()方法，该方法的作用是将 Button4 的内容设置为“按钮 4 被点击了”。

```
public void onClick1(Component component) {
    //设置文本内容
    Button4.setText("按钮 4 被点击了");
}
```

打开远程模拟器，运行程序，依次点击按钮 1、按钮 2、按钮 3、按钮 4，应用初始页面和最终运行结果如图 4-25、图 4-26 所示。

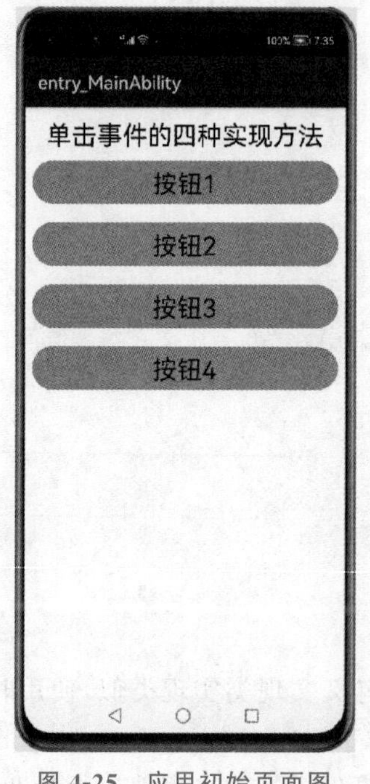

图 4-25 应用初始页面图

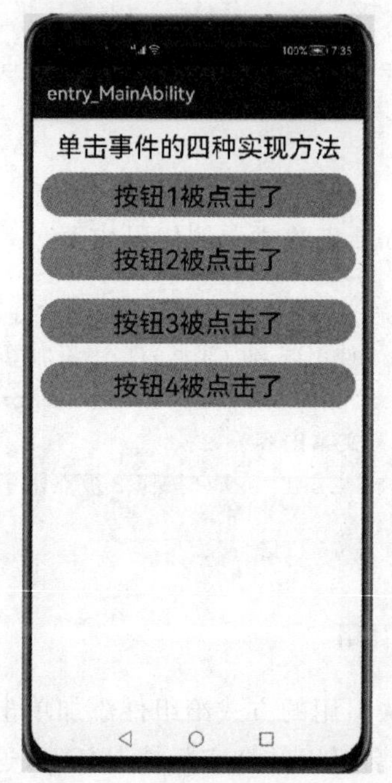

图 4-26 点击 4 个按钮后页面

习 题

一、判断题

1. Java UI 框架中的 DependentLayout 支持水平或者垂直方向排布。（ ）

2. 在 HarmonyOS 中，默认情况下 UI 界面的显示和更新操作都在主线程中进行。（ ）

3. HarmonyOS 在 Java UI 框架中，提供了两种编写布局的方式分别是代码创建布局和 XML 声明布局。但在 XML 中声明的布局，不能在代码中对该布局进行修改。（ ）

4. 组件一般直接继承 Component 或它的子类，如 Text、Image 等。（ ）

5. 组件参数中将宽度 ohos:width 的值设置为 match_content 时，表示组件大小与它的内容占据的大小范围相适应。（ ）

6. 组件参数中将高度 ohos:height 的值设置为 match_parent 时，表示组件大小为父组件允许的最大值，它将占据父组件方向上的剩余大小。（ ）

7. 组件设置独立 ID 是为了方便在程序中查找该组件。（ ）

8. 在 Java UI 框架中，Component 和 ComponentContainer 以树状的层级结构进行组织，这样的一个大布局就称为组件树。（ ）

二、选择题

1. 在 Java UI 框架中，开发者可以使用以下哪个参数设置 Image 组件中图片的缩放方式？（ ）

A. sacle_mode　　B. image_src

C. layout_alignment　　D. clip_alignment

2. HarmonyOS使用虚拟像素作为定义应用内参数尺寸的度量单位，以下哪个是虚拟像素的单位？(　　)

A. vp　　B. fp　　C. px　　D. pt

3. 某开发者在XML中创建了一个Button组件，代码如下：

```
<Button
    ohos:id="$+id:button"
    ohos:width="match content"
    ohos:height="match content"
    ohos:text size="27fp"
    ohos:text="button"
/>
```

该开发者想要在Java代码中找到该组件，以下代码空白处应该填写正确的是哪一项？Button button=(Button)findComponentById(　　)；

A. Resource.Id_button　　B. ResourceTable.Id_button

C. Resource.button　　D. ResourceTable.button

4. 在HarmonyOS应用中，用户看到的界面元素实际都是由以下哪一项和ComponentContainer对象构成的？(　　)

A. DirectionLayout　　B. DependentLayout

C. Component　　D. TableLayout

5. 某开发者在XML中创建了一个Button组件，其宽为150vp，高为50vp，将该组件的background_element使用如下代码进行设置，那么该Button被设置成了哪种样式？(　　)

```
<?xml version="1.0" encoding="UTF-8"?>
<shape
    xmlns:ohos="http://schemas.huawei.com/res/ohos"
    ohos:shape="oval">

    <solid
        ohos:color="#0aabbc"/>
</shape>
```

A. 普通按钮　　B. 椭圆按钮　　C. 胶囊按钮　　D. 圆形按钮

6. 某开发者使用Image组件将名称为cat的图片透明度设置为0.5，在横线处填写正确的是哪一项？(　　)

```
<Image
    ohos:id="$+id:image"
    ohos:width="match content"
```

```
    ohos:height="match content"
    ohos:layout alignment="center"
    ohos:image src="$media:cat"
    ________
/>
```

A. ohos:transparency="0.5"　　B. ohos:alpha="0.5"

C. ohos:scale mode="0.5"　　D. ohos:clip alignment="0.5"

7. 在JavaUI框架中,以下哪些组件继承自Text组件?(　　)

A. Button　　B. TextField　　C. Image　　D. Picker

8. HarmonyOS的Java UI为开发者提供了以下哪几种布局容器?(　　)

A. DirectionLayout　　B. DependentLayout

C. StackLayout　　D. TableLayout

9. 一位开发者想要在XML中设置Button的上外边距为屏幕相对像素20,左外边距为屏幕相对像素30,上内边距为屏幕相对像素10,左内边距为屏幕相对像素15,对于这4个设置,以下哪几个选项是正确的?(　　)

A. ohos:left_margin="30vp"　　B. ohos:top_margin="10vp"

C. ohos:left_padding="15vp"　　D. ohos:top_padding="10vp"

三、填空题

1. 某HarmonyOS开发者在XML中创建了一个Text组件,并设置组件ID为text6,请在横线中补充代码,ohos:id="________"。

2. 某HarmonyOS开发者创建的Image组件宽高为200vp,但是图片的尺寸与Image不同。因此,该开发者需要按比例缩小图片并靠起始端显示,请在横线中补充代码。

```
<Image
    ohos:id="$+id:image"
    ohos:width="200vp"
    ohos:height="200vp"
    ohos:layout aliqnment="center'
    ohos:image_src="$media:cat"
    ohos:scale mode="________"
/>
```

3. 某HarmonyOS开发者在开发一款应用时,需要设置文本编辑组件初始状态下不能被输入,请在横线中补充代码。

```
TextField textField = (TextField) findComponentByld (ResourceTable. ld text
field);
textField.setEnabled(________);
```

4. 界面中所有组件的基类是________。

5. 当 Button 组件 ohos:shape 的值为________时,其形状为椭圆按钮或圆形按钮。

6. TextField 组件是________组件的直接子类。

四、实践题

仿照微信或支付宝,实现用户的登录界面。

第5章

Page Ability

本章学习目标

- 熟练掌握 Ability 的架构。
- 了解 Page Ability 基础知识。
- 熟练掌握 Page Ability 生命周期。
- 掌握三种页面跳转实现方法。

5.1 Ability 概述

Ability 是 HarmonyOS 应用程序的核心组成部分，分为 FA(Feature Ability)和 PA(Particle Ability)两种类型，Page Ability 是 FA 唯一支持的 Ability，用于提供与用户交互的能力。本章先介绍 Ability 的基础知识，再重点学习 Page Ability 的生命周期以及各种页面跳转的使用方法。

在 HarmonyOS 应用中，有一个非常核心的概念，那就是 Ability(能力)。Ability 是应用所具备能力的抽象，也是应用程序的重要组成部分。一个应用可以具备多种 Ability(可以包含 Page Ability、Service Ability、Data Ability)，HarmonyOS 支持应用以 Ability 为单位进行部署。

Ability 可以分为 FA(Feature Ability)和 PA(Particle Ability)两种类型，每种类型为开发者提供了不同的模板，以便实现不同的业务功能。其中，FA 有 UI 界面，提供与用户交互的能力；而 PA 无 UI 界面，提供后台运行任务以及访问文件或数据库的能力。

FA 唯一支持模板是 Page Ability，PA 则包括 Service Ability 和 Data Ability。Ability 之间的关系如图 5-1 所示。

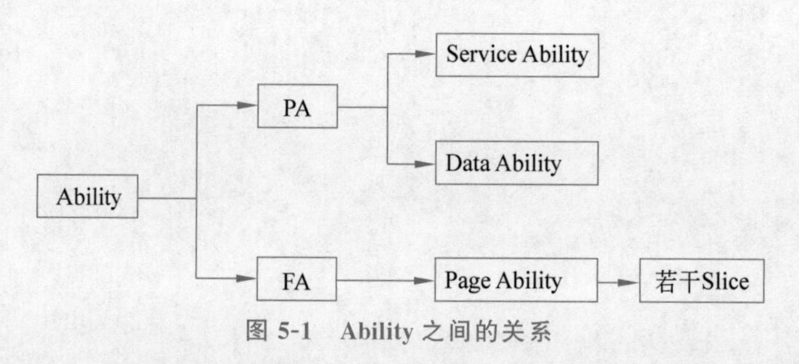

图 5-1 Ability 之间的关系

基于 FA 或 PA 开发的应用能够实现特定的业务功能，支持跨设备调度与分发，为用户提供一致、高效的应用体验。例如，在 DevEco Studio 中创建第一个应用时，默认选择的是一个空的 FA 模板，即 Empty Ability，如图 5-2 所示。

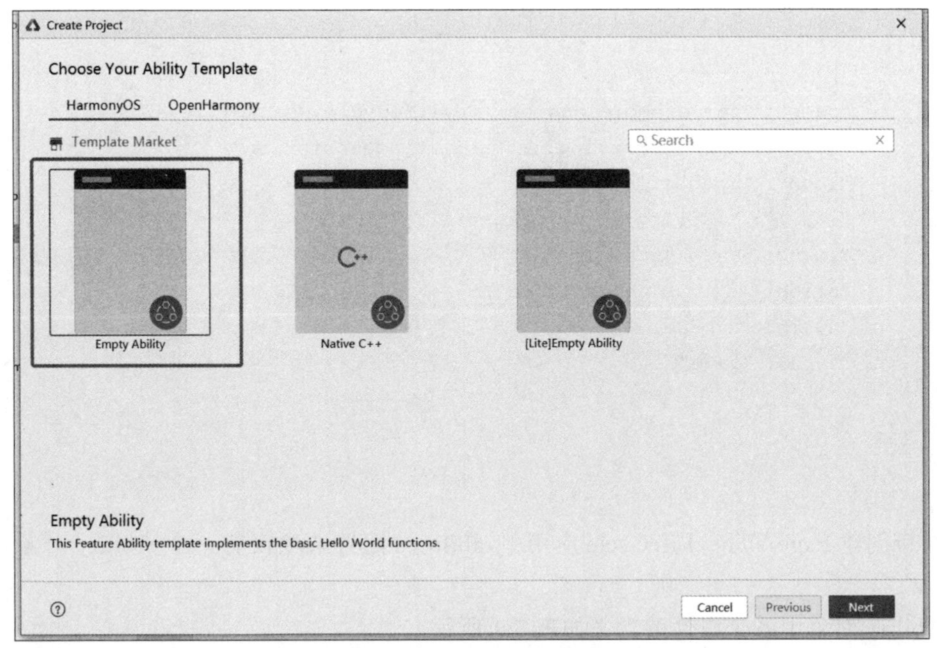

图 5-2　选择空的 FA 模板

5.2　Ability 的配置

在配置文件(config.json)中注册 Ability 时，可以通过配置 Ability 元素中的 type 属性来指定 Ability 模板类型。

其中，type 的取值可以为 page、service 或 data，它们分别代表 Page 模板、Service 模板、Data 模板。为了便于表述，后文中将基于 Page 模板、Service 模板、Data 模板实现的 Ability 分别简称为 Page、Service、Data。

下面创建一个名为 PageAbilityLifeCycle 的应用，来说明 Page 中的各个配置选项以及 Page 的生命周期。在其 Project 窗口中打开 entry/src/main/config.json 文件，在 abilities 配置选项中包含了各个 Ability 的配置选项，内容如下：

```
⋮
  "abilities": [
    {
      "skills": [
        {
          "entities": [
            "entity.system.home"
          ],
```

```
          "actions":[
            "action.system.home"
          ]
        }
      ],
      "name": "com.example.pageabilitylifecycle.MainAbility",
      "description": "$string:mainability_description",
      "icon": "$media:icon",
      "label": "$string:entry_MainAbility",
      "launchType": "standard",
      "orientation": "unspecified",
      "visible": true,
      "type": "page"
    }
  ]
  ⋮
```

在新创建 PageAbilityLifeCycle 应用中，abilities 配置选项仅有一个 Ability 对象，类型是 Page。

Ability 对象中各个属性的含义如表 5-1 所示。

表 5-1 Ability 对象中各属性的含义

属性名称	属性含义	数据类型	是否可缺省
name	Ability 的名称，采用"包名+类名"的方式定义	字符串	否
description	Ability 的描述	字符串	可缺省
icon	Ability 图标资源文件的索引	字符串	可缺省
label	Ability 对用户显示的名称，默认显示在手机应用程序的标题栏	字符串	可缺省
launchType	Ability 的启动模式，支持 standard、singleMission 和 singleton 三种模式	字符串	可缺省
orientation	Ability 的显示模式，仅适用于 pageAbility。取值范围：unspecified，表示系统自动判断显示方向；landscape，表示横屏；portrait，表示竖屏；followRecent，表示跟随栈中最近的应用	字符串	可缺省
visible	Ability 是否可以被其他应用调用。true 表示可以，false 表示不可以	布尔类型	可缺省
type	Ability 的类型，取值可为 page、service、data	字符串	否

5.3 应用分层

5.3.1 应用的三层架构

目前，比较常用的、典型的应用软件倾向使用三层架构（Three-Tier Architecture），包括以下 3 层。

(1) 表示层(Presentation Layer)：提供与用户交互的界面。GUI(Graphical User Interface,图形用户界面)和 Web 页面是表示层的两个典型的例子。

(2) 业务层(Business Layer)：也称为业务逻辑层,用于实现各种业务逻辑,例如处理数据验证根据特定的业务规则和任务来响应特定的行为。

(3) 数据访问层(DataAccess Layer)：也称为数据持久层,负责存放和管理应用的持久性业务数据。

三层架构如图 5-3 所示。

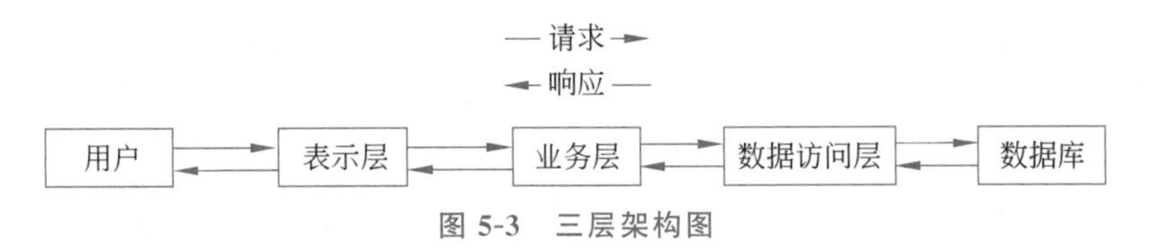

图 5-3　三层架构图

5.3.2　Ability 的三层架构

从应用的三层架构中,很容易识别出,Ability 同样遵循图 5-3 所示的三层架构。其中 PageAbility 代表表示层,ServiceAbility 代表业务层,DataAbility 代表数据访问层。

因此,读者在设计 Ability 时,应先考虑这个 Ability 需要完成什么样的功能,代表了哪个层次的业务。

5.4　Page Ability 简介

Page 模板是 FA 唯一支持的模板,用于提供与用户交互的能力。一个 Page 实例可以包含一组相关页面,每个页面用一个 AbilitySlice 实例表示,AbilitySlice 指应用的单个页面及其控制逻辑的总和。简而言之,FA 承担的就是前端与用户之间的交互工作。

当一个 Page 由多个 AbilitySlice 共同构成时,这些 AbilitySlice 页面提供的业务能力应具有高度相关性。例如,聊天软件可以通过一个 Page 来实现,其中包含了两个 AbilitySlice：一个 AbilitySlice 用于构成联系人列表,另一个 AbilitySlice 用于和具体联系人聊天。Page 和 AbilitySlice 的关系如图 5-4 所示。

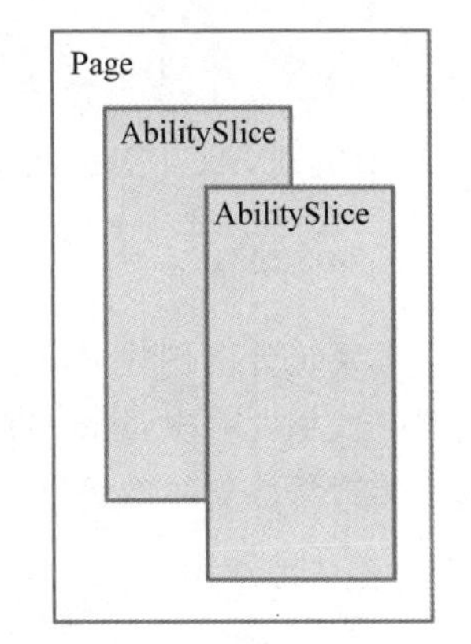

图 5-4　Page 和 AbilitySlice 的关系

相比于桌面场景,移动场景下应用之间的交互更为频繁。通常,单个应用专注某个方面的能力开发,当它需要其他能力辅助时,会调用其他应用提供的能力。例如,在聊天软件中提供了打开网络链接功能的入口,当用户点击链接时,会打开浏览器,访问网络链接。与此类似,HarmonyOS 支持不同 Page 之间的跳转,并可以指定跳转到目标 Page 中某个具体的 AbilitySlice。

5.5 生命周期

系统管理或用户操作等行为均会引起 Page 实例在其生命周期的不同状态之间进行转换。Ability 类提供的回调机制能够让 Page 及时感知外界变化，从而正确地应对状态变化（如释放资源），这有助于提升应用的性能和稳健性。

5.5.1 Page 生命周期回调

Page 生命周期的不同状态转换及其对应的回调如图 5-5 所示。

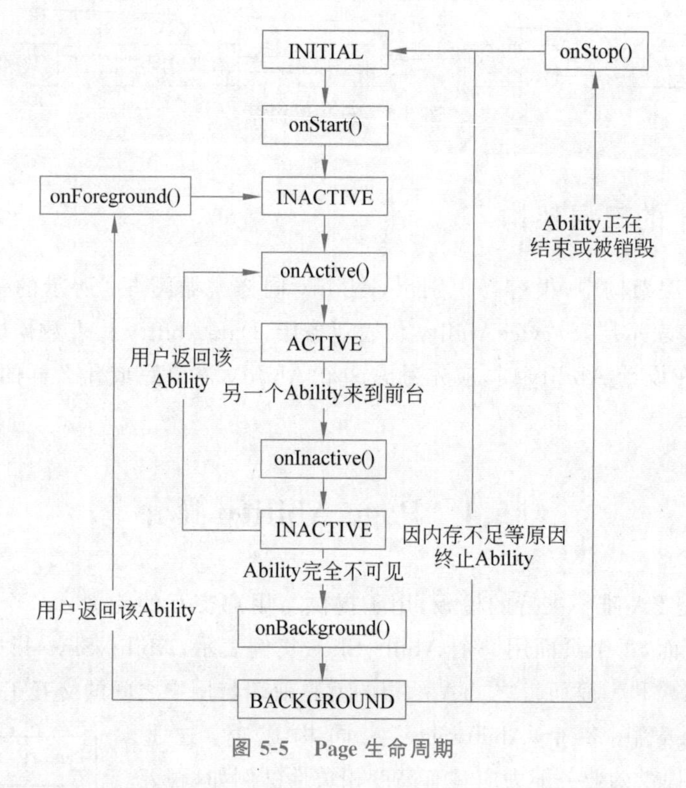

图 5-5 Page 生命周期

说明：INACTIVE 状态是一种短暂存在的状态，可理解为“激活中”。

1. onStart()

当系统首次创建 Page 实例时，触发该回调。对于一个 Page 实例，该回调在其生命周期过程中仅触发一次，Page 在该逻辑后将进入 INACTIVE 状态。开发者必须重写该方法，并在此配置默认展示的 AbilitySlice。示例代码如下：

```
@Override
public void onStart(Intent intent) {
    super.onStart(intent);
    super.setMainRoute(MainAbilitySlice.class.getName());
```

```
}
```

上述代码中的 setMainRoute()方法用来设置该 Page 的主路由,意思是启动该 Page 后默认打开其参数设置的 AbilitySlice。这里默认打开 MainAbilitySlice。

2. onActive()

Page 会在进入 INACTIVE 状态后来到前台,然后系统调用此回调。Page 在此之后进入 ACTIVE 状态,该状态是应用与用户交互的状态。Page 将保持在此状态,除非某类事件发生导致 Page 失去焦点,例如用户点击返回键或导航到其他 Page。当此类事件发生时,会触发 Page 回到 INACTIVE 状态,系统将调用 onInactive()回调。此后,Page 可能重新回到 ACTIVE 状态,系统将再次调用 onActive()回调。因此,开发者通常需要成对实现 onActive()和 onInactive(),并在 onActive()中获取在 onInactive()中被释放的资源。示例代码如下:

```
@Override
public void onActive() {
    super.onActive();
}
```

3. onInactive()

当 Page 失去焦点时,系统将调用此回调,此后 Page 进入 INACTIVE 状态。开发者可以在此回调中实现 Page 失去焦点时应表现的恰当行为。示例代码如下:

```
@Override
protected void onInactive() {
    super.onInactive();
}
```

4. onBackground()

如果 Page 不再对用户可见,系统将调用此回调通知开发者用户进行相应的资源释放,此后 Page 进入 BACKGROUND 状态。开发者应该在此回调中释放 Page 不可见时无用的资源,或在此回调中执行较为耗时的状态保存操作。示例代码如下:

```
@Override
protected void onBackground() {
    super.onBackground();
}
```

5. onForeground()

处于 BACKGROUND 状态的 Page 仍然驻留在内存中,当重新回到前台时(如用户重新导航到此 Page)，系统将先调用 onForeground()回调通知开发者，而后 Page 的生命周期状态回到 INACTIVE 状态。开发者应当在此回调中重新申请在 onBackground()中释放的资源，最后 Page 的生命周期状态进一步回到 ACTIVE 状态，系统将通过 onActive()回调通知开发者用户。示例代码如下：

```
@Override
public void onForeground(Intent intent) {
    super.onForeground(intent);
}
```

6. onStop()

系统要销毁 Page 时，将会触发此回调函数，通知用户进行系统资源的释放。销毁 Page 的可能原因包括以下几个方面。

(1) 用户通过系统管理能力关闭指定 Page，例如使用任务管理器关闭 Page。

(2) 用户行为触发 Page 的 terminateAbility()方法调用，例如使用应用的退出功能。

(3) 配置变更导致系统暂时销毁 Page 并重建。

(4) 系统出于资源管理目的，自动触发对处于 BACKGROUND 状态 Page 的销毁。

示例代码如下：

```
@Override
protected void onStop() {
    super.onStop();
}
```

5.5.2 AbilitySlice 生命周期

AbilitySlice 作为 Page 的组成单元，其生命周期是依托其所属 Page 生命周期的。AbilitySlice 和 Page 具有相同的生命周期状态和同名的回调，当 Page 生命周期发生变化时，它的 AbilitySlice 也会发生相同的生命周期变化。此外，AbilitySlice 还具有独立于 Page 的生命周期变化，这发生在同一 Page 中的 AbilitySlice 之间导航时，此时 Page 的生命周期状态不会改变。

AbilitySlice 生命周期回调与 Page 的相应回调类似，因此不再赘述。由于 AbilitySlice 承载具体的页面，开发者必须重写 AbilitySlice 的 onStart()回调方法，并在此方法中通过 setUIContent()方法设置页面，如下所示：

```
@Override
public void onStart(Intent intent) {
    super.onStart(intent);
    super.setUIContent(ResourceTable.Layout_ability_main);
}
```

上述代码在onStart()方法中调用setUIContent()方法设置页面效果，这里通过XML文件构建页面内容，其参数是一个XML文件对象，对应的XML文件是ability_main.xml。

AbilitySlice实例创建和管理通常由应用负责，系统仅在特定情况下会创建AbilitySlice实例。例如，通过导航启动某个AbilitySlice时，是由系统负责实例化；但是在同一个Page中不同的AbilitySlice间导航时则由应用负责实例化。

5.5.3 案例：Page的生命周期

下面创建一个名为PageAbilityLifeCycle的应用，来演示Page和AbilitySlice的生命周期。修改ability_main.xml，其内容如下：

```
<?xml version="1.0" encoding="utf-8"?>
<DirectionalLayout
    xmlns:ohos="http://schemas.huawei.com/res/ohos"
    ohos:height="match_parent"
    ohos:width="match_parent"
    ohos:alignment="center"
    ohos:orientation="vertical">

    <Text
        ohos:id="$+id:Text_mainAbilitySlice"
        ohos:height="match_content"
        ohos:width="match_content"
        ohos:background_element="$graphic:background_ability_main"
        ohos:layout_alignment="horizontal_center"
        ohos:text="MainAbilitySlice"
        ohos:text_size="40fp"
        />

</DirectionalLayout>
```

修改MainAbility中的代码，添加onActive()、onInactive()、onBackground()、onForeground()、onStop()生命周期方法，并定义日志标签，在每个生命周期方法中打印出对应方法名，以此演示Page的生命周期。其内容如下：

```
public class MainAbility extends Ability {
    //定义日志标签
    private static final HiLogLabel LABEL =new HiLogLabel(HiLog.LOG_APP
            , 0x00922
            , "MainAbility");

    @Override
    public void onStart(Intent intent) {
        super.onStart(intent);
```

```
        super.setMainRoute(MainAbilitySlice.class.getName());
        HiLog.info(LABEL, "onStart");
    }

    @Override
    public void onActive() {
        super.onActive();
        HiLog.info(LABEL, "onActive");
    }

    @Override
    protected void onInactive() {
        super.onInactive();
        HiLog.info(LABEL, "onInactive");
    }

    @Override
    protected void onBackground() {
        super.onBackground();
        HiLog.info(LABEL, "onBackground");
    }

    @Override
    public void onForeground(Intent intent) {
        super.onForeground(intent);
        HiLog.info(LABEL, "onForeground");
    }

    @Override
    protected void onStop() {
        super.onStop();
        HiLog.info(LABEL, "onStop");
    }
}
```

代码说明

使用 HiLogLabel(int type, int domain, String tag)定义日志标签,其参数的含义分别如下。

type：用于指定打印日志的类型,HiLog 中当前只提供了一种日志类型,即应用的日志类型 LOG_APP。

domain：用于指定打印日志所对应的业务领域,取值范围为 0x0～0xFFFFF,开发者可以根据需要进行自定义。

tag：用于指定日志标识,可以为任意字符串,建议标识调用所在的类,这里的日志标识为 MainAbility。

开发者可以根据自定义参数 domain 和 tag 来进行日志的筛选和查找。

在 onStart()方法中使用 HiLog.info(LABEL, "onStart");语句,意思是将此日志级别定义为 info。

在 MainAbilitySlice 中,重复上述操作,用日志打印方法名,演示 MainAbilitySlice 的生命周期。其内容如下:

```
public class MainAbilitySlice extends AbilitySlice {
    //定义日志标签
    private static final HiLogLabel LABEL =new HiLogLabel(HiLog.LOG_APP
            , 0x00922
            , "MainAbilitySlice");

    @Override
    public void onStart(Intent intent) {
        super.onStart(intent);
        super.setUIContent(ResourceTable.Layout_ability_main);
        HiLog.info(LABEL, "onStart");
    }

    @Override
    public void onActive() {
        super.onActive();
        HiLog.info(LABEL, "onActive");
    }

    @Override
    protected void onInactive() {
        super.onInactive();
        HiLog.info(LABEL, "onInactive");
    }

    @Override
    protected void onBackground() {
        super.onBackground();
        HiLog.info(LABEL, "onBackground");
    }

    @Override
    public void onForeground(Intent intent) {
        super.onForeground(intent);
        HiLog.info(LABEL, "onForeground");
    }

    @Override
```

```
    protected void onStop() {
        super.onStop();
        HiLog.info(LABEL, "onStop");
    }
}
```

打开远程模拟器,运行程序,应用初始页面如图 5-6 所示。

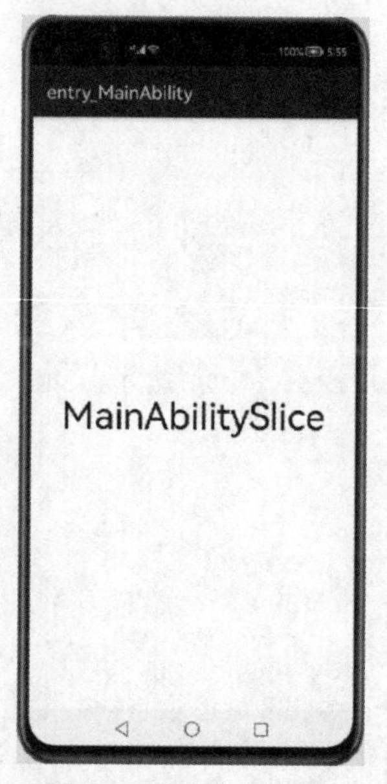

图 5-6　应用初始页面

打开 DevEco Studio 下方菜单中的 Log/HiLog[HarmonyOS Devices]栏,选择相应的"包名"并选择日志级别为 info,在搜索栏中输入 00922,如图 5-7 所示。

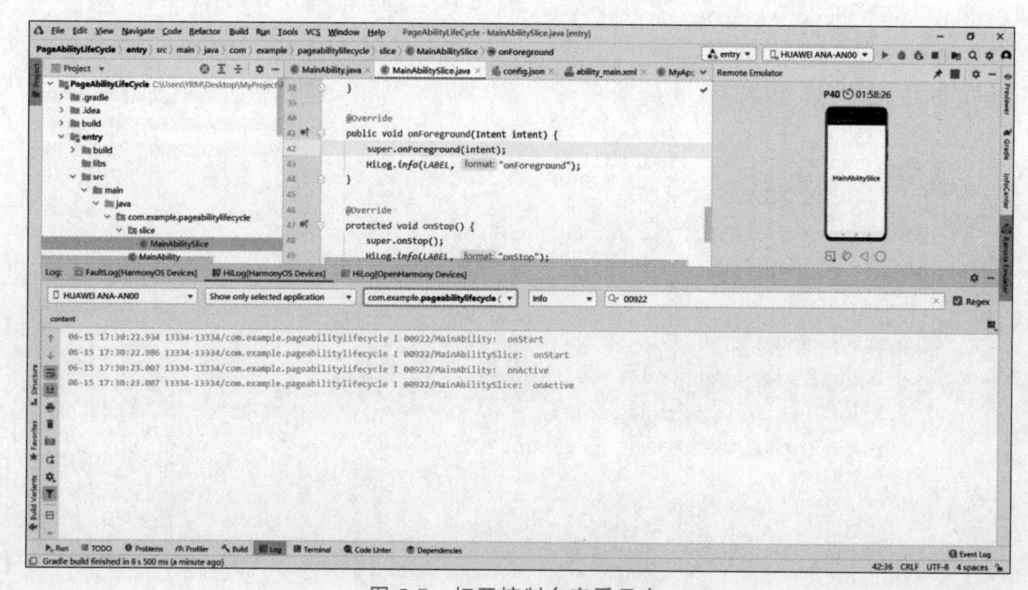

图 5-7　打开控制台查看日志

此时,控制台输出内容如下:

```
05 - 10 17: 53: 52. 623 7065 - 7065/com. example. pageabilitylifecycle I 00328/
MainAbility: onStart
05 - 10 17: 53: 52. 666 7065 - 7065/com. example. pageabilitylifecycle I 00328/
MainAbilitySlice: onStart
05 - 10 17: 53: 52. 874 7065 - 7065/com. example. pageabilitylifecycle I 00328/
MainAbility: onActive
05 - 10 17: 53: 52. 874 7065 - 7065/com. example. pageabilitylifecycle I 00328/
MainAbilitySlice: onActive
```

上述输出内容说明在打开 MainAbilitySlice 的过程中,MainAbility 和 MainAbilitySlice 都调用了 onStart()、onActive()方法,对应图 5-5,可见 MainAbility 和 MainAbilitySlice 状态转变过程为 INITIAL→INACTIVE→ACTIVE。

单击图 5-8 中 Home 按钮,运行结果如图 5-9 所示。

图 5-8　Home 按钮位置

图 5-9　单击 Home 按钮后页面

控制台输出内容如下:

```
05 - 10 18: 46: 03. 397 5956 - 5956/com. example. pageabilitylifecycle I 00328/
MainAbility: onInactive
05 - 10 18: 46: 03. 400 5956 - 5956/com. example. pageabilitylifecycle I 00328/
MainAbilitySlice: onInactive
05 - 10 18: 46: 05. 381 5956 - 5956/com. example. pageabilitylifecycle I 00328/
MainAbility: onBackground
05 - 10 18: 46: 05. 381 5956 - 5956/com. example. pageabilitylifecycle I 00328/
MainAbilitySlice: onBackground
```

上述输出内容说明 MainAbility 和 MainAbilitySlice 的状态转变过程为 ACTIVE→INACTIVE→BACKGROUND。

打开手机任务管理(屏幕右下方矩形按钮),返回应用,如图 5-10 所示。

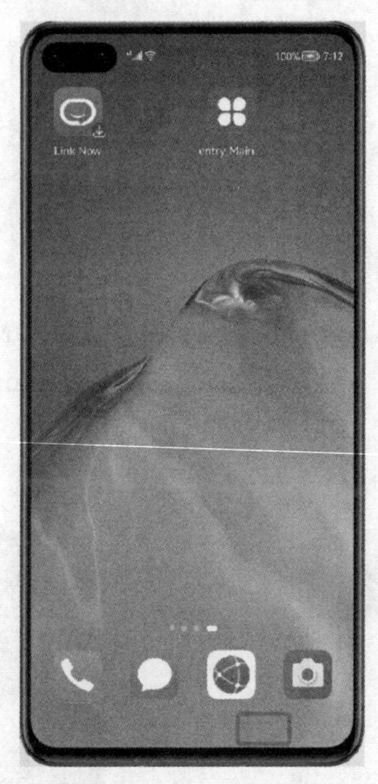

图 5-10 任务管理位置

控制台输出内容如下:

```
05-10 19:13:56.729 19311-19311/com.example.pageabilitylifecycle I 00328/
MainAbility:onForeground
05-10 19:13:56.729 19311-19311/com.example.pageabilitylifecycle I 00328/
MainAbilitySlice:onForeground
05-10 19:13:56.757 19311-19311/com.example.pageabilitylifecycle I 00328/
MainAbility:onActive
05-10 19:13:56.757 19311-19311/com.example.pageabilitylifecycle I 00328/
MainAbilitySlice:onActive
```

上述输出内容说明 MainAbility 和 MainAbilitySlice 的状态转变过程为 BACKGROUND→INACTIVE→ACTIVE。

接下来双击 Back 按钮(在 Home 按钮左边),退出应用。控制台输出内容如下:

```
05-10 19:24:02.553 25971-25971/com.example.pageabilitylifecycle I 00328/
MainAbility:onInactive
05-10 19:24:02.553 25971-25971/com.example.pageabilitylifecycle I 00328/
MainAbilitySlice:onInactive
05-10 19:24:04.163 25971-25971/com.example.pageabilitylifecycle I 00328/
MainAbility:onBackground
```

```
05-10 19:24:04.163 25971-25971/com.example.pageabilitylifecycle I 00328/
MainAbilitySlice:onBackground
05-10 19:24:04.216 25971-25971/com.example.pageabilitylifecycle I 00328/
MainAbility:onStop
05-10 19:24:04.217 25971-25971/com.example.pageabilitylifecycle I 00328/
MainAbilitySlice:onStop
```

上述输出内容说明 MainAbility 和 MainAbilitySlice 的状态转变过程为 ACTIVE→INACTIVE→BACKGROUND→INITIAL。

观察 Page 和 AbilitySlice 的生命周期变化，会发现 Page 的生命周期方法总是先一步 AbilitySlice 的生命周期方法执行。这是因为 Page 是 AbilitySlice 的载体。下面介绍同 Page 内 AbilitySlice 之间导航时 AbilitySlice 的生命周期变化。

当 AbilitySlice 处于前台且具有焦点时，其生命周期状态随着所属 Page 的生命周期状态的变化而变化。当一个 Page 拥有多个 AbilitySlice 时，例如，MainAbility 下有 MainAbilitySlice 和 PageAbilitySlice，当前 MainAbilitySlice 处于前台并获得焦点，并即将导航到 PageAbilitySlice，在此期间两个 AbilitySlice 的生命周期状态变化顺序如下。

(1) MainAbilitySlice 从 ACTIVE 状态变为 INACTIVE 状态。

(2) PageAbilitySlice 则从 INITIAL 状态首先变为 INACTIVE 状态，然后变为 ACTIVE 状态(假定此前 PageAbilitySlice 未曾启动)。

(3) MainAbilitySlice 从 INACTIVE 状态变为 BACKGROUND 状态。这个过程中，Page 的生命周期不会发生变化。

两个 AbilitySlice 的生命周期变化如图 5-11 所示。

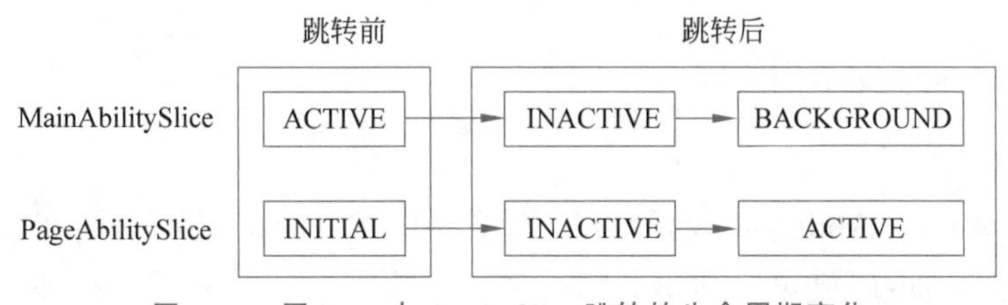

图 5-11 同 Page 内 AbilitySlice 跳转的生命周期变化

在整个流程中，MainAbility 始终处于 ACTIVE 状态。但是，当 Page 被系统销毁时，其所有已实例化的 AbilitySlice 将被联动销毁，而不仅销毁处于前台的 AbilitySlice。

5.6 页面跳转

手机的一些应用场景中会涉及页面跳转，例如支付宝从扫码支付页跳转到付款页等。本节将介绍各种场景下页面跳转的实现过程，创建一个名为 PageJumpDemo 的应用来演示，后续的跳转工作都在此应用中完成。

5.6.1 Page 及 AbilitySlice 的创建

因为需要完成同 Page 内 AbilitySlice 之间的跳转、不同 Page 内 AbilitySlice 之间的默认以及路由跳转，所以需要创建新的 Page，以及在原有 Page（MainAbility）中创建新的 AbilitySlice。下面详细介绍 Page 及 AbilitySlice 的创建。

1. 创建 Page

在 Project 目录中，打开 entry/src/main/java，右击包（com.example.pagejumpdemo），选择 New→Ability→Page Ability，如图 5-12 所示。

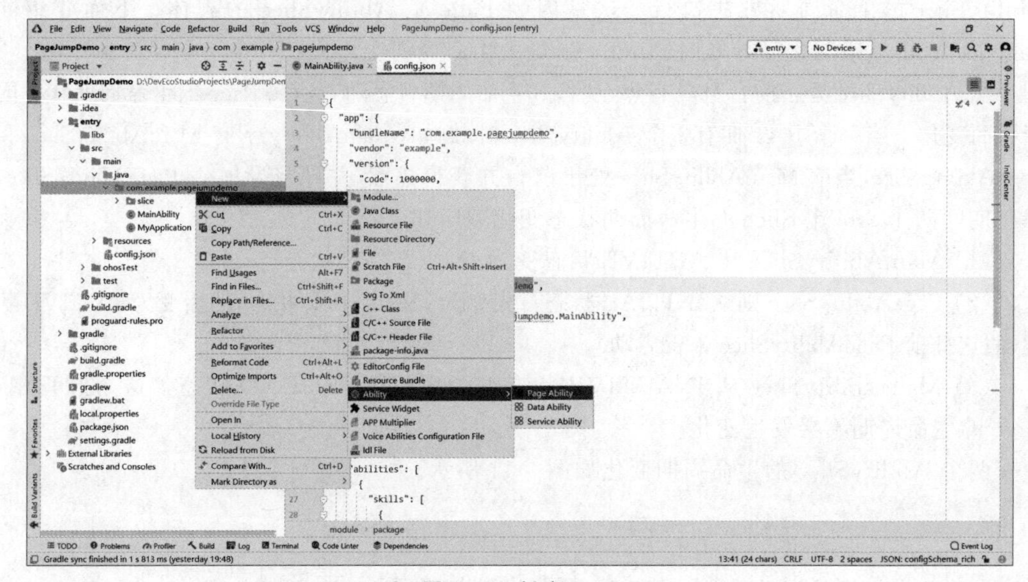

图 5-12 创建 Page

之后会出现 Page Ability 的设置窗口。设置 Ability name 为 PageAbility，设置 Layout name 为 ability_page，如图 5-13 所示。

图 5-13 中各选项的解释如下。

(1) Ability name：用于为 Page 命名。

(2) Language：表示编辑 Page 的语言，因为之前创建应用时选择的语言是 Java，所以现在只有 Java 选项。

(3) Layout name：创建 Page 时，产生的 XML 文件的名字。在创建 Page 时，同时会产生 Slice 和 XML 文件，Slice 文件名为 Ability name 后拼接 Slice。

(4) Package name：所创建 Page 的包名。

(5) Launcher ability：表示是否将此 Page 作为默认启动的 Page。这里选择不将此 Page 作为默认启动 Page。

2. 创建 AbilitySlice

在创建 MainAbility 中新的 AbilitySlice 之前，需要先创建其对应的 XML 文件。创建

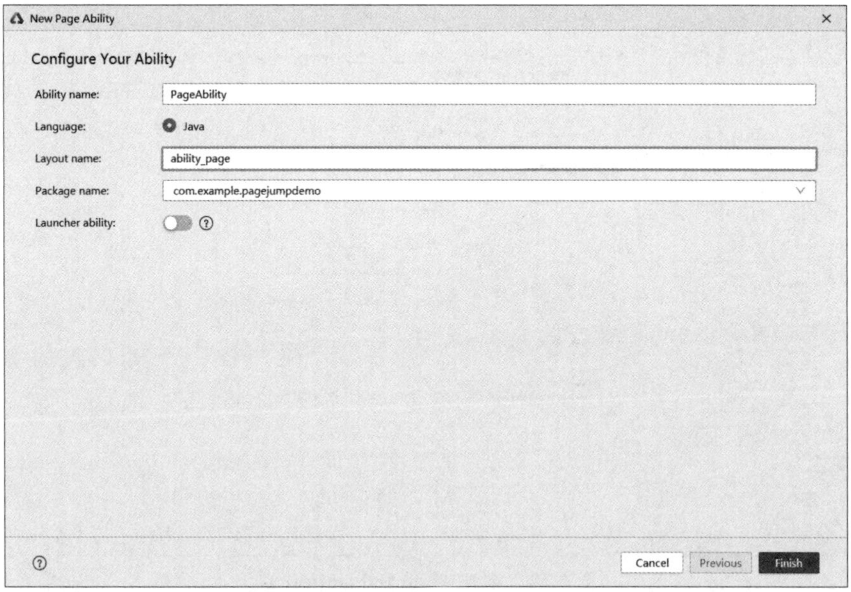

图 5-13 设置 Page Ability

一个名为 ability_main_1 的 XML 文件，为后面创建 MainAbilitySlice1 做准备。

创建并修改 ability_main_1.xml，其内容如下：

```
<?xml version="1.0" encoding="utf-8"?>
<DirectionalLayout
    xmlns:ohos="http://schemas.huawei.com/res/ohos"
    ohos:height="match_parent"
    ohos:width="match_parent"
    ohos:alignment="center"
    ohos:orientation="vertical">

    <Text
        ohos:id="$+id:Text_MainAbilitySlice1"
        ohos:height="match_content"
        ohos:width="match_content"
        ohos:background_element="$graphic:background_ability_main"
        ohos:layout_alignment="horizontal_center"
        ohos:text="MainAbilitySlice1"
        ohos:text_size="28fp"
        />

</DirectionalLayout>
```

下面创建 MainAbilitySlice1，在 Project 目录中，打开包(com.example.pagejumpdemo)/slice，右击 Slice 文件，选择 New→Java Class，选择 Class 栏，将类名设置为 MainAbilitySlice1，如图 5-14、图 5-15 所示。

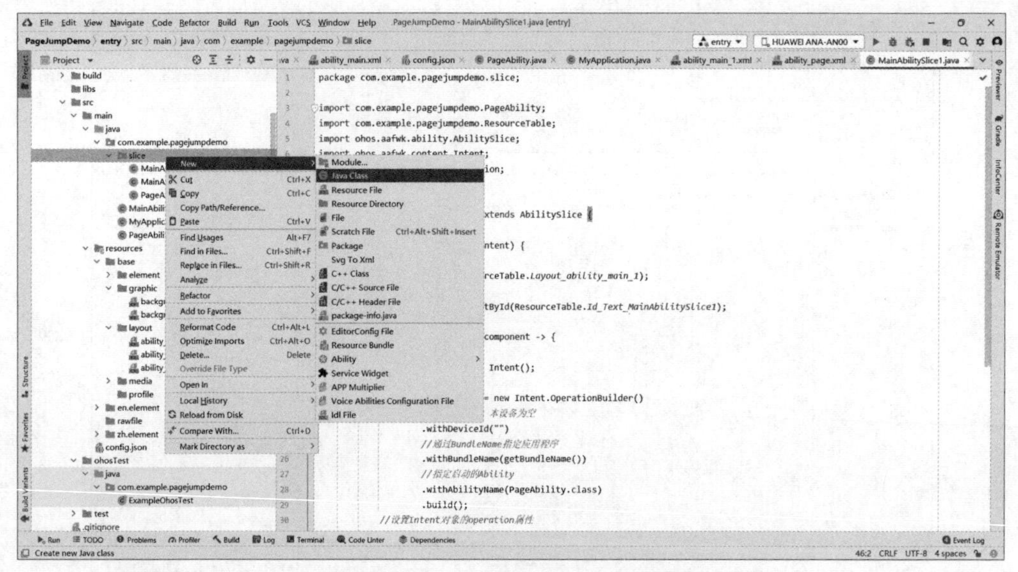

图 5-14 创建 MainAbilitySlice1 类

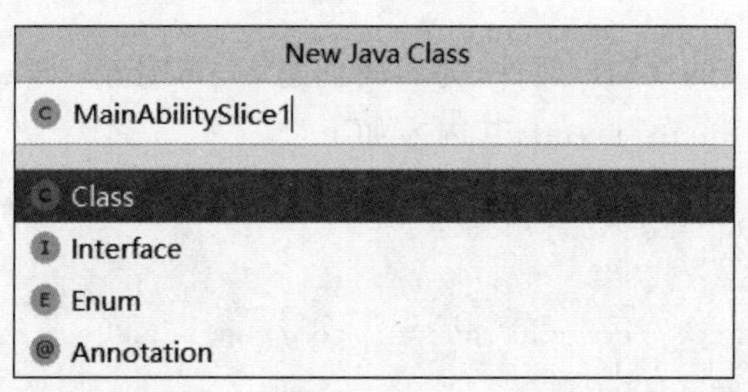

图 5-15 设置类名为 MainAbilitySlice1

MainAbilitySlice1 创建完成后，使其继承 AbilitySlice 类，并添加 onStart()方法，并在 onStart()方法中调用 setUIContent()方法，引用之前创建的 ability_main_1.xml 文件，示例代码如下：

```
public class MainAbilitySlice1 extends AbilitySlice {
    @Override
    public void onStart(Intent intent) {
        super.onStart(intent);
        super.setUIContent(ResourceTable.Layout_ability_main_1);
}

    @Override
    public void onActive() {
        super.onActive();
    }

    @Override
```

```
    public void onForeground(Intent intent) {
        super.onForeground(intent);
    }
}
```

在所有创建完成之后，工程目录如图5-16所示。

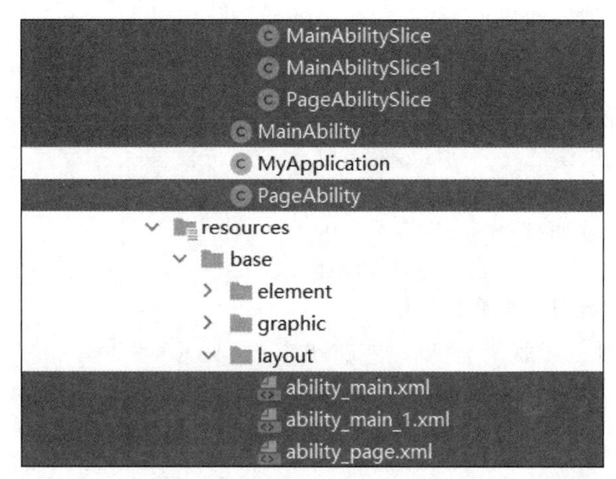

图5-16 工程目录

做完准备工作之后，开始实现第一种页面跳转：同Page中AbilitySlice之间的跳转。

5.6.2 同Page中AbilitySlice之间的跳转

将聊天软件视为一个Page，从联系人列表页面跳转到联系人窗口页面，就是同Page内的页面跳转。本节中的案例紧接前文的PageJumpDemo应用，继续演示页面跳转。

修改ability_main.xml文件，其内容如下：

```
<?xml version="1.0" encoding="utf-8"?>
<DirectionalLayout
    xmlns:ohos="http://schemas.huawei.com/res/ohos"
    ohos:height="match_parent"
    ohos:width="match_parent"
    ohos:alignment="center"
    ohos:orientation="vertical">

    <Text
        ohos:id="$+id:Text_MainAbilitySlice"
        ohos:height="match_content"
        ohos:width="match_content"
        ohos:background_element="$graphic:background_ability_main"
        ohos:layout_alignment="horizontal_center"
        ohos:text="MainAbilitySlice"
        ohos:text_size="28fp"
```

```
    />

</DirectionalLayout>
```

修改 PageJumpDemo 应用中的 MainAbilitySlice,其内容如下:

```
public class MainAbilitySlice extends AbilitySlice {
    @Override
    public void onStart(Intent intent) {
        super.onStart(intent);
        //页面引用 ability_main.xml 文件
        super.setUIContent(ResourceTable.Layout_ability_main);
        //找到 Text 组件
        Text text =findComponentById(ResourceTable.Id_Text_MainAbilitySlice);
        //给 Text 组件添加单击事件
        text.setClickedListener(component ->{
            //使 MainAbility 中 MainAbilitySlice 跳转到 MainAbilitySlice1
            present(new MainAbilitySlice1(), new Intent());
        });
    }

    @Override
    public void onActive() {
        super.onActive();
    }

    @Override
    public void onForeground(Intent intent) {
        super.onForeground(intent);
    }
}
```

代码说明

上述代码首先在 onStart()方法中找到 Text 组件并为其设置了单击事件。同 Page 内的页面跳转事件执行起来较为简单,所以使用匿名内部类的写法给 Text 组件添加单击事件。

在 Text 组件的单击事件中使用 Present(AbilitySlice targetSlice, Intent intent)方法,其功能是实现同一个 Page 中的 AbilitySlice 之间的跳转。

Present()方法有两个参数,第一个参数是目标 Slice 对象(上述代码中给出的是 MainAbilitySlice1 对象),第二个参数是 Intent。Intent 是对象之间传递信息的载体。当 Ability 需要启动另一个 Ability 或 AbilitySlice,需要导航到另一个 AbilitySlice 时,可以通过 Intent 指定启动的目标同时携带相关数据(上述代码给出一个新创建的 Intent 对象代表不携带信息跳转)。Intent 的构成元素包括 Operation 与 Parameters。下面主要介绍常用的 Operation，具体介绍见表 5-2。

表 5-2　Intent 的构成元素 Operation

属　　性	子 属 性	描　　述
Operation	Action	表示动作，通常使用系统预置 Action，也可以自定义 Action。例如 Intent.ENTITY_HOME 表示在桌面显示图标
	Entity	表示类别，通常使用系统预置 Entity，也可以自定义 Entity。例如 Intent.ENTITY_HOME 表示在桌面显示图标
	Uri	表示 Uri 描述。如果在 Intent 中指定了 Uri，则 Intent 将匹配指定的 Uri 信息，包括 scheme，schemeSpecificPart，authority 和 path 信息
	Flags	表示处理 Intent 的方式。例如 Intent.FLAG_ABILITY_CONTINUATION 标记在本地的一个 Ability 是否可以迁移到远端设备继续运行
	BundleName	表示包描述。如果在 Intent 中同时指定了 BundleName 和 AbilityName，则 Intent 可以直接匹配到指定的 Ability
	AbilityName	表示待启动的 Ability 名称。如果在 Intent 中同时指定了 BundleName 和 AbilityName，则 Intent 可以直接匹配到指定的 Ability
	DeviceId	表示运行指定 Ability 的设备 ID

注意：Intent 设置属性时，必须先使用 Operation 来设置属性。如果需要新增或修改属性，必须在设置 Operation 后再执行操作。

打开远程模拟器，运行程序，并单击应用初始页面，页面会从 MainAbilitySlice 跳转到 MainAbilitySlice1。应用的初始页面和运行结果分别如图 5-17、图 5-18 所示。

图 5-17　应用初始页面

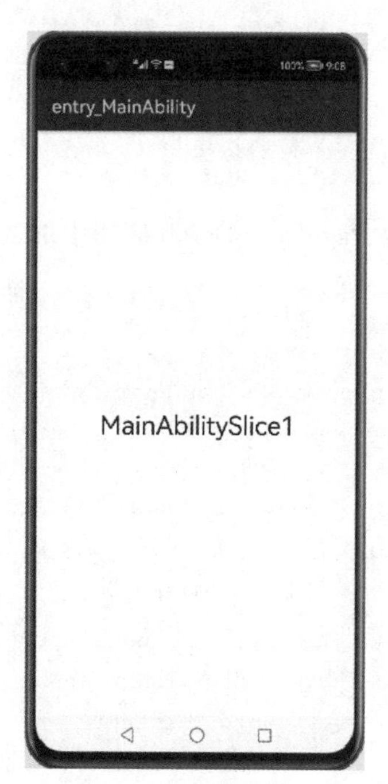

图 5-18　跳转后页面

5.6.3 不同 Page 中 AbilitySlice 之间的默认跳转

应用在某些场合中，例如，在联系人窗口页面单击下载链接后，需要打开浏览器访问链接并下载，这样就从聊天软件这个 Page 跳转到了浏览器这个 Page，这就是不同 Page 之间的页面跳转实践，下面以不同 Page 中的 AbilitySlice 之间的默认跳转为例进行介绍。

修改 ability_page.xml 文件，其内容如下：

```
<?xml version="1.0" encoding="utf-8"?>
<DirectionalLayout
    xmlns:ohos="http://schemas.huawei.com/res/ohos"
    ohos:height="match_parent"
    ohos:width="match_parent"
    ohos:alignment="center"
    ohos:orientation="vertical">

    <Text
        ohos:id="$+id:Text_PageAbilitySlice"
        ohos:height="match_content"
        ohos:width="match_content"
        ohos:background_element="$graphic:background_ability_main"
        ohos:layout_alignment="horizontal_center"
        ohos:text="PageAbilitySlice"
        ohos:text_size="28fp"
        />

</DirectionalLayout>
```

修改 PageJumpDemo 应用中的 MainAbilitySlice1，其内容如下：

```
public class MainAbilitySlice1 extends AbilitySlice {
    @Override
    public void onStart(Intent intent) {
        super.onStart(intent);
        super.setUIContent(ResourceTable.Layout_ability_main_1);
        //找到 Text 组件
        Text text =findComponentById(ResourceTable.Id_Text_MainAbilitySlice1);
        //为 Text 组件设置单击事件
        text.setClickedListener(component ->{
            //创建 Intent 对象
            Intent intent1 =new Intent();
            //创建 Operation 对象
            Operation operation =new Intent.OperationBuilder()
                    //目标设备 Id,本设备为空
                    .withDeviceId("")
```

```
                //通过 BundleName 指定应用程序
                .withBundleName(getBundleName())
                //指定启动的 Ability
                .withAbilityName(PageAbility.class)
                .build();
            //设置 Intent 对象的 operation 属性
            intent1.setOperation(operation);
            //启动 Ability
            startAbility(intent1);
        });
    }

    @Override
    public void onActive() {
        super.onActive();
    }

    @Override
    public void onForeground(Intent intent) {
        super.onForeground(intent);
    }
}
```

代码说明

上述代码在 onStart()方法中找到 Text 组件，并给 Text 组件添加了单击事件。在单击事件中，创建了一个 Intent 对象和一个 Operation 对象，通过 Operation 对象指定跳转目标 Ability，并将 Operation 对象传递给 Intent 对象，最后通过 StartAbility()方法打开目标 Ability。然后再由目标 Ability 默认打开设置好的 AbilitySlice(主路由)。

通过建造者模式创建的 Operation 对象主要包括三个参数：DeviceId、BundleName、AbilityName，分别确定了目标设备、待启动应用程序、具体需要启动的 Ability。由此可见，Operation 对象具备了分布式能力，可以跨设备、跨应用地启动 Ability。上述代码在打开 PageAbility 后，在 PageAbility 中默认打开 PageAbilitySlice，完成不同 Page 中 AbilitySlice 之间的默认跳转。在 PageAbility 的 onStart()方法中默认打开 PageAbilitySlice 的代码如下：

```
super.setMainRoute(PageAbilitySlice.class.getName());
```

打开远程模拟器，重新运行程序，单击应用初始页面，到达 MainAbilitySlice1 页面。继续单击屏幕，跳转前后的页面分别如图 5-19、图 5-20 所示。

观察图 5-20 可以发现，页面上方显示栏中的内容从 entry_MainAbility 变成了 entry_PageAbility，这就是不同 Page 之间的跳转。

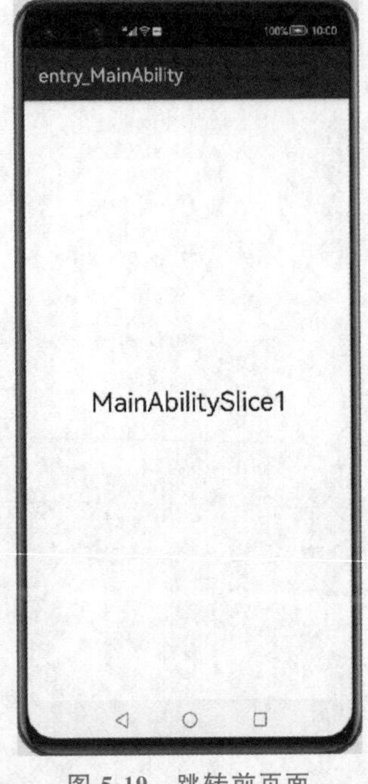

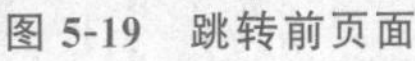
图 5-19 跳转前页面

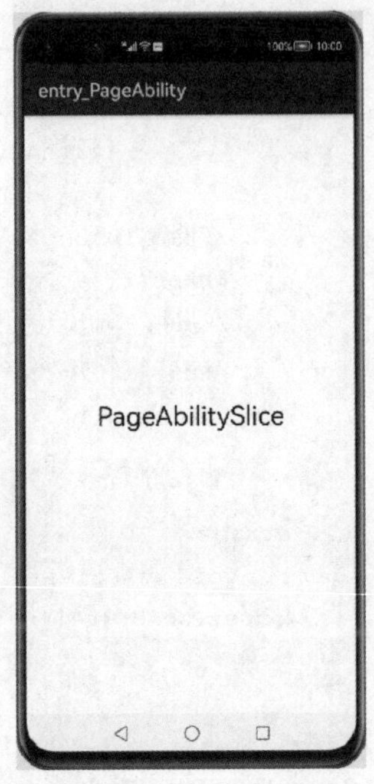

图 5-20 跳转后页面

5.6.4 不同 Page 中 AbilitySlice 之间的路由跳转

在不同 Page 之间的跳转中，最后的目标 Page 中也包含若干 AbilitySlice，可以根据实际情况指定跳转到需要的 AbilitySlice 中。

下面演示从 PageAbilitySlice 跳转到 MainAbilitySlice1，依旧在前面创建的 PageJumpDemo 应用中进行演示。

首先需要在 config.json 文件中的 abilities 配置选项中声明 Action，代码如下：

```
⋮
"abilities":[
    {
      "skills":[
        {
          "entities":[
            "entity.system.home"
          ],
          "actions":[
            "action.system.home",
            "MainAbilitySlice1"
          ]
        }
      ],
⋮
```

上述代码在 actions 配置选项中添加了 MainAbilitySlice1 动作。

其次在 MainAbility 的 onStart()方法中调用 addActionRoute()方法添加新的动作路由。示例代码如下：

```
//添加新的路由
super.addActionRoute("MainAbilitySlice1", MainAbilitySlice1.class.getName());
```

最后，在 PageAbilitySlice 中的 onStart()方法中给 Text 组件添加单击事件，触发跳转到 MainAbilitySlice1，内容如下：

```
public class PageAbilitySlice extends AbilitySlice {
    @Override
    public void onStart(Intent intent) {
        super.onStart(intent);
        super.setUIContent(ResourceTable.Layout_ability_page);
        //找到组件
        Text text = findComponentById(ResourceTable.Id_Text_PageAbilitySlice);
        //给 Text 添加单击事件
        text.setClickedListener(component -> {
            Intent intent1 = new Intent();
            Operation operation = new Intent.OperationBuilder()
                    .withDeviceId("")
                    .withBundleName(getBundleName())
                    .withAbilityName(MainAbility.class)
                    //添加动作,表示跳转到 MainAbilitySlice1
                    .withAction("MainAbilitySlice1")
                    .build();
            intent1.setOperation(operation);
            startAbility(intent1);
        });
    }

    @Override
    public void onActive() {
        super.onActive();
    }

    @Override
    public void onForeground(Intent intent) {
        super.onForeground(intent);
    }
}
```

打开远程模拟器，重新运行程序，单击屏幕两次，到达 PageAbilitySlice 页面。继续单击屏幕，跳转前后的页面分别如图 5-21、图 5-22 所示。

图 5-21 跳转前页面

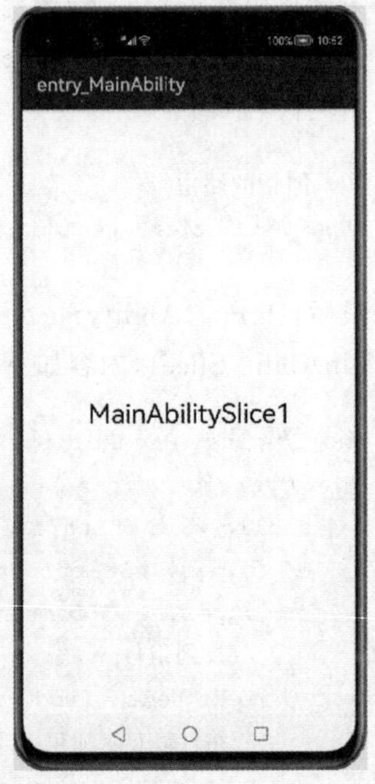

图 5-22 跳转后页面

习 题

一、判断题

1. Ability 分为 FA 和 PA。FA 对应 Page Ability，PA 对应 Service Ability、Data Ability。 ( )

2. 一个 Page 只能有一个 AbilitySlice。 ( )

3. onStart()方法在 Page 或 AbilitySlice 的生命周期里只会执行一次。 ( )

4. 不同 Page 里的 AbilitySlice 可以相互跳转。 ( )

5. 同 Page 中 AbilitySlice 之间的跳转，Page 的生命周期也会发生变化。 ( )

6. intent 是对象之间传递信息的载体。 ( )

二、选择题

1. 当 HarmonyOS 的 Page 执行 onForeground()回调后，Page 会先回到以下哪个状态？( )

A. INITIAL　　B. INACTIVE

C. ACTIVE　　D. BACKGROUD

2. 某开发者点击应用的退出按钮进行资源释放，将会触发 Page Ability 生命周期中的哪个回调函数？( )

A. onBackground()　　B. onActive()

C. onInactive()　　D. onStop()

3. 在 HarmonyOS 中，Intent 是对象之间传递信息的载体，以下哪几项是可以通过

Intent 设置的?(　　)

A. DeviceId　　B. BundleName

C. AbilityName　　D. Action

4. 某 PageA 中包含 AbilitySlice A 和 AbilitySliceB,其中默认展示为 AbilitySliceA。如果想要在当前设备的 PageB 中直接导航到 PageA 的 AbilitySliceB,必须做以下哪些步骤?(　　)

A. 在 PageA 中通过 addActionRoute()为 AbilitySliceB 添加路由

B. 在配置文件中注册 AbilitySliceB

C. 在 PageB 导航的 Intent 中设置 action

D. 在 PageB 中通过 addActionRoute()为 AbilitySliceB 添加路由

5. 同一 page 页面内的导航可以通过以下哪些方法进行处理?(　　)

A. present()　　B. onStop()

C. startAbility()　　D. startAbilityForResult()

6. 以下说法错误的是(　　)。

A. Ability 分为两种类型: FA 和 PA。FA 有 UI 界面,而 PA 无 UI 界面

B. Page 模板是 FA 唯一支持的模板,用于提供与用户交互的能力

C. 一个 Page 实例只对应一个相关页面,该页面用一个 AbilitySlice 实例展示

D. PA 支持 Service Ability 和 Data Ability

三、填空题

1. 经典的应用三层架构分别是: ________、________、________。

2. Page 的生命周期方法有________种,分别是: ________。

3. MainAbility 中 super.setMainRoute(MainAbilitySlice.class.getName());语句的作用是: ________。

4. 不同 Page 之间的路由跳转操作流程为: ________。

四、实践题

1. 实现同 Page 内 AbilitySlice 之间的跳转,理解 Page 与 AbilitySlice 的生命周期。

2. 写一个不同 Page 中的 AbilitySlice 之间的页面跳转案例,要求至少有 3 个 AbilitySlice。

第6章

公共事件与通知

本章学习目标

- 理解 HarmonyOS 公共事件,并掌握调用公共事件处理接口及方法。
- 掌握在应用中发布、订阅、退订公共事件的方法。
- 掌握在应用中使用各种类型的通知功能的方法。

在移动应用中,事件和通知无处不在,例如单击按钮、滑动屏幕等操作对于应用中的组件而言就是触发了某个事件,那么该事件如何送达系统处理呢?公共事件与通知提供了应用程序向系统发布消息、接收消息的能力。本章主要向读者介绍公共事件和通知的相关技术。

6.1 公共事件

公共事件(Common Event)是系统与应用程序之间、应用程序与应用程序之间沟通的桥梁。例如,当系统来电时,会发布一条来电显示公共事件,提示用户应用程序接收这一事件。再者,当网络断开时,系统也会发布一条公共事件,并通过这一条公共事件来提示用户网络断开,从而避免用户主动查找这一问题。

本节介绍公共事件的基本用法。

6.1.1 公共事件介绍

HarmonyOS 通过 CES(Common Event Service,公共事件服务)为应用程序提供订阅、发布、退订公共事件的能力,通过 ANS(Advanced Notification Service,通知增强服务)系统为应用程序提供发布通知的能力。

公共事件按照作用可分为系统公共事件和自定义公共事件。系统公共事件是由系统发出的公共事件,例如 App 安装、更新、卸载等。自定义公共事件是由应用自定义并发出的公共事件,该类公共事件通过调用接口,以广播的形式发布出去。

系统公共事件与自定义公共事件不同之处在于公共事件的发布者,前者是由系统发布的,后者则需要开发者在应用中自行发布,除此之外,二者是完全相同的。因此,在应用开发过程中,系统公共事件主要发挥订阅、处理和退订功能,而自定义公共事件则包括发布、订阅、处理和退订。

HarmonyOS 在公共事件处理上采用的是发布订阅者模式,在该模式下订阅者把自己的订阅事件信息注册到服务中心，服务中心负责事件的统一调度，并根据订阅者的注册信息进行事件分发调度，订阅者获得订阅的事件信息，进而处理公共事件。

注意：目前公共事件仅支持动态订阅，不支持多用户订阅，部分系统事件需要具有指定的权限。

6.1.2 公共事件处理接口

公共事件处理相关的基础类包括公共事件数据类、公共数据发布信息类、公共事件订阅信息类、公共事件订阅者类和公共事件管理类。开发者只要掌握好这些基础类，就可以更好地理解使用公共事件。

1. 公共事件数据类

公共事件数据类(CommonEventData)主要用于封装公共事件的相关信息，用于发布、分发和接收数据。其中数据主要包括 intent、code 和 data。在构造 CommonEventData 对象时，调用相关参数需要注意：code 为有序公共事件的结果码；data 为有序公共事件的结果数据，仅用于有序公共事件场景；intent 不允许为空，否则发布公共事件失败。该类的主要方法如表 6-1 所示。

表 6-1　CommonEventData 类主要方法说明

方　法	描　述
CommonEventData()	创建公共事件数据
CommonEventData(Intent intent)	创建公共事件数据，指定 Intent
CommonEventData(Intent intent, int code, String data)	创建公共事件数据，指定 Intent、code 和 data
getIntent()	获取公共事件 Intent
setCode(int code)	设置有序公共事件的结果码
getCode()	获取有序公共事件的结果码
setData(String data)	设置有序公共事件的详细结果数据
getData()	获取有序公共事件的详细结果数据

2. 公共数据发布信息类

公共数据发布信息类(CommonEventPublishInfo)主要封装公共事件发布的相关信息，包括公共事件对订阅者的权限要求、公共事件是否有序、是否是粘性公共事件等。该类的主要方法如表 6-2 所示。

表 6-2　CommonEventPublishInfo 类主要方法说明

方　法	描　述
CommonEventPublishInfo()	创建公共事件信息
CommonEventPublishInfo(CommonEventPublishInfo publishInfo)	复制一个公共事件信息

续表

方法	描述
setSticky(boolean sticky)	设置公共事件的粘性属性
setOrdered(boolean ordered)	设置公共事件的有序属性
setSubscriberPermissions(String[] subscriberPermissions)	设置公共事件订阅者的权限，多参数仅第一个生效

注意：这里的粘性指公共事件的订阅动作是在公共事件发布之后进行，即订阅者也能收到的公共事件类型。主要场景是由公共事件服务记录某些系统状态，如蓝牙、WLAN、充电等事件和状态。

3. 公共事件订阅信息类

公共事件订阅信息类(CommonEventSubscribeInfo)用于封装公共事件订阅的相关信息，例如优先级、线程模式、事件范围等。该类的主要方法如表 6-3 所示。

注意：其中线程模式(ThreadMode)有 HANDLER、POST、ASYNC、BACKGROUND 四种模式，目前只支持 HANDLER 模式。

表 6-3　CommonEventSubscribeInfo 类主要方法说明

方法	描述
CommonEventSubscribeInfo(MatchingSkills matchingSkills)	创建公共事件订阅器指定 matchingSkills
CommonEventSubscribeInfo(CommonEventSubscribeInfo)	复制公共事件订阅器对象
setPriority(int priority)	设置优先级，用于有序公共事件
setThreadMode(ThreadMode threadMode)	指定订阅者的回调函数运行在哪个线程上
setPermission(String permission)	设置发布者必须具备的权限

4. 公共事件订阅者类

公共事件订阅者类(CommonEventSubscriber)用于封装公共事件订阅者及相关参数信息。该类的主要方法如表 6-4 所示。

表 6-4　CommonEventSubscriber 类主要方法说明

方法	描述
CommonEventSubscriber(CommonEventSubscribeInfo subscribeInfo)	构造公共事件订阅者实例
onReceiveEvent(CommonEventData data)	由开发者实现，在接收到公共事件时被调用
AsyncCommonEventResult goAsyncCommonEvent()	设置有序公共事件异步执行
setCodeAndData(int code, String data)	设置有序公共事件的异步结果
setData(String data)	设置有序公共事件的异步结果数据
setCode(int code)	设置有序公共事件的异步结果码

续表

方　　法	描　　述
getData()	获取有序公共事件的异步结果数据
getCode()	获取有序公共事件的异步结果码
abortCommonEvent()	取消当前的公共事件,仅对有序公共事件有效,取消后,公共事件不再向下一个订阅者传递
getAbortCommonEvent()	获取当前有序公共事件是否取消的状态
clearAbortCommonEvent()	清除当前有序公共事件 Abort 状态
isOrderedCommonEvent()	查询当前公共事件是否为有序公共事件
isStickyCommonEvent()	查询当前公共事件是否为粘性公共事件

5. 公共事件管理类

公共事件管理类(CommonEventManager)提供了事件发布、订阅、退订的静态方法接口,是应用开发进行公共事件管理的主要接口类。该类的主要方法如表6-5所示。

表6-5　CommonEventManager类主要方法说明

方　　法	描　　述
publishCommonEvent(CommonEventData eventData)	发布公共事件
publishCommonEvent(CommonEventData event, CommonEventPublishInfo publishInfo)	发布公共事件指定发布信息
publishCommonEvent(CommonEventData event, CommonEventPublishInfo publishInfo, CommonEventSubscriber resultSubscriber)	发布有序公共事件,指定发布信息和最后一个接收者
subscribeCommonEvent(CommonEventSubscriber subscriber)	订阅公共事件
unsubscribeCommonEvent(CommonEventSubscriber subscriber)	退订公共事件

6.1.3　订阅公共事件

当需要订阅某个公共事件或获取某个公共事件传递的参数时,首先需要明确订阅者,即创建一个订阅者对象,用于作为订阅公共事件的载体,然后订阅公共事件并获取公共事件传递而来的参数。

下面介绍订阅公共事件的主要步骤。

(1) 创建 CommonEventSubscriber 派生类,在 onReceiveEvent()回调函数中处理公共事件,示例代码如下:

```
class MyCommonEventSubscriber extends CommonEventSubscriber {
    MyCommonEventSubscriber(CommonEventSubscribeInfo info) {
        super(info);
```

```
    }
    @Override
    public void onReceiveEvent(CommonEventData commonEventData) {
    }
}
```

注意：此处不能执行耗时操作，否则会阻塞UI线程，产生用户点击没有反应等异常。

(2) 创建订阅者信息，构造MyCommonEventSubscriber对象，调用CommonEventManager.subscribeCommonEvent()接口进行订阅，示例代码如下：

```
String event ="com.my.test";
MatchingSkills matchingSkills =new MatchingSkills();
matchingSkills.addEvent(event);                                    //自定义事件
matchingSkills.addEvent(CommonEventSupport.COMMON_EVENT_SCREEN_ON);  //亮屏事件
CommonEventSubscribeInfo subscribeInfo =new
      CommonEventSubscribeInfo(matchingSkills);
MyCommonEventSubscriber subscriber =new MyCommonEventSubscriber(subscribeInfo);
try {
        CommonEventManager.subscribeCommonEvent(subscriber);
} catch (RemoteException e) {
        HiLog.error(LABEL, " Exception occurred during subscribeCommonEvent
                invocation.");
}
```

如果订阅拥有指定权限应用发布的公共事件，发布者需要在config.json中申请权限，示例代码如下：

```
"reqPermissions": [
    {
        "name": "ohos.abilitydemo.permission.PROVIDER",
        "reason": "Obtain the required permission",
        "usedScene": {
            "ability": ["com.hmi.ivi.systemsetting.MainAbility"],
            "when": "inuse"
        }
    }
]
```

如果订阅的公共事件是有序的，可以调用setPriority()指定优先级，示例代码如下：

```
String event ="com.my.test";
MatchingSkills matchingSkills =new MatchingSkills();
matchingSkills.addEvent(event);                                    //自定义事件

CommonEventSubscribeInfo subscribeInfo =new
```

```
        CommonEventSubscribeInfo(matchingSkills);
subscribeInfo.setPriority(100); //设置优先级,优先级取值范围[-1000,1000],值默认为 0.
MyCommonEventSubscriber subscriber =new MyCommonEventSubscriber(subscribeInfo);
try {
        CommonEventManager.subscribeCommonEvent(subscriber);
} catch (RemoteException e) {
        HiLog.error(LABEL, "Exception occurred during subscribeCommonEvent
invocation.");
}
```

6.1.4　发布公共事件

应用中发布自定义公共事件可以是无序公共事件、有序公共事件、带权限公共事件和粘性公共事件,这 4 种不同的公共事件通过调用不同的接口来实现。

1. 发布无序公共事件

公共事件中有序和无序的概念是相对订阅者而言的。无序公共事件类似音乐播放器,所有的订阅者都可以接收且不分先后顺序。有序公共事件类似流程审批,多个订阅者之间有先后关系,且必须按照先后顺序接收处理事件。

注意：对于无序公共事件,先构造 CommonEventData 对象,再设置 Intent,通过 Operation 对象把需要发布的公共事件信息传入 Intent,最后调用处理接口发布公共事件。下面是发送无序公共事件的核心代码：

```
try {
        Intent intent =new Intent();
        Operation operation =new Intent.OperationBuilder()
            .withAction("com.example.commoneventdemo.Unordered")
            .build();
        intent.setOperation(operation);
        eventData =new CommonEventData(intent);
        CommonEventManager.publishCommonEvent(eventData);
        HiLog.info(LABEL, "发布无序的公共事件成功!");
} catch (RemoteException e) {
        HiLog.info(LABEL, "发布失败!");
}
```

2. 发布有序公共事件

发布有序公共事件需要构造 CommonEventPublishlnfo 对象,并通过 setOrdered(true) 方法指定公共事件属性为有序公共事件,然后进行发布。核心代码如下：

```
CommonEventPublishInfo publishInfo =new CommonEventPublishInfo();
```

```
//设置属性为有序公共事件
publishInfo.setOrdered(true);
        try {
          CommonEventManager.publishCommonEvent(eventData, publishInfo);
          HiLog.info(LABEL, "发布有序的公共事件成功!");
    } catch (RemoteException e) {
                HiLog.info(LABEL, "发布失败!");
    }
```

3. 发布带权限公共事件

带权限公共事件为事件赋予了一定的访问权限,且只有申请对应权限的订阅者才能接收到事件,带权限公共事件为公共事件的应用提供了一定的安全机制。

发布带权限公共事件同样是通过设置 CommonEventPublishInfo 对象实现的,带权限公共事件和有序公共事件类似,设置带权限公共事件的核心代码如下:

```
Intent intent =new Intent();
Operation operation =new Intent.OperationBuilder()
    .withAction("com.example.commoneventdemo.Privileged")
    .build();
intent.setOperation(operation);
eventData =new CommonEventData(intent);
publishInfo =new CommonEventPublishInfo();
String[] permissions ={"com.example.commoneventdemo.permission"};
//设置权限
publishInfo.setSubscriberPermissions(permissions);
try {
      CommonEventManager.publishCommonEvent(eventData, publishInfo);
      HiLog.info(LABEL, "发布带权限的公共事件成功!");
} catch (RemoteException e) {
      HiLog.info(LABEL, "发布失败!");
}
```

4. 粘性公共事件

粘性公共事件指公共事件的订阅动作是在公共事件发布之后进行,订阅者也能收到的公共事件类型。

从粘性公共事件的特性可以看出,相较于一般的公共事件需要订阅者在公共事件发布之前完成订阅,粘性公共事件为在事件发布之后订阅者也能接收到事件提供了保障。

发布粘性公共事件只需要对构造的 CommonEventPublishInfo 对象调用 setSticky(true)方法进行设置即可,发布粘性公共事件核心参考代码如下:

```
CommonEventPublishInfo publishInfo =new CommonEventPublishInfo();
//设置属性为粘性公共事件
```

```
    publishInfo.setSticky(true);
    try {
      CommonEventManager.publishCommonEvent(eventData, publishInfo);
      HiLog.info(LABEL, "发布粘性的公共事件成功!");
    } catch (RemoteException e) {
      HiLog.info(LABEL, "发布失败!");
    }
```

6.1.5　退订公共事件

在 Ability 的 onStop()中调用 CommonEventManager.unsubscribeCommonEvent()方法可以退订公共事件。调用后,之前订阅的所有公共事件均被退订。

```
try {
      CommonEventManager.unsubscribeCommonEvent(subscriber);
      HiLog.info(LABEL, "退订自定义公共事件成功!");
} catch (RemoteException e) {
      HiLog.info(LABEL, "退订失败!");
}
```

6.1.6　案例:公共事件的订阅与发布

创建一个名为 CommonEventDemo 的应用来演示,应用初始页面如图 6-1 所示。

图 6-1　应用初始页面

XML 文件中的内容这里不再赘述。

因为发布/订阅带权限的公共事件和发布粘性的公共事件需要权限，因此在 config.json 文件中申请如下内容：

```
"reqPermissions": [
      {
        "name": "com.example.commoneventdemo.permission"
      },
      {
        "name": "ohos.permission.COMMONEVENT_STICKY"
      },
      {
        "name": "ohos.abilitydemo.permission.PROVIDER"
      }
  ]
```

修改 MainAbilitySlice，其内容如下：

```
public class MainAbilitySlice extends AbilitySlice {
    //定义日志标签
    static final HiLogLabel LABEL =new HiLogLabel(HiLog.LOG_APP
            , 0x00922
            , "MainAbilitySlice");
    private Text Text_Result;
    //获取 CommonEventSubscriber 对象
    private CommonEventSubscriber subscriber;
    private CommonEventSubscriber subscriber1;
    //获取 CommonEventData 对象
    private CommonEventData eventData;
    //获取 CommonEventPublishInfo 对象
    private CommonEventPublishInfo publishInfo;

    @Override
    public void onStart(Intent intent) {
        super.onStart(intent);
        super.setUIContent(ResourceTable.Layout_ability_main);
        //初始化组件
        InitComponent();
    }

    //初始化组件
    private void InitComponent() {
        HiLog.info(LABEL, "InitComponent()方法被调用");
        //找到组件
        Button Button_Subscribe =findComponentById(ResourceTable.Id_Button_
```

```
Subscribe);
        Button Button_Unordered = findComponentById(ResourceTable.Id_Button_
Unordered);
        Button Button_Privileged = findComponentById(ResourceTable.Id_Button_
Privileged);
        Button Button_Ordered = findComponentById(ResourceTable.Id_Button_
Ordered);
        Button Button_Sticky = findComponentById(ResourceTable.Id_Button_
Sticky);
        Button Button_Subscribe1 = findComponentById(ResourceTable.Id_Button_
Subscribe1);
        Button Button_cancelSubscribe = findComponentById(ResourceTable.Id_
Button_cancelSubscribe);
        Text_Result = findComponentById(ResourceTable.Id_Text_Result);
        //给 Button_Subscribe 添加单击事件
        Button_Subscribe.setClickedListener(this::Subscribe);
        //给 Button_Unordered 添加单击事件
        Button_Unordered.setClickedListener(this::Unordered);
        //给 Button_Privileged 添加单击事件
        Button_Privileged.setClickedListener(this::Privileged);
        //给 Button_Ordered 添加单击事件
        Button_Ordered.setClickedListener(this::Ordered);
        //给 Button_Sticky 添加单击事件
        Button_Sticky.setClickedListener(this::Sticky);
        //给 Button_Subscribe1 添加单击事件
        Button_Subscribe1.setClickedListener(this::Subscribe1);
        //给 Button_cancelSubscribe 添加单击事件
        Button_cancelSubscribe.setClickedListener(this::cancelSubscribe);
    }

    private void Subscribe(Component component) {
        //获取 MatchingSkills 对象来订阅公共事件
        MatchingSkills matchingSkills = new MatchingSkills();
        //订阅飞行模式状态改变事件
        matchingSkills.addEvent(CommonEventSupport.COMMON_EVENT_AIRPLANE_MODE_
CHANGED);
        //通过 CommonEventSubscribeInfo 对象设置订阅参数
        CommonEventSubscribeInfo subscribeInfo =
                new CommonEventSubscribeInfo(matchingSkills);
        subscriber = new CommonEventSubscriber(subscribeInfo) {

            @Override
            public void onReceiveEvent(CommonEventData commonEventData) {
```

```
                TaskDispatcher uiTaskDispatcher =getUITaskDispatcher();
                uiTaskDispatcher.asyncDispatch(new Runnable() {
                    @Override
                    public void run() {
                        Text_Result.setText("订阅飞行模式状态改变公共事件成功!");
                    }
                });
            }
        };
        try {
            CommonEventManager.subscribeCommonEvent(subscriber);
            HiLog.info(LABEL, "订阅系统公共事件成功!");
        } catch (RemoteException e) {
            HiLog.info(LABEL, "订阅失败!");
        }
    }

    private void Unordered(Component component) {
        Intent intent =new Intent();
        Operation operation =new Intent.OperationBuilder()
                .withAction("com.example.commoneventdemo.Unordered")
                .build();
        intent.setOperation(operation);
        eventData =new CommonEventData(intent);
        try {
            CommonEventManager.publishCommonEvent(eventData);
            HiLog.info(LABEL, "发布无序的公共事件成功!");
        } catch (RemoteException e) {
            HiLog.info(LABEL, "发布失败!");
        }
    }

    private void Privileged(Component component) {
        Intent intent =new Intent();
        Operation operation =new Intent.OperationBuilder()
                .withAction("com.example.commoneventdemo.Privileged")
                .build();
        intent.setOperation(operation);
        eventData =new CommonEventData(intent);
        publishInfo =new CommonEventPublishInfo();
        String[] permissions ={"com.example.commoneventdemo.permission"};
        //设置权限
        publishInfo.setSubscriberPermissions(permissions);
        try {
```

```
            CommonEventManager.publishCommonEvent(eventData, publishInfo);
            HiLog.info(LABEL, "发布带权限的公共事件成功!");
        } catch (RemoteException e) {
            HiLog.info(LABEL, "发布失败!");
        }
    }

    private void Ordered(Component component) {
        Intent intent =new Intent();
        Operation operation =new Intent.OperationBuilder()
                .withAction("com.example.commoneventdemo.Ordered")
                .build();
        intent.setOperation(operation);
        eventData =new CommonEventData(intent);
        publishInfo =new CommonEventPublishInfo();
        //设置属性为有序公共事件
        publishInfo.setOrdered(true);
        try {
            CommonEventManager.publishCommonEvent(eventData, publishInfo);
            HiLog.info(LABEL, "发布有序的公共事件成功!");
        } catch (RemoteException e) {
            HiLog.info(LABEL, "发布失败!");
        }
    }

    private void Sticky(Component component) {
        Intent intent =new Intent();
        Operation operation =new Intent.OperationBuilder()
                .withAction("com.example.commoneventdemo.Sticky")
                .build();
        intent.setOperation(operation);
        eventData =new CommonEventData(intent);
        publishInfo =new CommonEventPublishInfo();
        //设置属性为粘性公共事件
        publishInfo.setSticky(true);
        try {
            CommonEventManager.publishCommonEvent(eventData, publishInfo);
            HiLog.info(LABEL, "发布粘性的公共事件成功!");
        } catch (RemoteException e) {
            HiLog.info(LABEL, "发布失败!");
        }
    }
```

```
    private void Subscribe1(Component component) {
        String event ="com.example.commoneventdemo.Unordered";
        MatchingSkills matchingSkills =new MatchingSkills();
        //自定义事件
        matchingSkills.addEvent(event);
        CommonEventSubscribeInfo subscribeInfo =
                new CommonEventSubscribeInfo(matchingSkills);
        subscriber1 =new CommonEventSubscriber(subscribeInfo) {
            @Override
            public void onReceiveEvent(CommonEventData commonEventData) {
                Text_Result.setText("订阅无序的公共事件成功!");
            }
        };
        try {
            CommonEventManager.subscribeCommonEvent(subscriber1);
            HiLog.info(LABEL, "订阅无序的公共事件成功!");
        } catch (RemoteException e) {
            HiLog.info(LABEL, "订阅失败!");
        }
    }

    private void cancelSubscribe(Component component) {
        try {
            CommonEventManager.unsubscribeCommonEvent(subscriber);
            HiLog.info(LABEL, "退订自定义公共事件成功!");
        } catch (RemoteException e) {
            HiLog.info(LABEL, "退订失败!");
        }

    }

    @Override
    public void onActive() {
        super.onActive();
    }

    @Override
    public void onForeground(Intent intent) {
        super.onForeground(intent);
    }
}
```

上述代码中分别定义了7个单击事件，分别是订阅系统公共事件（飞行模式状态改变事件）、发布无序的公共事件、发布带权限的公共事件、发布有序的公共事件、发布粘性的公共事件、订阅自定义公共事件（此事件为无序的公共事件）、取消订阅自定义的公共事件。

打开远程模拟器，运行程序，单击订阅系统公共事件按钮，并如图 6-2 所示，打开手机飞行模式，运行结果如图 6-3 所示。

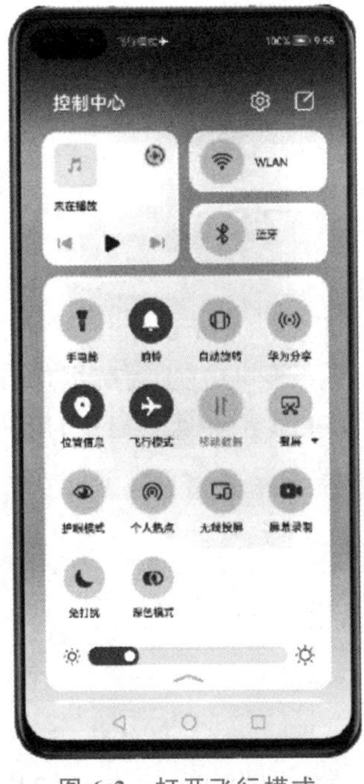

图 6-2　打开飞行模式

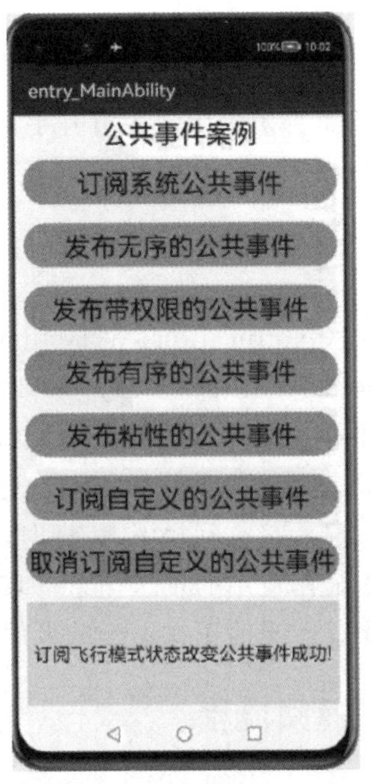

图 6-3　运行结果

单击"订阅自定义的公共事件"按钮，再单击"发布无序的公共事件"按钮，运行结果如图 6-4所示，成功订阅了无序的公共事件。

图 6-4　订阅无序公共事件运行结果

6.2 通　　知

通知是重要的人机交互功能，可在应用程序处于后台时提示用户必要的信息。想必读者对此场景并不陌生——打开手机，无论处于何种操作状态，只要下拉状态栏，都可在众多快捷键按钮下方看到通知栏。本节介绍通知的实现用法。

6.2.1 通知介绍

通知（Notification）是应用显示信息提示的一种工具。HarmonyOS 通过 ANS（Advanced Notification Service，即通知增强服务）为用户提供通知功能，提醒用户有来自该应用中的信息。当应用向系统发出通知时，它先以图标的形式显示在通知栏中，用户可以下拉通知栏查看通知的详细信息。通知有以下常见的使用场景：

（1）显示接收到短消息、即时消息等；

（2）显示应用的推送消息，如广告、版本更新等；

（3）显示当前正在进行的事件，如播放音乐、导航、下载等。

6.2.2 通知流程

通知业务流程由 ANS 通知子系统、通知发送端、通知订阅端组成。一条通知从通知发送端产生，通过 IPC 通信发送到 ANS，再由 ANS 分发给通知订阅端。系统应用还支持通知相关配置，如使能开关、配置参数由系统配置发起请求，发送到 ANS 存储到内存和数据库。

6.2.3 接口说明

通知基础类包含 NotificationSlot、NotificationRequest 和 NotificationHelper。这三个通知基础类之间的关系如图 6-5 所示。

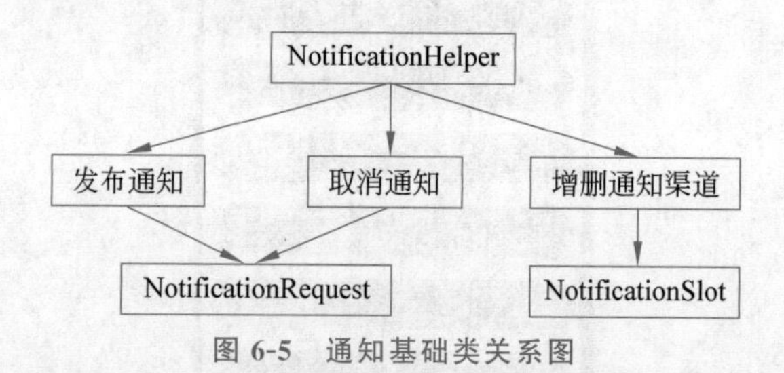

图 6-5　通知基础类关系图

1. NotificationSlot

NotificationSlot 可以对提示音、振动、锁屏显示和重要级别等进行设置。一个应用可以创建一个或多个 NotificationSlot，在发送通知时，通过绑定不同的 NotificationSlot，实现不同用途。

注意：NotificationSlot 需要先通过 NotificationHelper 的 addNotificationSlot(NotificationSlot)

方法发布后，通知才能绑定使用；所有绑定该 NotificationSlot 的通知在发布后都具备相应的特性，对象在创建后，将无法更改这些设置，对于是否启动相应设置，用户有最终控制权。表 6-6 所示为 NotificationSlot 类接口说明。

表 6-6　NotificationSlot 类接口说明

接 口 名	描　述
NotificationSlot(String id, String name, int level)	构造 NotificationSlot
setLevel(int level)	设置 NotificationSlot 的级别
setName(String name)	设置 NotificationSlot 的命名
setDescription(String description)	设置 NotificationSlot 的描述信息
enableBypassDnd(booleanbypassDnd)	设置是否绕过系统的免打扰模式
setEnableVibration(boolean vibration)	设置收到通知时是否能振动
setLedLightColor(int color)	设置收到通知时的呼吸灯颜色
setSlotGroup(String groupId)	绑定当前 NotificationSlot 到另一个 NotificationSlot

2. NotificationRequest

NotificationRequest 用于设置具体的通知对象，包括设置通知的属性，如通知的分发时间、小图标、大图标、自动删除等参数，以及设置具体的通知类型，如普通文本、长文本等。表 6-7 所示为 NotificationRequest 类接口说明。

表 6-7　NotificationRequest 类接口说明

接 口 名	描　述
NotificationRequest()	构建一个通知
NotificationRequest(int notificationId)	构建一个通知，指定通知的 Id
setNotificationId(int notificationId)	设置通知自动取消的时间
setAutoDeletedTime(long time)	设置通知分发的时间
setDeliveryTime(long deliveryTime)	设置通知的创建的时间
setSlotId(String slotId)	设置通知的 NotificationSlot Id
setContent(NotificationRequest.NotificationContent content)	设置通知的具体类型
setTapDismissed(booleantapDismissed)	设置通知在用户点击后是否自动取消
setLittleIcon(PixelMapsmallIcon)	设置通知的小图标，在通知左上角显示
setGroupValue(String groupValue)	设置分组通知，相同分组的通知在通知栏显示时，将会折叠在一组应用中显示
setIntentAgent(IntentAgent agent)	设置通知承载指定的 IntentAgent，在通知中实现即将触发的事件

说明：NotificationRequest 目前只支持普通文本、长文本、图片、多行、社交、媒体 6 种通

知类型。

3. NotificationHelper

NotificationHelper 封装了发布、更新、订阅、删除通知等静态方法。使开发者可以实现订阅通知、退订通知和查询系统中所有处于活跃状态的通知等功能。表 6-8 所示为 NotificationHelper 类接口说明。

表 6-8 NotificationHelper 类接口说明

接口名	描述
publishNotification(NotificationRequest request)	发布一条通知
publishNotification(String tag, NotificationRequest)	发布一条带 TAG 的通知
cancelNotification(int notificationId)	取消指定的通知
cancelAllNotifications()	取消之前发布的所有通知
addNotificationSlot(NotificationSlot slot)	创建一个 NotificationSlot
getNotificationSlot(String slotId)	获取 NotificationSlot
getActiveNotifications()	获取当前应用的活跃通知
removeNotificationSlot(String slotId)	删除一个 NotificationSlot
getActiveNotificationNums()	获取系统中当前应用的活跃通知的数量
setNotificationBadgeNum(int num)	设置通知的角标
setNotificationBadgeNum()	设置当前应用中活跃状态通知的数量，在角标显示

6.2.4 通知开发步骤

通知的开发指导分为创建 NotificationSlot、发布通知和取消通知等开发场景。

(1) 创建 NotificationSlot。NotificationSlot 可以设置公共通知的振动、重要级别等，并通过调用 NotificationHelper.addNotificationSlot()发布 NotificationSlot 对象，示例代码如下：

```
NotificationSlot slot =new NotificationSlot("slot_001", "slot_default",
        NotificationSlot.LEVEL_MIN);               //创建 notificationSlot 对象
slot.setDescription("NotificationSlotDescription");
slot.setEnableVibration(true);                     //设置振动提醒
slot.setEnableLight(true);                         //设置开启呼吸灯提醒
slot.setLedLightColor(Color.RED.getValue()); //设置呼吸灯的提醒颜色
try {
    NotificationHelper.addNotificationSlot(slot);
} catch (RemoteException ex) {
    HiLog.error(LABEL, "Exception occurred during addNotificationSlot
invocation.");
}
```

(2) 发布通知。构建 NotificationRequest 对象,应用发布通知前,通过 NotificationRequest 的 setSlotId()方法与 NotificationSlot 绑定,使该通知在发布后都具备该对象的特征,示例代码如下:

```
int notificationId =1;
NotificationRequest request =new NotificationRequest(notificationId);
request.setSlotId(slot.getId());
```

调用 setContent()设置通知的内容,示例代码如下:

```
String title ="title";
String text ="There is a normal notification content.";
NotificationNormalContent content =new NotificationNormalContent();
content.setTitle(title)
        .setText(text);
NotificationRequest.NotificationContent notificationContent =new
      NotificationRequest.NotificationContent(content);
request.setContent(notificationContent);    //设置通知的内容
```

调用 publishNotification()发布通知,示例代码如下:

```
try {
    NotificationHelper.publishNotification(request);
} catch (RemoteException ex) {
    HiLog.error(LABEL, "Exception occurred during publishNotification
             invocation.");
}
```

(3) 取消通知。取消通知分为取消指定单条通知和取消所有通知,应用只能取消自己发布的通知。

调用 cancelNotification()取消指定的单条通知,示例代码如下:

```
int notificationId =1;
try {
    NotificationHelper.cancelNotification(notificationId);
} catch (RemoteException ex) {
    HiLog.error(LABEL, "Exception occurred during cancelNotification
             invocation.");
}
```

调用 cancelAllNotifications()取消所有通知,示例代码如下:

```
try {
    NotificationHelper.cancelAllNotifications();
} catch (RemoteException ex) {
    HiLog.error(LABEL, "Exception occurred during cancelAllNotifications
```

```
invocation.");
}
```

6.2.5 普通文本通知

在众多通知类型中，普通文本通知是最常用的。本节通过普通文本通知的实例介绍通知的基本用法。发布一个通知通常需要以下 3 个步骤。

(1) 创建通知内容 NotificationContent 对象，并设计显示的通知内容。通知内容可以根据通知类型分为普通文本、长文本、图片、多行、社交、媒体，这些通知内容均包括相应的配置类。需要将通知配置类传入 NotificationContent 对象用于设计通知内容。

(2) 创建通知请求 NotificationRequest 对象，传入 NotificationContent 对象，并定义通知的参数(渠道、按钮、进度、单击方法等)。

(3) 通过 NotificationHelper 的 publishNotification()方法发布通知。

发布普通文本通知的核心代码如下：

```
int notificationId =1;
NotificationRequest request =new NotificationRequest(notificationId);
request.setSlotId(slotId);
request.setLittleIcon(littleIcon);

//普通文本
NotificationRequest.NotificationNormalContent content =new
        NotificationRequest.NotificationNormalContent();
content.setTitle(title)
        .setText(countent);
NotificationRequest.NotificationContent notificationContent =new
        NotificationRequest.NotificationContent(content);

//设置通知的内容
request.setContent(notificationContent);
request.setIntentAgent(intentAgent);
try {
      NotificationHelper.publishNotification(request);
} catch (RemoteException e) {
      e.printStackTrace();
}
```

6.2.6 其他通知类型

除了上文介绍的普通文本通知外，通知还包括长文本通知、多行通知、图片通知、社交通知、媒体通知。用户可以根据实际需要自定义各种通知的类型与用法。各种通知类型的内容配置和相关说明如表 6-9 所示。

表 6-9　各种通知类型配置说明

通知类型	内容配置类	描　　述
普通文本通知	NotificationNormalContent	显示普通文本内容
长文本通知	NotificationLongTextContent	显示长文本内容
多行通知	NotificationMultiLineContent	显示多行文本内容
图片通知	NotificationPictureContent	显示图片及简短的描述
社交通知	NotificationConversationalContent	显示即时通信软件的消息
媒体通知	NotificationMediaContent	显示信息和相关的按钮

普通文本通知前面已介绍，接下来简单介绍其他通知类型。

1. 长文本通知

长文本通知内容通过 NotificationLongTextContent 对象定义。除了与普通文本通知相同的 setTitle()方法以外，还可以通过 setExpandedTitle()方法设置扩展卡(展开通知内容后显示)，进而通过 setLongText()方法设置长文本内容。在“发布长文本通知”按钮的单击事件监听方法中发布长文本通知，发布长文本通知代码示例如下，运行效果如图 6-6 所示。

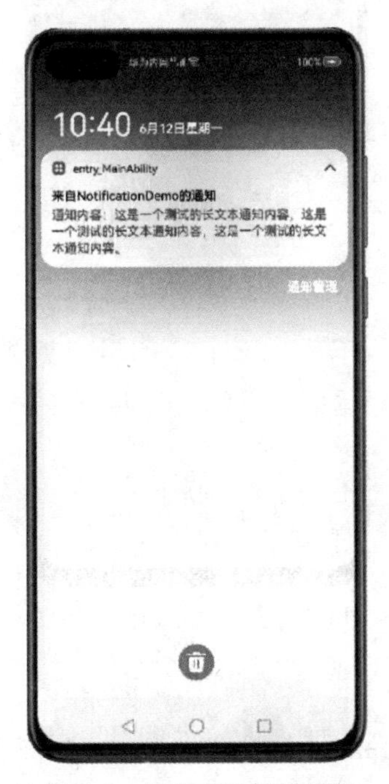

图 6-6　长文本通知效果图

```
//通知标题
String title ="来自 NotificationDemo 的通知";
//通知内容
```

```
String text ="通知内容：这是一个测试的长文本通知内容" +
            ",这是一个测试的长文本通知内容" +
        ",这是一个测试的长文本通知内容.";
NotificationRequest.NotificationLongTextContent content =new
        NotificationRequest.NotificationLongTextContent();
content.setTitle(title);
//设置长文本内容
content.setLongText(text);
```

2. 多行文本通知

多行文本通知通过 NotificationMultiLineContent 对象定义，可分别通过 setTitle()、setTest()和 setExpanded Title()设置标题和内容，在展开时还可以通过 addSingleLine()方法设置多行文本内容，效果如图 6-7 所示。在“发布多行通知”按钮的单击事件监听方法中发布多行通知，核心代码如下：

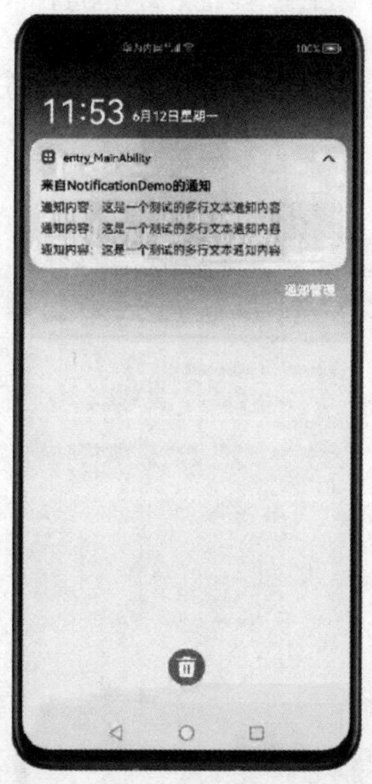

图 6-7　多行文本通知效果图

```
//通知标题
String title ="来自 NotificationDemo 的通知";
//通知内容
String text ="通知内容：这是一个测试的多行文本通知内容";
//设置通知类型为多行通知
NotificationRequest.NotificationMultiLineContent content =new
        NotificationRequest.NotificationMultiLineContent();
```

```
content.setTitle(title);
//设置多行文本内容
content.addSingleLine(text);
content.addSingleLine(text);
content.addSingleLine(text);
```

3. 图片通知

发布图片通知首先需要获取图片资源,这里使用系统自带的图片资源 icon.png,其位置在 resources/media。设置图片通知内容核心代码如下:

```
//通知标题
String title ="来自 NotificationDemo 的通知";
//通知内容
String text ="通知内容: 这是一个测试的图片通知内容";
//设置通知类型为图片
NotificationRequest.NotificationPictureContent content =new
        NotificationRequest.NotificationPictureContent();
content.setTitle(title);
content.setText(text);
//设置包含在通知中的图片
content.setBigPicture(getPixelMap(ResourceTable.Media_icon));
```

因为 setBigPicture()方法所需的参数为 pixelMap 对象,所以创建 getPixelMap()方法,作用是将图片资源转换为 pixelMap 对象,示例代码如下:

```
private PixelMap getPixelMap(int drawableId) {
InputStreamdrawableInputStream =null;
        try {
          drawableInputStream =getResourceManager().getResource(drawableId);
          ImageSource.SourceOptionssourceOptions =new ImageSource.
SourceOptions();
          sourceOptions.formatHint ="image/png";
          ImageSourceimageSource =ImageSource.create(drawableInputStream,
sourceOptions);
          ImageSource.DecodingOptionsdecodingOptions =new ImageSource.
DecodingOptions();
          decodingOptions.desiredSize =new Size(0, 0);
          decodingOptions.desiredRegion =new Rect(0, 0, 0, 0);
          decodingOptions.desiredPixelFormat =PixelFormat.ARGB_8888;
          PixelMappixelMap =imageSource.createPixelmap(decodingOptions);
          return pixelMap;
        } catch (Exception e) {
          e.printStackTrace();
        } finally {
```

```
                try {
                      if (drawableInputStream != null) {
                      drawableInputStream.close();
                      }
                } catch (Exception e) {
                      e.printStackTrace();
                              }
        }
    return null; }
```

运行效果如图 6-8 所示。

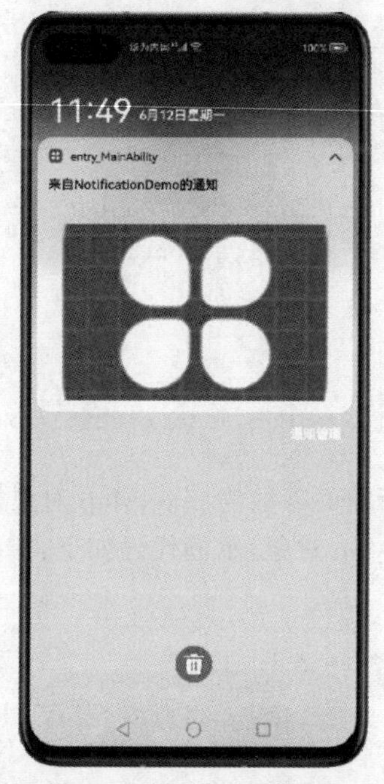

图 6-8　图片通知效果图

4. 社交通知

设置社交通知的核心代码如下：

```
//消息用户
MessageUser User =new MessageUser();
User.setName("张三");
//社交通知内容
NotificationRequest.NotificationConversationalContent content =
          new NotificationRequest.NotificationConversationalContent(User)
               .addConversationalMessage(newNotificationRequest
               .NotificationConversationalContent
```

```
                .ConversationalMessage("你好!"
                                , Time.getCurrentTime(), User));
```

运行效果如图 6-9 所示。

图 6-9　社交通知效果图

5. 媒体通知

首先准备媒体按钮资源，将 Play.png 图片放入 resources/media 文件夹下，设置媒体通知核心代码如下：

```
//通知标题
String title ="来自 NotificationDemo 的通知";
//通知内容
String text ="通知内容: 这是一个测试的媒体通知内容";
//媒体通知
NotificationRequest.NotificationMediaContent content =new
        NotificationRequest.NotificationMediaContent();
//设置通知标题
content.setTitle(title);
//设置通知标题
content.setText(text);
//设置媒体通知待展示的按钮
content.setShownActions(new int[]{0});
//定义"开始"按钮
```

```
NotificationActionButton Button = new NotificationActionButton
        .Builder(getPixelMap(ResourceTable.Media_Play)
                              , "开始"
                              , null).build();
//放置"开始"按钮
request.addActionButton(Button);
```

运行效果如图 6-10 所示。

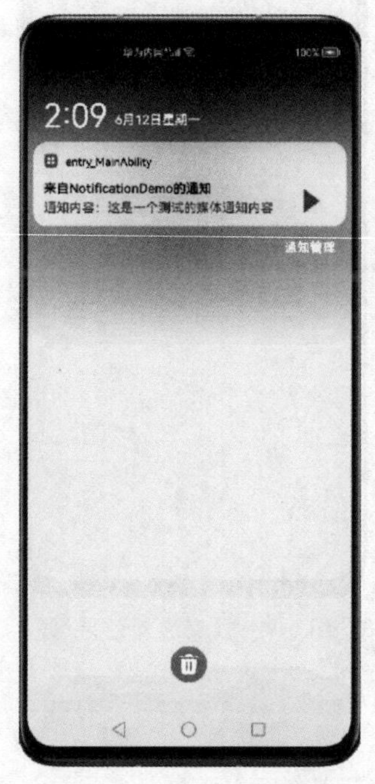

图 6-10　媒体通知效果图

6.2.7　案例：通知的发布和取消

下面创建一个名为 NotificationDemo 的应用进行演示。页面需要一个通知按钮组件和取消通知按钮组件，XML 文件中的内容这里不再赘述。

修改 MainAbilitySlice，其内容如下：

```
public class MainAbilitySlice extends AbilitySlice {
    //定义日志标签
    private static final HiLogLabel LABEL_LOG = new HiLogLabel(HiLog.LOG_APP
            , 0X00001
            , "MainAbilitySlice");
    //递增的序列
    private int notificationId = 0;

    @Override
```

```
    public void onStart(Intent intent) {
        super.onStart(intent);
        super.setUIContent(ResourceTable.Layout_ability_main);
        //找到组件
        Button Button_Publish =findComponentById(ResourceTable.Id_Button_Publish);
        Button Button_Cancel =findComponentById(ResourceTable.Id_Button_Cancel);
        //给 Button_Publish 添加单击事件
        Button_Publish.setClickedListener(component ->{
            //获取 NotificationSlot 对象
            NotificationSlot slot =
                    new NotificationSlot("slot_001"
                            , "slot_default"
                            , NotificationSlot.LEVEL_HIGH);
            //设置提示内容
            slot.setDescription("FromNotificationDemo");
            //设置振动提醒
            slot.setEnableVibration(true);
            //设置在锁屏时屏幕上显示通知,显示模式为将通知的内容显示在锁定屏幕上
            slot.setLockscreenVisibleness(NotificationRequest.VISIBLENESS_TYPE_
PUBLIC);
            //设置开启呼吸灯提醒
            slot.setEnableLight(true);
            //设置呼吸灯的提醒颜色为红色
            slot.setLedLightColor(Color.RED.getValue());
            try {
                //绑定设置好的 slot
                NotificationHelper.addNotificationSlot(slot);
                //通知标题
                String title ="来自 NotificationDemo 的通知";
                //通知内容
                String text ="通知内容: 这是一个测试的通知内容";
                //设置通知类型为普通文本
                NotificationRequest.NotificationNormalContent content =
                        new NotificationRequest.NotificationNormalContent();
                //设置通知标题
                content.setTitle(title)
                        //设置通知标题
                        .setText(text);
                //通知 Id 自增
                notificationId++;
                //构建一个通知,指定通知的 Id
                NotificationRequest request =new NotificationRequest(notificationId);
```

```
                //设置通知的具体内容
                NotificationRequest.NotificationContent notificationContent =
                        new NotificationRequest.NotificationContent(content);
                //设置通知的内容
                request.setContent(notificationContent);
                //设置通知的 NotificationSlot Id
                request.setSlotId(slot.getId());
                //发布一条通知
                NotificationHelper.publishNotification(request);
            } catch (RemoteException ex) {
                HiLog.warn(LABEL_LOG, "发布失败!");
            }
        });
        //给 Button_Cancel 添加单击事件
        Button_Cancel.setClickedListener(component ->{
            try {
                //取消指定的通知
                NotificationHelper.cancelNotification(notificationId);
            } catch (RemoteException ex) {
                HiLog.warn(LABEL_LOG, "取消通知失败!");
            }
        });
    }

    @Override
    public void onActive() {
        super.onActive();
    }

    @Override
    public void onForeground(Intent intent) {
        super.onForeground(intent);
    }
}
```

上述代码在发布通知按钮组件的单击事件中先获取 NotificationSlot 对象，用于设置通知重要级别、振动、锁屏显示等，再通过 addNotificationSlot(NotificationSlot)方法将该 NotificationSlot 对象进行绑定，并确定通知类型为普通文本通知。设置通知内容后，再通过 publishNotification(NotificationRequest request)方法发布该通知。

打开远程模拟器，运行程序，单击“发送通知”按钮，初始页面和运行结果分别如图 6-11、图 6-12 所示。

图 6-11　应用初始页面

图 6-12　发送通知后的运行结果

习　　题

一、判断题

1. HarmonyOS 通过 ANS 为应用程序提供订阅、发布、退订公共事件的能力。　(　　)
2. 系统公共事件与自定义公共事件的不同之处在于公共事件的发布者。　(　　)
3. 在构造 CommonEventData 对象时，code 为无序公共事件的结果码。　(　　)
4. 创建订阅者，保存返回的订阅者对象类型为 subscriber。　(　　)
5. 创建订阅回调函数，订阅回调函数会在接收到事件时触发。　(　　)
6. 一条通知从通知发送端产生，通过 IPC 通信发送到 ANS。　(　　)
7. 在发送通知时，通过绑定不同的 NotificationSlot，可以实现不同用途。　(　　)
8. 长文本通知内容通过 NotificationTextContent 对象定义。　(　　)
9. 多行文本通知可分别通过 setTitle 和 setExpanded Title 设置标题。　(　　)
10. getPixelMap( )方法是将图片资源换为 pixelMap 对象。　(　　)

二、选择题

1. 考虑数据隐私或数据安全，公共事件发布时最好使用(　　)公共事件。

A. 无序　　B. 有序　　C. 带权限的　　D. 粘性的

2. HarmonyOS 中提供了两种形式的事件处理，一种是基于(　　)的事件处理，另一种是基于回调的事件处理。

A. 监听　　B. 触摸　　C. 按键　　D. 语音

3. HarmonyOS 中的公共事件可分为系统公共事件和(　　)。

A. 无序公共事件　　B. 有序公共事件
C. 粘性公共事件　　D. 自定义公共事件

4. 通知功能使用的场景一般不包括(　　)。
A. 显示收到的短信息、即时消息等
B. 显示应用的推送消息,如广告等
C. 显示当前正在进行的事件,如播放音乐、下载等
D. 显示手机电量

5. 用于封闭 IntentAgent 实例所需的数据类是(　　)类。
A. IntentAgent Helper　　B. IntentAgentInfo
C. TriggerInfo　　D. IntentAgent

三、填空题

1. 公共事件通过 HarmonyOS 的公共事件服务(Common Event Service,CES)功能为应用程序提供________、________、________等服务。

2. 自定义公共事件是由应用自定义并发出的公共事件,该类公共事件应用程序通过调用________,以广播的形式发布出去。

3. 目前公共事件仅支持________订阅,不支持________订阅,部分系统事件需要具有指定的权限。

4. 公共事件处理相关的基础类包括________、________、________、________、________。

5. 公共事件数据类主要用于________公共事件的相关信息,用于发布、分发和接收时处理数据。数据主要包括________、________、________三种。

6. 应用中发布自定义公共事件可以是________、________、________和________。这四种不同的公共事件通过调用不同的________来决定信息。

7. HarmonyOS 通过________系统服务为用户提供通知功能。

8. 通知相关基础类包含________、________、________。

9. 发布一个通知通常需要________、________、________三个步骤。

10. 除了普通文本通知外,通知还包括________、________、________、________、________等类型。

四、实践题

1. 验证用户的登录信息,设计并实现一个登录界面,当用户输入账号和密码时验证是否正确并提示。当输入账号为 GEM、密码为 SWIFT 时,提示"验证通过",否则提示用户"账号或密码不正确,请重新输入",要求每天最多只有三次输错的机会。

2. 实现有序公共事件的发送,并定义两个以上订阅者,要求权限高的订阅者根据公共事件的数据选择性地进行拦截。

3. 实现退订短信提醒的功能。

4. 发布一个自定义公共事件。

第7章

线程管理与线程通信

本章学习目标

- 理解 HarmonyOS 线程与任务分发器的概念。
- 熟练使用全局并发任务分发器异步分发。
- 了解 HarmonyOS 线程通信概念及其运作机制。

7.1 线程概念

不同应用在各自独立的进程中运行，每个应用都对应一个属于自己的进程，在该进程中又默认创建一个主线程。该线程随着应用创建或消失，是应用的核心线程。UI 的显示和更新等操作都在主线程中进行，故主线程又称 UI 线程，在默认情况下，所有的操作都是在主线程上执行的。如果需要执行比较耗时的任务(如下载文件、查询数据库等)，可创建其他线程来处理。当应用以任何形式启动时，系统会为其创建进程，该进程将持续运行。当进程完成当前任务处于等待状态，且系统资源不足时，系统会自动回收该进程。

这里要区分线程与进程，在开发应用时，开发者不能控制进程的调度，但可以调度控制线程。线程是进程内部的概念，一个进程可以包含多个线程，开发一个应用需要对线程进行有效且合理的调度控制。

7.2 任务分发器 TaskDispatcher

如果应用的业务逻辑比较复杂，可能需要创建多个线程来执行多个任务。这种情况下，代码复杂难以维护，任务与线程的交互也会更加繁杂，可能会出现预期之外的结果。要解决此问题，需要创建线程并分发任务。

本书基于 Java 语言开发，所以解决此问题的方式有两种。

(1) 使用 Java 语言调用 Thread 类自行创建线程然后分发任务，这种方式需要开发者拥有牢固的基础知识和较强的思维抽象能力。

(2) 使用 HarmonyOS 提供的任务分发器 TaskDispatcher 来分发不同的任务，其简化了线程开发流程，使线程开发变得简单且高效。本节主要介绍以任务分发器 TaskDispatcher 创建新的线程来执行任务。

TaskDispatcher 是一个任务分发器，它是 Ability 分发任务的基本接口，隐藏任务所在线程的实现细节，简化开发过程。

为保证应用有更好的响应性，需要设计任务的优先级。在UI线程上运行的任务默认以高优先级运行，如果某个任务无须等待结果，则可以用低优先级，线程优先级如表7-1所示。

表7-1 线程优先级

优先级	详细描述
HIGH	最高任务优先级
DEFAULT	默认任务优先级
LOW	最低任务优先级

在开发应用过程中，创建线程时，推荐使用默认优先级。因为如果随意创建高优先级线程，则会占用主线程资源，导致程序变得卡顿。优先级应该按照任务的重要程度来设置。

7.2.1 任务分发器类型

TaskDispatcher具有多种实现，每种实现对应不同的任务分发器。在分发任务时可以指定任务的优先级，由同一个任务分发器分发出的任务具有相同的优先级。系统提供的任务分发器有GlobalTaskDispatcher、ParallelTaskDispatcher、SerialTaskDispatcher、SpecTaskDispatcher。下面对这些任务分发器一一进行介绍。

1. 全局并发任务分发器 GlobalTaskDispatcher

由getGlobalTaskDispatcher(TaskPriority priority)方法获取，该方法只需要一个参数priority，即线程优先级。该分发器适用于分发并行任务，且任务之间没有联系的情况。一个应用只有一个GlobalTaskDispatcher，它在程序结束时才被销毁。创建全局并发任务分发器的示例代码如下：

```
TaskDispatcher globalTaskDispatcher = getGlobalTaskDispatcher (TaskPriority.
DEFAULT);
```

上述代码创建了一个默认优先级的全局并发任务分发器。

2. 并发任务分发器 ParallelTaskDispatcher

由createParallelTaskDispatcher(String name，TaskPriority priority)方法创建并返回。与GlobalTaskDispatcher不同的是，ParallelTaskDispatcher不具有全局唯一性，可以创建多个。该方法中的name参数对应分发器名称，priority参数为线程优先级。开发者在创建或销毁分发器时，需要持有对应的对象引用。创建并发任务分发器的示例代码如下：

```
String dispatcherName = "parallelTaskDispatcher";
TaskDispatcher parallelTaskDispatcher = createParallelTaskDispatcher(
    dispatcherName,
    TaskPriority.DEFAULT);
```

上述代码创建了一个名为 parallelTaskDispatcher，且优先级为默认的并发任务分发器。

3. 串行任务分发器 SerialTaskDispatcher

由 createSerialTaskDispatcher(String name，TaskPriority priority)创建并返回。由该分发器分发的所有的任务都按顺序执行，但是执行这些任务的线程并不是固定的。如果要执行并行任务，应使用 ParallelTaskDispatcher 或者 GlobalTaskDispatcher，而不是创建多个 SerialTaskDispatcher。如果任务之间没有依赖，应使用 GlobalTaskDispatcher 来实现。它的创建和销毁由开发者自己管理，开发者在使用期间需要持有该对象引用。创建串行任务分发器的示例代码如下：

```
String dispatcherName ="serialTaskDispatcher";
TaskDispatcher serialTaskDispatcher =createSerialTaskDispatcher(
    dispatcherName,
    TaskPriority.DEFAULT);
```

4. 专有任务分发器 SpecTaskDispatcher

SpecTaskDispatcher 为绑定到专有线程上的任务分发器。目前已有的专有线程为 UI 线程，通过 UITaskDispatcher 进行任务分发。

UITaskDispatcher 是绑定到应用主线程的专有任务分发器，由 Ability 执行 getUITaskDispatcher()创建并返回。由该分发器分发的所有的任务都在主线程上按顺序执行，它在应用程序结束时被销毁。创建专有任务分发器的示例代码如下：

```
TaskDispatcher uiTaskDispatcher =getUITaskDispatcher();
```

在上述 4 个分发器中，并行指多个任务同时进行处理，通常在少量且任务类型不同的情况下使用并行分发；串行指一个任务执行结束后再执行下一个任务，通常在大量且相关性较强的情况下使用串行分发。

7.2.2　任务分发方式

常见任务分发方式主要有同步分发任务和异步分发任务两种。采用同步分发任务的方式，在执行任务过程中会阻塞当前线程，直到分发的任务执行完毕，才会继续执行当前线程。而异步分发任务的方式不会阻塞当前线程。

其他高级分发方式有异步延迟任务分发、分组任务分发、多次任务分发等。

1. 同步分发

以同步分发的方式分发任务会阻塞当前线程，其执行流程如图 7-1 所示。

2. 异步分发

以异步分发的方式分发任务执行流程如图 7-2 所示。

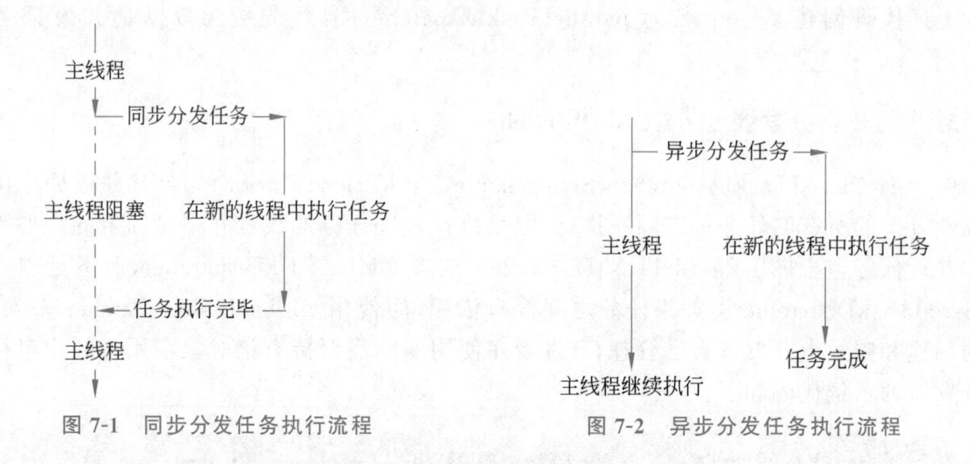

图 7-1　同步分发任务执行流程　　　图 7-2　异步分发任务执行流程

7.2.3 案例：多种任务分发方式

下面将在应用中介绍如何同步分发、异步分发、异步延迟分发、分组分发任务。创建一个名为 TaskDispatcherDemo 的应用来演示，页面需要 4 个 Button 组件和一个圆形进度条组件，它们分别作为同步分发任务按钮、异步分发任务按钮、异步延迟分发任务按钮、分组分发任务按钮，以及可以点击互动的圆形进度条。其中，圆形进度条的作用是验证在同步分发任务执行期间主线程是否堵塞。修改 ability_main.xml，其内容如下：

```
<?xml version="1.0" encoding="utf-8"?>
<DirectionalLayout
    xmlns:ohos="http://schemas.huawei.com/res/ohos"
    ohos:height="match_parent"
    ohos:width="match_parent"
    ohos:alignment="top"
    ohos:orientation="vertical">

    <Text
        ohos:height="match_content"
        ohos:width="match_content"
        ohos:background_element="$graphic:background_ability_main"
        ohos:layout_alignment="horizontal_center"
        ohos:text="线程管理案例"
        ohos:text_size="28fp"
        ohos:top_margin="10vp"
        />

    <Button
        ohos:id="$+id:Btn_Sync"
        ohos:height="match_content"
        ohos:width="300vp"
        ohos:background_element="$graphic:background_ability_main_button"
```

```
    ohos:layout_alignment="horizontal_center"
    ohos:padding="5vp"
    ohos:text="同步分发"
    ohos:text_size="28fp"
    ohos:top_margin="30vp"
    />

<Button
    ohos:id="$+id:Btn_Async"
    ohos:height="match_content"
    ohos:width="300vp"
    ohos:background_element="$graphic:background_ability_main_button"
    ohos:layout_alignment="horizontal_center"
    ohos:padding="5vp"
    ohos:text="异步分发"
    ohos:text_size="28fp"
    ohos:top_margin="30vp"
    />

<Button
    ohos:id="$+id:Btn_asyncDelay"
    ohos:height="match_content"
    ohos:width="300vp"
    ohos:background_element="$graphic:background_ability_main_button"
    ohos:layout_alignment="horizontal_center"
    ohos:padding="5vp"
    ohos:text="异步延迟分发"
    ohos:text_size="28fp"
    ohos:top_margin="30vp"
    />

<Button
    ohos:id="$+id:Btn_Group"
    ohos:height="match_content"
    ohos:width="300vp"
    ohos:background_element="$graphic:background_ability_main_button"
    ohos:layout_alignment="horizontal_center"
    ohos:padding="5vp"
    ohos:text="分组任务分发"
    ohos:text_size="28fp"
    ohos:top_margin="30vp"
    />

<RoundProgressBar
```

```
        ohos:id="$+id:RoundProgressBar"
        ohos:height="200vp"
        ohos:width="200vp"
        ohos:layout_alignment="horizontal_center"
        ohos:max="100"
        ohos:min="0"
        ohos:progress="10"
        ohos:progress_color="#FF0000"
        ohos:progress_hint_text="10%"
        ohos:progress_hint_text_color="#000000"
        ohos:progress_hint_text_size="50fp"
        ohos:progress_width="20vp"
        ohos:top_margin="40vp"
        />

</DirectionalLayout>
```

几个 Button 组件中均引用了 background_ability_main_button.xml，可根据自己喜好设定，这里不再演示。

下面以经常使用的全局并发任务分发器为例，演示各种任务分发方式。

修改 MainAbilitySlice，其内容如下：

```
public class MainAbilitySlice extends AbilitySlice {
    //定义日志标签
    static final HiLogLabel LABEL =new HiLogLabel(HiLog.LOG_APP
            , 0x00922
            , "MainAbilitySlice");

    @Override
    public void onStart(Intent intent) {
        super.onStart(intent);
        super.setUIContent(ResourceTable.Layout_ability_main);
        //找到组件
        ProgressBar RoundProgressBar =
                findComponentById(ResourceTable.Id_RoundProgressBar);
        Button Btn_Sync =findComponentById(ResourceTable.Id_Btn_Sync);
        Button Btn_Async =findComponentById(ResourceTable.Id_Btn_Async);
        Button Btn_asyncDelay =
                findComponentById(ResourceTable.Id_Btn_asyncDelay);
        Button Btn_Group =findComponentById(ResourceTable.Id_Btn_Group);
        //给 RoundProgressBar 添加单击事件
        RoundProgressBar.setClickedListener(component ->{
            //获取进度条里的进度值
            int progress =RoundProgressBar.getProgress();
```

```
    //如果进度条里的值大于或等于最大值 100,则返回
    if (progress >=100) {
        RoundProgressBar.setProgressValue(0);
        RoundProgressBar.setProgressHintText(0 +"%");
        return;
    }
    //将进度条里的值+10
    progress +=10;
    //设置进度条的值
    RoundProgressBar.setProgressValue(progress);
    //设置进度条的提示文本的值
    RoundProgressBar.setProgressHintText(progress +"%");
});
//给 Btn_Sync 添加单击事件
Btn_Sync.setClickedListener(component ->{
    //全局并行任务分发器
    TaskDispatcher globalTaskDispatcher =
            getGlobalTaskDispatcher(TaskPriority.DEFAULT);
    //打印主线程名
    HiLog.info(LABEL, "主线程:%{public}s."
            , Thread.currentThread().getName());
    //同步分发
    globalTaskDispatcher.syncDispatch(new Runnable() {
        @Override
        public void run() {
            HiLog.info(LABEL, "同步分发任务线程:%{public}s."
                    , Thread.currentThread().getName());
            HiLog.info(LABEL, "开始执行同步分发任务!");
            try {
                //将线程挂起 2s
                Thread.sleep(2000);
                HiLog.info(LABEL, "同步分发任务执行完成!");
            } catch (InterruptedException e) {
                HiLog.info(LABEL, "同步分发任务执行失败!");
            }
        }
    });
});
//给 Btn_Async 添加单击事件
Btn_Async.setClickedListener(component ->{
    //全局并行任务分发器
    TaskDispatcher globalTaskDispatcher =
            getGlobalTaskDispatcher(TaskPriority.DEFAULT);
    //异步分发
```

```
        Revocable revocable =globalTaskDispatcher
                .asyncDispatch(new Runnable() {
            @Override
            public void run() {
                HiLog.info(LABEL, "异步分发任务线程:%{public}s."
                        , Thread.currentThread().getName());
                HiLog.info(LABEL, "开始执行异步分发任务!");
                try {
                    //将线程挂起 2s
                    Thread.sleep(2000);
                    HiLog.info(LABEL, "异步分发任务执行完成!");
                } catch (InterruptedException e) {
                    HiLog.info(LABEL, "异步分发任务执行失败!");
                }
            }
        });
    });
    //给 Btn_asyncDelay 添加单击事件
    Btn_asyncDelay.setClickedListener(component ->{
        HiLog.info(LABEL, "异步延迟分发按钮被点击.");
        //全局并行任务分发器
        TaskDispatcher globalTaskDispatcher =
                getGlobalTaskDispatcher(TaskPriority.DEFAULT);
        //异步延迟分发
        globalTaskDispatcher.delayDispatch(new Runnable() {
            @Override
            public void run() {
                HiLog.info(LABEL, "异步延迟分发任务线程:%{public}s."
                        , Thread.currentThread().getName());
                HiLog.info(LABEL, "开始执行异步延迟分发任务!");
                try {
                    //将线程挂起 2s
                    Thread.sleep(2000);
                    HiLog.info(LABEL, "异步延迟分发任务执行完成!");
                } catch (InterruptedException e) {
                    HiLog.info(LABEL, "异步延迟分发任务执行失败!");
                }
            }
            //此处的参数 2000 代表该线程在 2s 后开始执行任务
        }, 2000);
    });
    //给 Btn_Group 添加单击事件
    Btn_Group.setClickedListener(component ->{
        //全局并行任务分发器
```

```
                TaskDispatcher globalTaskDispatcher =
                        getGlobalTaskDispatcher(TaskPriority.DEFAULT);
                //创建任务组
                Group group =globalTaskDispatcher.createDispatchGroup();
                //将任务一添加进任务组
                globalTaskDispatcher.asyncGroupDispatch(group, new Runnable() {
                    @Override
                    public void run() {
                        HiLog.info(LABEL, "任务一线程:%{public}s."
                                , Thread.currentThread().getName());
                        HiLog.info(LABEL, "任务一执行完毕!");
                    }
                });
                //将任务二添加进任务组
                globalTaskDispatcher.asyncGroupDispatch(group, new Runnable() {
                    @Override
                    public void run() {
                        HiLog.info(LABEL, "任务二线程:%{public}s."
                                , Thread.currentThread().getName());
                        HiLog.info(LABEL, "任务二执行完毕!");
                    }
                });
            });
        }

        @Override
        public void onActive() {
            super.onActive();
        }

        @Override
        public void onForeground(Intent intent) {
            super.onForeground(intent);
        }
    }
```

代码说明

上述代码给圆形进度条、同步分发按钮、异步分发按钮、异步延迟分发按钮、分组分发按钮分别添加了单击事件。

圆形进度条可单击，每次单击后其数值会增加 10，增加至 100 后归零。

在各个任务分发按钮组件的单击事件中，创建新的线程，通过调用 Thread 类的 sleep() 方法，将线程挂起(参数 2000 代表挂起 2s)，以此来模拟在线程中执行任务所花费的时间，然后以日志的形式打印出程序运行流程。

打开远程模拟器，运行程序，应用初始页面如图 7-3 所示。

图 7-3 应用初始页面

单击“同步分发”按钮,持续单击下方进度条,会发现在 2s 内,进度条的值不会增长。2s 后线程内任务执行完毕,继续单击进度条,进度条的值会增长。日志内容如下:

```
05-17 16:17:49.418 13720-13720/com.example.taskdispatcherdemo I 00922/
MainAbilitySlice: 主线程:main.
05-17 16:17:49.420 13720-19002/com.example.taskdispatcherdemo I 00922/
MainAbilitySlice: 同步分发任务线程:PoolThread-1.
05-17 16:17:49.420 13720-19002/com.example.taskdispatcherdemo I 00922/
MainAbilitySlice: 开始执行同步分发任务!
05-17 16:17:51.420 13720-19002/com.example.taskdispatcherdemo I 00922/
MainAbilitySlice: 同步分发任务执行完成!
```

单击“异步分发”按钮,单击下方进度条,进度条的值会增长。日志内容如下:

```
05-17 16:18:21.539 13720-22155/com.example.taskdispatcherdemo I 00922/
MainAbilitySlice: 异步分发任务线程:PoolThread-2.
05-17 16:18:21.539 13720-22155/com.example.taskdispatcherdemo I 00922/
MainAbilitySlice: 开始执行异步分发任务!
05-17 16:18:23.539 13720-22155/com.example.taskdispatcherdemo I 00922/
MainAbilitySlice: 异步分发任务执行完成!
```

单击“异步延迟分发”按钮,2s 后新创建的线程才会开始执行任务。日志内容如下:

```
05-17 16:18:52.449 13720-13720/com.example.taskdispatcherdemo I 00922/
MainAbilitySlice: 异步延迟分发按钮被点击.
```

```
05-17 16:18:54.452 13720-25248/com.example.taskdispatcherdemo I 00922/
MainAbilitySlice: 异步延迟分发任务线程:PoolThread-3.
05-17 16:18:54.452 13720-25248/com.example.taskdispatcherdemo I 00922/
MainAbilitySlice: 开始执行异步延迟分发任务!
05-17 16:18:56.452 13720-25248/com.example.taskdispatcherdemo I 00922/
MainAbilitySlice: 异步延迟分发任务执行完成!
```

单击“分组任务分发”按钮。日志内容如下：

```
05-17 16:21:49.291 13720-12060/com.example.taskdispatcherdemo I 00922/
MainAbilitySlice: 任务一线程:PoolThread-4.
05-17 16:21:49.291 13720-12060/com.example.taskdispatcherdemo I 00922/
MainAbilitySlice: 任务一执行完毕!
05-17 16:21:49.295 13720-12061/com.example.taskdispatcherdemo I 00922/
MainAbilitySlice: 任务二线程:PoolThread-5.
05-17 16:21:49.295 13720-12061/com.example.taskdispatcherdemo I 00922/
MainAbilitySlice: 任务二执行完毕!
```

7.3 线程通信

在应用开发过程中，开发者经常需要在当前线程中处理下载任务、播放音乐等较为耗时的任务，但是又不希望当前的线程受到阻塞。此时，就可以使用 EventHandler 机制。EventHandler 是 HarmonyOS 用于处理线程间通信的一种机制，可以通过 EventRunner 创建新线程，将耗时的操作放到新的线程上执行。这样既不阻塞原来的线程，又可以让任务得到合理的处理。例如，主线程使用 EventHandler 创建子线程，子线程执行耗时的下载、音乐播放任务等，任务执行结束后，子线程通过 EventHandler 通知主线程，主线程再更新 UI。本节主要介绍将事件或任务投递到新的线程上进行处理。

7.3.1 基本概念

EventRunner 是一种事件循环器，循环处理从该 EventRunner 创建的新线程的事件队列中获取 InnerEvent 事件或者 Runnable 任务。InnerEvent 是 EventHandler 投递的事件。

EventHandler 是一种用户在当前线程上投递 InnerEvent 事件或者 Runnable 任务到异步线程上处理的机制。每一个 EventHandler 和指定的 EventRunner 所创建的新线程绑定，并且该新线程内部有一个事件队列。EventHandler 可以投递指定的 InnerEvent 事件或 Runnable 任务到这个事件队列。EventRunner 从事件队列里循环地取出事件，如果取出的事件是 InnerEvent 事件，将在 EventRunner 所在线程执行 processEvent 回调；如果取出的事件是 Runnable 任务，将在 EventRunner 所在线程执行 Runnable 的 run 回调。一般来说，EventHandler 有以下两个主要作用。

（1）在不同线程间分发和处理 InnerEvent 事件或 Runnable 任务。

（2）延迟处理 InnerEvent 事件或 Runnable 任务。

7.3.2 运作机制

EventHandler 的运作机制如图 7-4 所示。

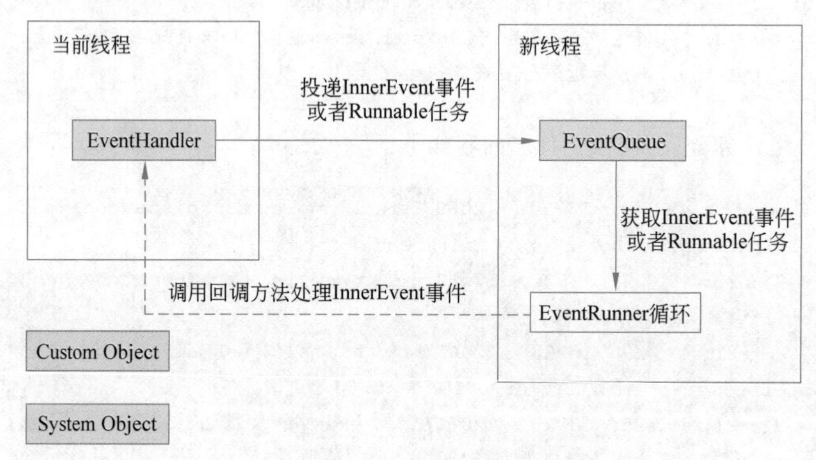

图 7-4 EventHandler 的运作机制

使用 EventHandler 实现线程间通信的主要流程如下。

(1) EventHandler 投递具体的 InnerEvent 事件或者 Runnable 任务到 EventRunner 所创建的线程的事件队列。

(2) EventRunner 循环从事件队列中获取 InnerEvent 事件或者 Runnable 任务。

处理事件或任务的流程如下。

(1) 如果 EventRunner 取出的事件为 InnerEvent 事件，则触发 EventHandler 的回调方法并触发 EventHandler 的处理方法，在新线程上处理该事件。

(2) 如果 EventRunner 取出的事件为 Runnable 任务，则 EventRunner 直接在新线程上处理 Runnable 任务。

1. 约束限制

在进行线程间通信时，EventHandler 只能和 EventRunner 所创建的线程进行绑定，EventRunner 创建时需要判断是否创建成功，只有确保获取的 EventRunner 实例非空时，才可以使用 EventHandler 绑定 EventRunner。

一个 EventHandler 只能同时与一个 EventRunner 绑定，而一个 EventRunner 可以同时绑定多个 EventHandler。

2. EventHandler 适用场景

EventHandler 的主要功能是将 InnerEvent 事件或者 Runnable 任务投递到其他的线程进行处理，其使用场景包括以下两种。

(1) InnerEvent 事件：开发者需要将 InnerEvent 事件投递到新的线程，按照优先级和延时进行处理，投递时，EventHandler 的优先级可在 IMMEDIATE、HIGH、LOW、IDLE 中选择，并设置合适的 delayTime。

(2) Runnable 任务：开发者需要将 Runnable 任务投递到新的线程，并按照优先级和延时进行处理，投递时，EventHandler 的优先级可在 IMMEDIATE、HIGH、LOW、IDLE 中选择，并设置合适的 delayTime。

开发者需要在新创建的线程中投递事件到原线程进行处理。

3. EventRunner 工作模式

EventRunner 的工作模式可以分为托管模式和手动模式。两种模式是在调用 EventRunner 的 create()方法时通过选择不同的参数来实现的，详见 API 参考。默认使用托管模式。

(1) 托管模式：开发者不需要调用 run()和 stop()方法去启动和停止 EventRunner，当 EventRunner 实例化时，系统调用 run()来启动 EventRunner；当 EventRunner 不被引用时，系统调用 stop()来停止 EventRunner。

(2) 手动模式：开发者需要自行调用 EventRunner 的 run()方法和 stop()方法来确保线程的启动和停止。

EventHandler 的属性优先级如表 7-2 所示。

表 7-2 EventHandler 的属性优先级

属　性	描　述
Priority.IMMEDIATE	立即投递
Priority.HIGH	高优先级
Priority.LOW	低优先级
Priority.IDLE	没有其他事件的情况下，才投递该事件

7.3.3 案例：线程通信

创建一个名为 ThreadCommunicationDemo 的应用来介绍使用 EventHandler 投递 InnerEvent 事件或 Runnable 任务到其他线程进行处理。

修改 ability_main.xml 文件，创建两个按钮，分别为投递事件按钮和投递任务按钮，单击按钮后投递事件或任务，其内容如下：

```
<?xml version="1.0" encoding="utf-8"?>
<DirectionalLayout
    xmlns:ohos="http://schemas.huawei.com/res/ohos"
    ohos:height="match_parent"
    ohos:width="match_parent"
    ohos:alignment="top"
    ohos:orientation="vertical">

    <Text
        ohos:height="match_content"
```

```
        ohos:width="match_content"
        ohos:background_element="$graphic:background_ability_main"
        ohos:layout_alignment="horizontal_center"
        ohos:text="线程通信案例"
        ohos:text_size="28fp"
        />

    <Button
        ohos:id="$+id:Button_sendEvent"
        ohos:height="match_content"
        ohos:width="match_parent"
        ohos:background_element="$graphic:background_ability_main_button"
        ohos:layout_alignment="horizontal_center"
        ohos:margin="15vp"
        ohos:padding="5vp"
        ohos:text="投递 InnerEvent 事件"
        ohos:text_size="28fp"
        />

    <Button
        ohos:id="$+id:Button_sendTask"
        ohos:height="match_content"
        ohos:width="match_parent"
        ohos:background_element="$graphic:background_ability_main_button"
        ohos:layout_alignment="horizontal_center"
        ohos:margin="15vp"
        ohos:padding="5vp"
        ohos:text="投递 Runnable 任务"
        ohos:text_size="28fp"
        />

</DirectionalLayout>
```

代码中的 Button 组件中引用了 background_ability_main_button.xml 文件，读者可根据自己喜好设置其内容。

首先介绍使用 EventHandler 投递 InnerEvent 事件，并按照优先级和延时进行处理。

创建 MyEventHandler 类并使其继承 EventHandler 类，在 MyEventHandler 类中重写实现方法 processEvent()来处理事件。MyEventHandler 类内容如下：

```
public class MyEventHandler extends EventHandler {
    private static final int Task1 =0;
    private static final int Task2 =1;
    private static final int Task3 =2;
    //定义日志标签
```

```
    private static final HiLogLabel LABEL_LOG = new HiLogLabel(HiLog.LOG_APP
            , 0x00922
            , "MyEventHandler");

    public MyEventHandler(EventRunner runner) throws IllegalArgumentException {
        super(runner);
    }

    @Override
    public void processEvent(InnerEvent event) {
        super.processEvent(event);
        if (event == null) {
            HiLog.info(LABEL_LOG, "processEvent 事件为空!");
            return;
        }
        int eventId = event.eventId;
        switch (eventId) {
            case Task1: {
                HiLog.info(LABEL_LOG, "任务 1 执行完毕!");
                break;
            }
            case Task2: {
                HiLog.info(LABEL_LOG, "任务 2 执行完毕!");
                break;
            }
            case Task3: {
                HiLog.info(LABEL_LOG, "任务 3 执行完毕!");
            }
            default:
                break;
        }
    }
}
```

代码说明

processEvent()方法内定义了事件的内容，并根据事件 Id 执行相应的事件，例如事件 Task1 的内容是在控制台打印出“任务 1 执行完毕!”语句。

接下来介绍使用 EventHandler 投递 Runnable 任务，并按照优先级和延时进行处理。

创建 MyEventHandler1 类并使其继承 EventHandler 类。MyEventHandler1 类内容如下：

```
public class MyEventHandler1 extends EventHandler {
    public MyEventHandler1(EventRunner runner) throws IllegalArgumentException {
        super(runner);
```

```
    }
}
```

因为 Runnable 任务不需要在 EventRunner 所在线程执行 processEvent()方法回调，所以这里不需要重写 processEvent()方法。

下面的步骤都需要创建 EventRunner。下面以托管模式为例，创建 EventHandler 子类的实例。InnerEvent 事件获取后，投递事件。创建 Runnable 任务后，投递任务。修改 MainAbilitySlice，其内容如下：

```
public class MainAbilitySlice extends AbilitySlice {
    //定义日志标签
    private static final HiLogLabel LABEL_LOG =new HiLogLabel(HiLog.LOG_APP
            , 0x00922
            , "MainAbilitySlice");
    //创建 EventRunner,create()方法的参数是 true,托管模式,内部会新建一个线程
    private EventRunner eventRunner =EventRunner.create(true);
    private static final long param =1;
    private static final Object object =null;

    @Override
    public void onStart(Intent intent) {
        super.onStart(intent);
        super.setUIContent(ResourceTable.Layout_ability_main);
        //找到组件
        Button Button_sendEvent =
                findComponentById(ResourceTable.Id_Button_sendEvent);
        Button Button_sendTask =
                findComponentById(ResourceTable.Id_Button_sendTask);
        //给 Button_sendEvent 添加单击事件
        Button_sendEvent.setClickedListener(this::sendEvent);
        //给 Button_sendTask 添加单击事件
        Button_sendTask.setClickedListener(this::sendTask);
    }

    private void sendEvent(Component component) {
        HiLog.info(LABEL_LOG, "单击投递事件按钮后,sendEvent()方法被调用");
        //创建 MyEventHandler 实例
        MyEventHandler handler =new MyEventHandler(eventRunner);
        //获取事件实例,其属性 eventId, param, object 由开发者确定
        InnerEvent event1 =InnerEvent.get(0, param, object);
        InnerEvent event2 =InnerEvent.get(1, param, object);
        InnerEvent event3 =InnerEvent.get(2, param, object);
        //投递事件,优先级以 IMMEDIATE 为例,延时为 0ms、2000ms、4000ms
        handler.sendEvent(event1, 0, EventHandler.Priority.IMMEDIATE);
```

```
        handler.sendEvent(event2, 2000, EventHandler.Priority.IMMEDIATE);
        handler.sendEvent(event3, 4000, EventHandler.Priority.IMMEDIATE);
        HiLog.info(LABEL_LOG
                , "此日志为确认新创建线程执行任务方式为异步执行!");
    }

    private void sendTask(Component component) {
        HiLog.info(LABEL_LOG, "单击投递任务按钮后,sendTask()方法被调用");
        //MyEventHandler1实例
        MyEventHandler1 handler1 =new MyEventHandler1(eventRunner);
        //创建Runnable任务
        Runnable Task4 = () ->HiLog.info(LABEL_LOG, "Task4执行完毕!");
        Runnable Task5 = () ->HiLog.info(LABEL_LOG, "Task5执行完毕!");
        //投递Runnable任务,优先级为immediate,延时0ms、2000ms
        handler1.postTask(Task4, 0, EventHandler.Priority.IMMEDIATE);
        handler1.postTask(Task5, 2000, EventHandler.Priority.IMMEDIATE);
        HiLog.info(LABEL_LOG
                , "此日志为确认新创建线程执行任务方式为异步执行!");
    }

    @Override
    public void onActive() {
        super.onActive();
    }

    @Override
    public void onForeground(Intent intent) {
        super.onForeground(intent);
    }
}
```

上述代码中,首先找到两个Button组件,然后分别给其添加单击事件,在投递事件按钮的单击事件中投递了三个事件,分别延时0s、2s、4s,优先级都是IMMEDIATE。在投递任务按钮的单击事件中投递了两个任务,分别延时0s、2s,优先级都是IMMEDIATE。任务内容为在控制台打印日志语句,并在最后验证事件和任务的执行方式都是异步执行。

如果使用手动模式,那么需要在创建EventRunner对象时,设置create()方法的参数为false,示例代码如下:

```
//create()的参数是true时,则为托管模式
EventRunner eventRunner =EventRunner.create(false);
```

并且需要管理启动和停止EventRunner。如果为托管模式,则不需要此步骤。示例代码如下:

```
eventRunner.run();
//这里为待执行任务
eventRunner.stop();//开发者根据业务需要在适当时机停止 EventRunner
```

打开远程模拟器，运行程序，应用初始页面如图 7-5 所示。

图 7-5　应用初始页面

单击“投递 InnerEvent 事件”按钮，控制台输出内容如下：

```
05-30 17:27:08.856 7545-7545/com.example.eventhandlerdemo I 00922/MainAbilitySlice:
点击投递事件按钮后，sendEvent()方法被调用
05-30 17:27:08.857 7545-7545/com.example.eventhandlerdemo I 00922/MainAbilitySlice:
此日志为确认新创建线程执行任务方式为异步执行！
05-30 17:27:08.858 7545-7930/com.example.eventhandlerdemo I 00922/MyEventHandler:
任务 1 执行完毕！
05-30 17:27:10.858 7545-7930/com.example.eventhandlerdemo I 00922/MyEventHandler:
任务 2 执行完毕！
05-30 17:27:12.858 7545-7930/com.example.eventhandlerdemo I 00922/MyEventHandler:
任务 3 执行完毕！
```

再点击“投递 Runnable 任务”按钮，控制台输出内容如下：

```
05-30 17:34:18.868 19669-19669/com.example.eventhandlerdemo I 00922/MainAbilitySlice:
点击投递任务按钮后，sendTask()方法被调用
05-30 17:34:18.868 19669-19669/com.example.eventhandlerdemo I 00922/MainAbilitySlice:
此日志为确认新创建线程执行任务方式为异步执行！
```

```
05-30 17:34:18.868 19669-19878/com.example.eventhandlerdemo I 00922/MainAbilitySlice:
Task4 执行完毕!
05-30 17:34:20.868 19669-19878/com.example.eventhandlerdemo I 00922/MainAbilitySlice:
Task5 执行完毕!
```

习　　题

一、判断题

1. 在执行比较耗时的任务时,可以创建新的线程来处理任务。 (　　)

2. 在一个应用中,全局并发任务分发器不止一个。 (　　)

3. 同步分发任务的方式可能阻塞当前线程,异步分发任务的方式不会阻塞当前线程。任务分发方式主要分为这两种。 (　　)

4. EventRunner 是一种事件循环器,循环处理从该 EventRunner 创建的新线程的事件队列中获取 InnerEvent 事件或者 Runnable 任务。 (　　)

5. 一个 EventHandler 只能同时与一个 EventRunner 绑定,一个 EventRunner 只能同时绑定一个 EventHandler。 (　　)

二、填空题

1. 全局并发任务分发器对应的方法名为________。

2. 线程优先级推荐使用________。过高优先级可能会________。

3. 同步分发任务的工作流程为:主线程→________→在新的线程中处理任务→________→主线程。

4. 如果 EventRunner 取出的事件为 InnerEvent 事件,那么将________,在新的线程上处理该事件。如果 EventRunner 取出的事件为 Runnable 任务,则直接在新的线程上处理该任务。

三、实践题

1. 创建一个 App,完成异步任务分发。

2. 创建一个 App,完成线程间通信。

Service Ability

本章学习目标

- 理解 HarmonyOS 应用服务(Service Ability)的基本概念。
- 熟练掌握创建 Service 的创建及启动方法。
- 理解 Service 的生命周期。
- 掌握以不同方式启动 Service 的方法。
- 了解前台服务的使用。

8.1 Service Ability 概述

与 Android 系统一样,因为手机硬件性能和屏幕尺寸的限制,HarmonyOS 系统仅允许一个应用程序处于激活状态并显示在手机屏幕上,而暂停其他处于未激活状态的程序。HarmonyOS 系统也需要一种后台服务机制,允许在没有用户界面的情况下,使程序能够长时间的在后台运行,实现应用程序的后台服务功能,并能够处理事件或数据更新。

HarmonyOS 系统提供的 Service Ability(下文简称 Service)不提供用户交互界面。Service 可由其他应用或 Ability 启动,即使用户切换到其他应用,Service 仍将在后台继续运行。在实际应用中,有很多应用需要使用 Service,如执行音乐播放、文件下载等。在音乐播放器运行时,软件需要可以在切换到其他应用或界面时,仍能够保持音乐持续播放,这就需要在 Service 中实现音乐播放功能。

Service 适用于无须用户干预,且规则或长期运行的后台功能。首先,因为 Service 没有用户界面,所以有利于降低系统资源消耗。即使 Service 被系统终止,在系统资源恢复后 Service 也将自动恢复运行状态,因此可以认为 Service 是在系统中永久运行的组件。

Service 是单实例的。在一个设备上,相同的 Service 只会存在一个实例。如果多个 Ability 共用这个 Service 实例,只有当与 Service 绑定的所有 Ability 都退出后,Service 才能够退出。

由于 Service 是在主线程里执行的,因此,如果在 Service 里面的操作时间过长,开发者必须在 Service 里创建新的线程来处理(详见第 7 章线程管理与线程通信),防止造成主线程阻塞,应用程序无响应。

Service 在应用配置文件中需要注册,注册类型 type 为 service,config.json 文件中示例代码如下:

```
{
```

```
        "name": "com.example.serviceabilitylifecycle.ServiceAbility",
        "description": "$string:serviceability_description",
        "type": "service",
        "backgroundModes": [],
        "icon": "$media:icon"
    }
```

上述代码中，backgroundModes 为后台模式属性配置选项，因为下文的案例只需要演示生命周期，所以数组里面为空。可以在配置 Service 窗口选择属性或直接在配置文件中添加属性。所有属性介绍如下。

（1）dataTransfer：数据上传/下载、备份/恢复。

（2）audioPlayback：音频播放。

（3）audioRecording：录音。

（4）pictureInPicture：画中画。

（5）voip：IP 语音/视频通话。

（6）location：位置。

（7）bluetoothInteraction：蓝牙通信。

（8）wifiInteraction：Wifi 通信。

（9）multiDeviceConnection：多设备连接。

8.2　Service 的创建及启动

8.2.1　Service 的创建

下面创建一个名为 ServiceCommandStartLifeCycle 的应用，来演示创建 Service 及以命令方式启动（命令启动 Service 将在 8.3 节中进行介绍）Service 时的生命周期。

在 Project 窗口中，打开 entry/src/main/java，右击包（com.example.servicecommandstartlifecycle），选择 New→Ability→Service Ability，然后进入 Service 配置页面，如图 8-1 所示。

在配置页面中，设置 Ability name 为 ServiceAbility，设置 Package name 为包名，如图 8-2所示。

在图 8-2 中，Enable background mode 表示是否启用后台模式。其下各种模式对应 config.json 文件中 backgroundModes 配置选项中的属性。因为只需要演示 Service 的生命周期，不涉及后台模式中的功能，所以选择不使用后台模式，单击 Finish 按钮完成创建。

新创建的 Service 示例代码如下：

```
public class ServiceAbility extends Ability {
    private static final HiLogLabel LABEL_LOG =new HiLogLabel(3
            , 0xD001100, "Demo");

    @Override
```

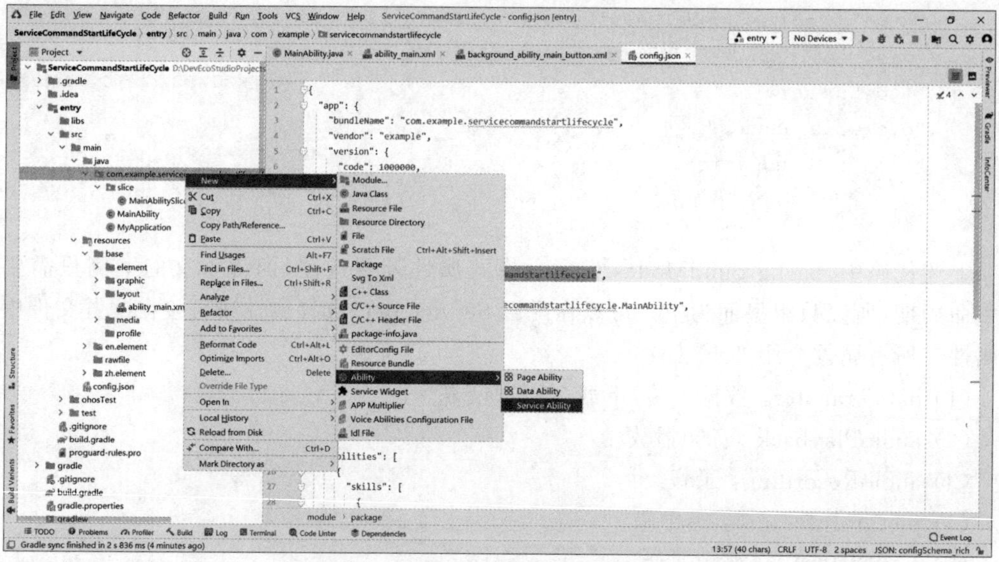

图 8-1 创建 Service

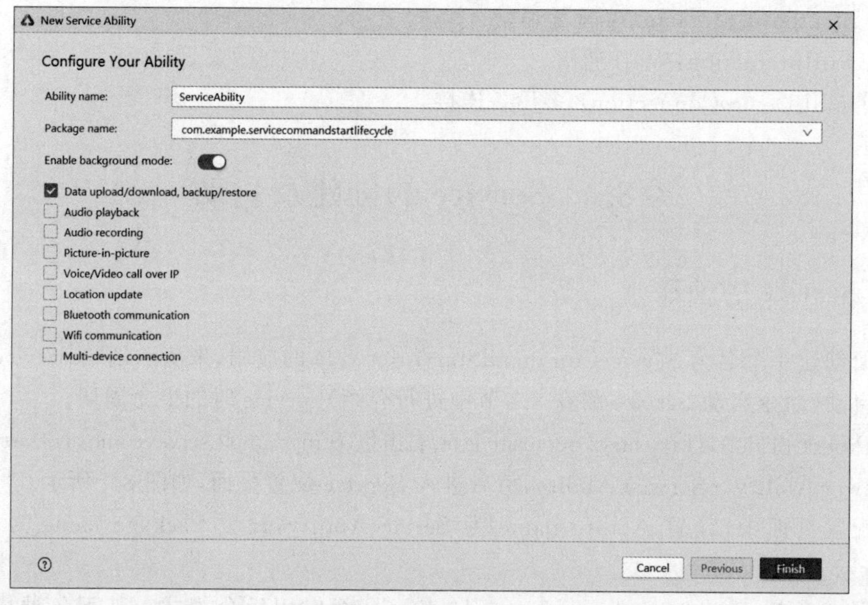

图 8-2 配置 Service

```
public void onStart(Intent intent) {
    HiLog.error(LABEL_LOG, "ServiceAbility::onStart");
    super.onStart(intent);
}

@Override
public void onBackground() {
    super.onBackground();
```

```
        HiLog.info(LABEL_LOG, "ServiceAbility::onBackground");
    }

    @Override
    public void onStop() {
        super.onStop();
        HiLog.info(LABEL_LOG, "ServiceAbility::onStop");
    }

    @Override
    public void onCommand(Intent intent, boolean restart, int startId) {
    }

    @Override
    public IRemoteObject onConnect(Intent intent) {
        return null;
    }

    @Override
    public void onDisconnect(Intent intent) {
    }
}
```

上述代码中 ServiceAbility 类继承了 Ability,并包含 6 个生命周期方法。读者可以重写这些方法,来添加其他 Ability 请求与 Service 交互时的处理方法。下面介绍 Service 的各个生命周期方法。

(1) onStart():该方法在创建 Service 的时候调用,用于 Service 的初始化。在 Service 的整个生命周期中只会调用一次,调用时传入的 Intent 应为空。

(2) onCommand():在 Service 创建完成之后调用,该方法在客户端每次启动该 Service 时都会调用,读者可以在该方法中做一些调用统计、初始化类的操作。

(3) onConnect():在 Ability 与 Service 连接时调用,该方法返回 IRemoteObject 对象,读者可以在该回调函数中生成对应 Service 的 IPC 通信通道,以便 Ability 与 Service 交互。Ability 可以多次连接同一个 Service,系统会缓存该 Service 的 IPC 通信对象,只有第一个客户端连接 Service 时,系统才会调用 Service 的 onConnect 方法来生成 IRemoteObject 对象,而后系统会将同一个 IRemoteObject 对象传递至其他连接同一个 Service 的所有客户端,而无须再次调用 onConnect 方法。

(4) onDisconnect():在 Ability 与绑定的 Service 断开连接时调用。

(5) onStop():在 Service 销毁时调用。Service 应通过实现此方法来清理任何资源,如关闭线程、注册的侦听器等。

(6) onBackground():系统将调用此回调通知开发者用户进行相应的资源释放。

同时,创建完 Service 后,在 config.json 文件中会自动生成 Service 相关的配置信息。

```
{
    "name": "com.example.servicecommandstartlifecycle.ServiceAbility",
    "description": "$string:serviceability_description",
    "type": "service",
    "backgroundModes": [],
    "icon": "$media:icon"
}
```

8.2.2 Service 的启动与停止

1. 启动 Service

在 HarmonyOS 中,Ability 为用户提供了 startAbility()方法来启动另外一个 Ability。因为 Service 也是 Ability 的一种,所以用户同样可以通过将 Intent 传递给该方法来启动 Service。HarmonyOS 不仅支持启动本地 Service,还支持启动远程 Service。

启动本地设备 Service 的代码示例如下:

```
Intent intent =new Intent();
Operation operation =new Intent.OperationBuilder()
        .withDeviceId("")
        .withBundleName("com.example.serviceabilitylifecycle")
        .withAbilityName("com.example.serviceabilitylifecycle.ServiceAbility")
        .build();
intent.setOperation(operation);
startAbility(intent);
```

启动远程设备 Service 的代码示例如下:

```
Intent intent =new Intent();
Operation operation =new Intent.OperationBuilder()
        .withDeviceId("deviceId")
        .withBundleName("com.example.serviceabilitylifecycle")
        .withAbilityName("com.example.serviceabilitylifecycle.ServiceAbility")
        //设置支持分布式调度系统多设备启动的标识
        .withFlags(Intent.FLAG_ABILITYSLICE_MULTI_DEVICE)
        .build();
intent.setOperation(operation);
startAbility(intent);
```

执行上述代码后,Ability 将通过 startAbility()方法来启动 Service。

如果 Service 尚未运行,则系统会先调用 onStart()来初始化 Service,再回调 Service 的 onCommand()方法来启动 Service。

如果 Service 正在运行,则系统会直接回调 Service 的 onCommand()方法来启动 Service。

2. 停止 Service

Service 一旦创建就会一直保持在后台运行，除非必须回收内存资源，否则系统不会停止或销毁 Service。开发者可以在 Service 中通过 terminateAbility()方法停止本 Service，或在其他 Ability 中调用 stopAbility()来停止 Service。

停止 Service 同样支持停止本地设备 Service 和停止远程设备 Service，使用方法与启动 Service 一样。一旦调用停止 Service 的方法，系统便会尽快销毁 Service。

8.2.3 Service 的连接与断开连接

1. 连接 Service

如果 Service 需要与 Page 或其他应用的 Service 进行交互，则需要创建用于连接的 Connection。Service 支持其他 Ability 通过 connectAbility()方法与其进行连接。

在使用 connectAbility()处理回调时，需要传入目标 Service 的 Intent 与 IAbilityConnection 的实例。IAbilityConnection 提供了两个方法供开发者实现：onAbilityConnectDone()方法是用来处理连接 Service 成功时的回调，onAbilityDisconnectDone()是用来处理 Service 异常死亡时的回调。

创建连接 Service 回调实例的示例代码如下：

```
//创建连接 Service 回调实例
private IAbilityConnection connection =new IAbilityConnection() {
    //连接到 Service 的回调
    @Override
    public void onAbilityConnectDone(ElementName elementName
            , IRemoteObject iRemoteObject
            , int resultCode) {
        //Client 端需要定义与 Service 端相同的 IRemoteObject 实现类
        //开发者获取服务端传过来 IRemoteObject 对象,并从中解析出服务端传过来的信息
    }
    //Service 异常死亡时的回调
    @Override
    public void onAbilityDisconnectDone(ElementName elementName
        , int resultCode) {
    }
};
```

连接 Service 的代码示例如下：

```
//连接 Service
Intent intent =new Intent();
Operation operation =new Intent.OperationBuilder()
        .withDeviceId("deviceId")
        .withBundleName("com.example.serviceabilitylifecycle")
```

```
        .withAbilityName("com.example.serviceabilitylifecycle.ServiceAbility")
        .build();
intent.setOperation(operation);
connectAbility(intent, connection);
```

同时，Service 端也需要在 onConnect()方法执行时返回 IRemoteObject，从而定义与 Service 进行通信的接口。onConnect()需要返回一个 IRemoteObject 对象，HarmonyOS 提供了 IRemoteObject 的默认实现，用户可以通过继承 LocalRemoteObject 来创建自定义的实现类。

Service 端把自身的实例返回给调用端的代码示例如下：

```
//创建自定义 IRemoteObject 实现类
private class MyRemoteObject extends LocalRemoteObject {
    MyRemoteObject(){
    }
}

//把 IRemoteObject 返回给客户端
@Override
protected IRemoteObject onConnect(Intent intent) {
    return new MyRemoteObject();
}
```

2. 断开连接

在其他 Ability 中，只需要调用 disconnectAbility()方法即可断开与 Service 的连接。该方法的参数是用于连接的 connection。示例代码如下：

```
disconnectAbility(connection);
```

8.3 生命周期

与 Page 类似，Service 也拥有生命周期。Service 有两种启动方式，一是以命令方式启动，二是以连接方式启动。根据启动方式的不同，Service 生命周期过程有两种不同的情况。

当以命令方式启动 Service 时，Service 对象会在首次启动时通过 onStart()方法创建，紧接着 Service 会执行 onCommand()方法，之后 Service 开始进入并保持活动态。当处于活动态的 Service 再次以命令方式启动时，即通过 startAbility()方法启动时，Service 会直接执行 onCommand()方法，而不需要再次执行 onStart()方法。Service 被停止时，会执行 onStop()方法，之后系统会将 Service 销毁。以命令方式启动非活动态的 Service 的生命周期过程如图 8-3 所示。

以命令方式启动 Service 的生命周期中调用了 onStart()方法，是因为第一次创建

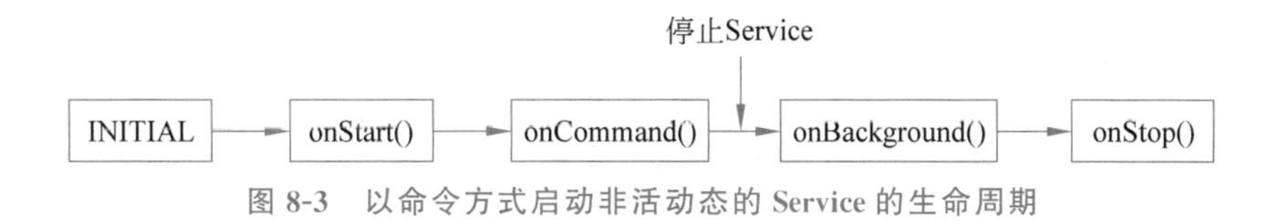

图 8-3 以命令方式启动非活动态的 Service 的生命周期

Service 时需要 onStart()方法来初始化 Service。

当以连接方式启动 Service 时，其他 Ability 通过执行 connectAbility()方法启动并创建 Service，Service 在首次被连接时，会执行 onStart()方法初始化 Serivce。紧接着 Service 会执行 onConnect()方法，之后 Service 便进入活动态。该方法会返回一个连接引用，供连接者访问 Service。多个请求者可以连接同一个以连接方式启动的 Service。请求端可通过 disconnectAbility()方法断开与 Service 的连接，而且当所有连接全部断开后，系统才会销毁 Service。当请求者断开与 Service 的连接时，Service 会调用对应的 onDisconnect()方法。以连接方式启动非活动态的 Service 生命周期的过程如图 8-4 所示。

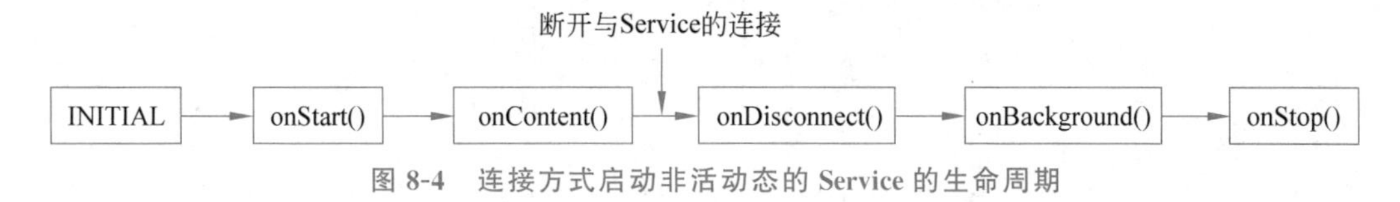

图 8-4 连接方式启动非活动态的 Service 的生命周期

以连接方式启动 Service 的生命周期中调用了 onStart()方法，是因为第一次创建 Service 时需要 onStart()方法来初始化 Service。如果该 Service 已经存在，便不会调用 onStart()方法。

8.3.1 案例：命令启动 Service 生命周期

为了更好地理解 Service 的生命周期，下面将继续使用 8.2.1 节中创建的 ServiceCommandStartLifeCycle 应用继续来演示 Service 的生命周期。

在其他 Ability 中以 startAbility()方法启动 Service 的方式为命令启动。

要演示以命令方式启动 Service 所对应的生命周期，需要声明两个按钮分别是启动服务按钮和停止服务按钮，在 ability_main.xml 文件中，其内容如下：

```
<?xml version="1.0" encoding="utf-8"?>
<DirectionalLayout
    xmlns:ohos="http://schemas.huawei.com/res/ohos"
    ohos:height="match_parent"
    ohos:width="match_parent"
    ohos:alignment="top"
    ohos:orientation="vertical">

    <Text
        ohos:height="match_content"
        ohos:width="match_content"
```

```
        ohos:background_element="$graphic:background_ability_main"
        ohos:layout_alignment="horizontal_center"
        ohos:margin="10vp"
        ohos:text="Service 命令启动生命周期案例"
        ohos:text_size="20fp"
        />

    <Button
        ohos:id="$+id:Btn_Start"
        ohos:height="match_content"
        ohos:width="match_parent"
        ohos:background_element="$graphic:background_ability_main_button"
        ohos:layout_alignment="horizontal_center"
        ohos:margin="20vp"
        ohos:padding="5vp"
        ohos:text="启动服务"
        ohos:text_size="28fp"/>

    <Button
        ohos:id="$+id:Btn_Stop"
        ohos:height="match_content"
        ohos:width="match_parent"
        ohos:background_element="$graphic:background_ability_main_button"
        ohos:layout_alignment="horizontal_center"
        ohos:margin="20vp"
        ohos:padding="5vp"
        ohos:text="停止服务"
        ohos:text_size="28fp"/>


</DirectionalLayout>
```

Button 组件引用了 background_ability_main_button.xml 文件，修饰了其背景、形状，其内容如下：

```
<?xml version="1.0" encoding="UTF-8" ?>
<shape
    xmlns:ohos="http://schemas.huawei.com/res/ohos"
    ohos:shape="rectangle">

    <solid
        ohos:color="#0aabbc"/>

    <corners
```

```
        ohos:radius="50vp"/>
</shape>
```

修改 ServiceAbility，其内容如下：

```
public class ServiceAbility extends Ability {
    //定义日志标签
    private static final HiLogLabel LABEL_LOG = new HiLogLabel(HiLog.LOG_APP
            , 0x00922
            , "ServiceAbility");

    //在创建 Service 时会调用该方法,用于 Service 的初始化
    @Override
    public void onStart(Intent intent) {
        HiLog.info(LABEL_LOG, "onStart");
        super.onStart(intent);
    }

    //当 Service 进入后台时调用
    @Override
    public void onBackground() {
        HiLog.info(LABEL_LOG, "onBackground");
        super.onBackground();

    }

    //在 Service 销毁时调用,该方法将清空资源
    @Override
    public void onStop() {
        HiLog.info(LABEL_LOG, "onStop");
        super.onStop();
    }

    //在 Service 创建完成之后调用
    @Override
    public void onCommand(Intent intent, boolean restart
            , int startId) {
        HiLog.info(LABEL_LOG, "onCommand");
    }

    //在 Ability 和 Service 连接时调用
    @Override
    public IRemoteObject onConnect(Intent intent) {
        HiLog.info(LABEL_LOG, "onConnect");
```

```
        return null;
    }

    //在 Ability 与绑定的 Service 断开连接时调用
    @Override
    public void onDisconnect(Intent intent) {
        HiLog.info(LABEL_LOG, "onDisconnect");
    }
}
```

上述代码定义了日志标签，在每个生命周期方法中打印出方法名，以演示 Service 的生命周期。

修改 MainAbilitySlice，其内容如下：

```
public class MainAbilitySlice extends AbilitySlice {
    //定义日志标签
    private static final HiLogLabel LABEL_LOG =new HiLogLabel(HiLog.LOG_APP
            , 0x00922
            , "MainAbilitySlice");

    @Override
    public void onStart(Intent intent) {
        super.onStart(intent);
        super.setUIContent(ResourceTable.Layout_ability_main);
        //找到组件
        Button Btn_Start =findComponentById(ResourceTable.Id_Btn_Start);
        Button Btn_Stop =findComponentById(ResourceTable.Id_Btn_Stop);
        //给 Btn_Start 添加单击事件,启动 Service
        Btn_Start.setClickedListener(component ->{
            HiLog.info(LABEL_LOG, "启动服务按钮被点击!");
            //创建 Intent 对象
            Intent intent1 =new Intent();
            //创建 Operation 对象,构建操作方式
            Operation operation =new Intent.OperationBuilder()
                    //设备 ID,本机为空
                    .withDeviceId("")
                    //包名称
                    .withBundleName("com.example.servicecommandstartlifecycle")
                    //待启动的 Ability 名称
                    .withAbilityName("com.example.servicecommandstartlifecycle" +
                            ".ServiceAbility")
                    .build();
            //设置操作
            intent1.setOperation(operation);
```

```
            //启动 Service
            startAbility(intent1);
        });
        //给 Btn_Stop 添加单击事件,停止 Service
        Btn_Stop.setClickedListener(component ->{
            HiLog.info(LABEL_LOG, "启动服务按钮被点击!");
            //创建 Intent 对象
            Intent intent2 =new Intent();
            //创建 Operation 对象,构建操作方式
            Operation operation =new Intent.OperationBuilder()
                    .withDeviceId("")
                    //包名称
                    .withBundleName("com.example.servicecommandstartlifecycle")
                    //待启动的 Ability 名称
                    .withAbilityName("com.example.servicecommandstartlifecycle" +
                            ".ServiceAbility")
                    .build();
            intent2.setOperation(operation);
            //停止 Service
            stopAbility(intent2);
        });

    }

    @Override
    public void onActive() {
        super.onActive();
    }

    @Override
    public void onForeground(Intent intent) {
        super.onForeground(intent);
    }
}
```

上述代码在 MainAbilitySlice 的 onStart()方法中找到各个按钮组件,并为其添加单击事件,以命令方式启动 Service。

打开远程模拟器,运行程序,应用初始页面如图 8-5 所示。

单击“启动服务”按钮,控制台输出内容如下:

```
07-05 20:00:09.626 11313-11313/com.example.servicecommandstartlifecycle I
00922/MainAbilitySlice:  启动服务按钮被点击!
07-05 20:00:09.653 11313-11313/com.example.servicecommandstartlifecycle I
00922/ServiceAbility:  onStart
```

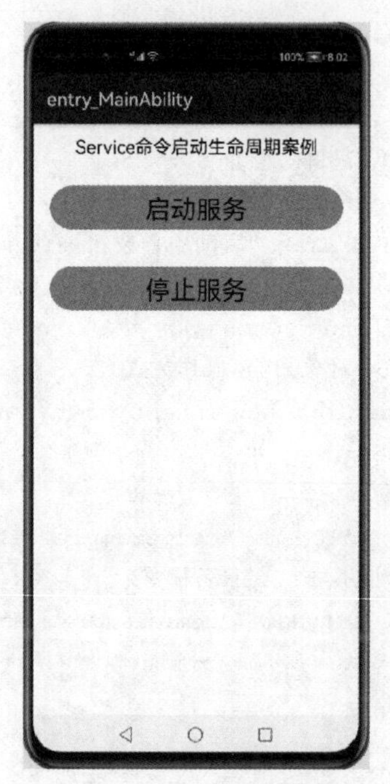

图 8-5 应用初始页面

```
07-05 20:00:09.656 11313-11313/com.example.servicecommandstartlifecycle I
00922/ServiceAbility:  onCommand
```

继续单击“停止服务”按钮，控制台输出内容如下：

```
07-05 20:00:18.051 11313-11313/com.example.servicecommandstartlifecycle I
00922/MainAbilitySlice:  启动服务按钮被点击！
07-05 20:00:18.060 11313-11313/com.example.servicecommandstartlifecycle I
00922/ServiceAbility:  onBackground
07-05 20:00:18.061 11313-11313/com.example.servicecommandstartlifecycle I
00922/ServiceAbility:  onStop
```

8.3.2 案例：连接启动 Service 生命周期

在其他 Ability 中以 connectAbility()方法启动 Service 的方式为连接启动。

下面创建一个名为 ServiceConnectionStartupLifeCycle 的应用来演示以连接方式启动 Service 时的生命周期。页面需要一个连接按钮和一个断开连接按钮，XML 文件中的内容可参考 8.3.1 节案例。

与命令启动 Service 相同，首先需要创建一个 Service，对其做如下修改：

```
public class ServiceAbility extends Ability {
    //定义日志标签
    private static final HiLogLabel LABEL_LOG =new HiLogLabel(HiLog.LOG_APP
```

```
            , 0x00922
            , "ServiceAbility");
    //在创建 Service 时会调用该方法,用于 Service 的初始化
    @Override
    public void onStart(Intent intent) {
        HiLog.info(LABEL_LOG, "onStart");
        super.onStart(intent);
    }

    //当 Service 进入后台时调用
    @Override
    public void onBackground() {
        HiLog.info(LABEL_LOG, "onBackground");
        super.onBackground();

    }

    //在 Service 销毁时调用,该方法将清空资源
    @Override
    public void onStop() {
        HiLog.info(LABEL_LOG, "onStop");
        super.onStop();
    }

    //在 Service 创建完成之后调用
    @Override
    public void onCommand(Intent intent, boolean restart
            , int startId) {
        HiLog.info(LABEL_LOG, "onCommand");
    }

    //在 Ability 和 Service 连接时调用
    @Override
    public IRemoteObject onConnect(Intent intent) {
        HiLog.info(LABEL_LOG, "onConnect");
        return new LocalRemoteObject() {};
    }

    //在 Ability 与绑定的 Service 断开连接时调用
    @Override
    public void onDisconnect(Intent intent) {
        HiLog.info(LABEL_LOG, "onDisconnect");
    }
}
```

上述代码与命令启动唯一不同之处在于 onConnect()方法中返回了一个 LocalRemoteObject 对象。

在连接 Service 之前，需要先创建连接 Service 回调实例，创建用于连接的 Connection，修改 MainAbilitySlice，其内容如下：

```
public class MainAbilitySlice extends AbilitySlice {
    //定义日志标签
    private static final HiLogLabel LABEL_LOG =new HiLogLabel(HiLog.LOG_APP
            , 0x00922
            , "MainAbilitySlice");
    //创建连接 Service 回调实例
    private final IAbilityConnection connection =new IAbilityConnection() {
        //连接到 Service 的回调
        @Override
        public void onAbilityConnectDone(ElementName elementName
                , IRemoteObject iRemoteObject
                , int resultCode) {
            HiLog.info(LABEL_LOG, "连接成功!");
        }

        //Service 异常死亡时的回调
        @Override
        public void onAbilityDisconnectDone(ElementName elementName
                , int resultCode) {
            HiLog.info(LABEL_LOG, "连接失败!");
        }
    };

    @Override
    public void onStart(Intent intent) {
        super.onStart(intent);
        super.setUIContent(ResourceTable.Layout_ability_main);
        //找到组件
        Button Btn_Connect =findComponentById(ResourceTable.Id_Btn_Connect);
        Button Btn_Disconnect =findComponentById(ResourceTable.Id_Btn_Disconnect);
        //给 Btn_Connect 添加单击事件,连接 Service
        Btn_Connect.setClickedListener(component ->{
            HiLog.info(LABEL_LOG, "连接服务按钮被点击!");
            //创建 Intent 对象
            Intent intent1 =new Intent();
            //创建 Operation 对象,构建操作方式
            Operation operation =new Intent.OperationBuilder()
                    .withDeviceId("")
                    .withBundleName("com.example" +
```

```
                    ".serviceconnectionstartuplifecycle")
                .withAbilityName("com.example" +
                    ".serviceconnectionstartuplifecycle.ServiceAbility")
                .build();
        intent1.setOperation(operation);
        //连接 Service
        connectAbility(intent1, connection);
    });
    //给 Btn_Disconnect 添加单击事件,断开与 Service 连接
    Btn_Disconnect.setClickedListener(component ->{
        HiLog.info(LABEL_LOG, "断开连接服务按钮被点击!");
        //如果连接存在,则调用 disconnectAbility()方法断开连接
        if (connection !=null) {
            disconnectAbility(connection);
        }
    });
  }

  @Override
  public void onActive() {
      super.onActive();
  }

  @Override
  public void onForeground(Intent intent) {
      super.onForeground(intent);
  }
}
```

上述代码在 onAbilityConnectDone()连接 Service 成功回调方法中用日志打印出“连接成功!”。在 onAbilityDisconnectDone()连接 Service 失败回调方法中用日志打印出“连接失败!”。如果在 Serivce 端不返回 LocalRemoteObject 对象,那么 onAbilityConnectDone()方法将不执行。

查看 ServiceAbility 中的 onConnect()方法,其返回的 IRemoteObject 对象为 LocalRemoteObject 对象,没有自定义实现类,这是因为演示 Service 的生命周期不需要做其他处理,所以直接使用 LocalRemoteObject 对象较为简便。

打开远程模拟器,运行程序,应用初始页面如图 8-6 所示。

单击“连接服务”按钮,控制台输出内容如下:

```
07-06 13:01:21.922 28861-28861/com.example.serviceconnectionstartuplifecycle I
00922/MainAbilitySlice:  连接服务按钮被点击!
07-06 13:01:21.935 28861-28861/com.example.serviceconnectionstartuplifecycle I
00922/ServiceAbility:  [ab5e274aa1e153d, 3b6704a, 30b0362] onStart
```

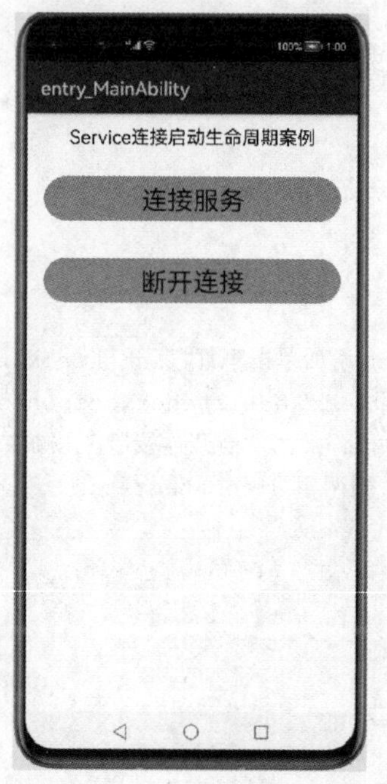

图 8-6　应用初始页面

```
07-06 13:01:21.937 28861-28861/com.example.serviceconnectionstartuplifecycle I
00922/ServiceAbility:  [ab5e274aa1e153d, 1fd0dc8, 3a781f4] onConnect
07-06 13:01:21.940 28861-28861/com.example.serviceconnectionstartuplifecycle I
00922/MainAbilitySlice:  [ab5e274aa1e153d, 1cac63b, a810db] 连接成功!
```

继续单击"断开连接"按钮，控制台输出内容如下：

```
07-06 13:01:51.532 28861-28861/com.example.serviceconnectionstartuplifecycle I
00922/MainAbilitySlice:  断开连接服务按钮被点击!
07-06 13:01:51.537 28861-28861/com.example.serviceconnectionstartuplifecycle I
00922/ServiceAbility:  [ab5e284abf823b9, 2eed551, cbcc0f] onDisconnect
07-06 13:01:51.541 28861-28861/com.example.serviceconnectionstartuplifecycle I
00922/ServiceAbility:  [ab5e284abf823b9, 35c8468, e94489] onBackground
07-06 13:01:51.541 28861-28861/com.example.serviceconnectionstartuplifecycle I
00922/ServiceAbility: [ab5e284abf823b9, 35c8468, e94489] onStop
```

8.4 前台服务

8.4.1 基本概念

一般情况下，服务(Service)都是在后台运行的，这也是服务的特点所在。后台服务的优先级相对来讲比较低，当资源不足时，系统有可能回收正在运行的后台服务。后台运行的服务在界面上是不可见的，用户很难感知到服务是否在运行，在有些场景中，用户希望服务能够一直保持运行，并且能在前台看到与服务相关的信息，此时就可以使用前台服务了。前台服务实际上并不是在前台运行的服务，而是在前台可以感知到服务的运行信息。前台服务会在系统状态栏中显示正在运行的服务信息。前台服务可以通过绑定通知实现，创建前台服务可以在创建服务时调用 keepBackgroundRunning()方法将服务与通知绑定，被绑定的通知会显示在系统的通知栏中。使用前台服务，需要重写 Service 的 onStart()方法，代码如下：

```
//创建通知请求对象,其中 922 为 notificationId
NotificationRequest request =new NotificationRequest(922);
//创建普通文本通知对象
NotificationRequest.NotificationNormalContent content =
      new NotificationRequest.NotificationNormalContent();
content.setTitle("音乐播放器").setText("后台音乐正在播放中。");
//创建 NotificationContent 通知内容对象
NotificationRequest.NotificationContentnotificationContent =
      new NotificationRequest.NotificationContent(content);
//设置通知内容
request.setContent(notificationContent);
//绑定通知,922 为创建通知时传入的 notificationId
keepBackgroundRunning(922, request);
```

创建通知请求用到了 NotificationRequest 类，该类的完整名字是 ohos.event.notification.NotificationRequest，实际上前台服务是在服务创建时把需要显示的信息以通知的方式显示在系统的状态栏中，并保持了通知的运行。

前台服务必须在 config.json 配置文件中进行后台模式配置，假设前台服务的 Service 名为 MusicServiceAbility，其功能为一个可以在后台播放音乐的音乐播放器，那么设置其后台模式的相关代码如下：

```
{
    "name": "com.example.serviceabilitydemo.MusicServiceAbility",
    "description": "$string:musicserviceability_description",
    "type": "service",
    "backgroundModes": [
        "audioPlayback"
    ],
    "icon": "$media:icon"
}
```

使用前台服务功能还需要进行权限声明，在 config.json 文件中声明权限的代码如下：

```
"reqPermissions": [
    {
        "name": "ohos.permission.KEEP_BACKGROUND_RUNNING"
```

```
    }
]
```

该权限允许服务能够在后台保持运行,还允许服务推送消息。

当前台服务终止时,需要取消前台服务的运行状态,重写服务的 onStop()方法,并在其中调用 cancelBackgroundRunning()方法,这样在服务生命周期结束时,会自动取消服务的运行状态。

前台服务启动后会显示在系统的通知栏中,通知的内容完全取决于创建前台服务时设置的通知内容。在服务运行过程中,应用可以根据通知 ID 更新通知内容,反馈服务的运行相关信息,使用户可以实时感知到服务的运行状态。打开系统通知栏显示的通知信息和非前台服务的通知信息是类似的,不同的是前台服务发出的通知和服务进行了绑定,显示的内容和服务具有相关性。

8.4.2 案例:音乐播放器

下面创建一个名为 MusicPlayerDemo 的应用作为演示,其功能为一个可以在后台运行的音乐播放器,并可以用命令启动和连接启动两种启动方式启动服务。首先下载 MP3 歌曲资源,本例中为 Music.flac。歌曲资源文件后缀支持多种格式。将歌曲资源放入 resources/rawfile 文件夹中,如图 8-7 所示。

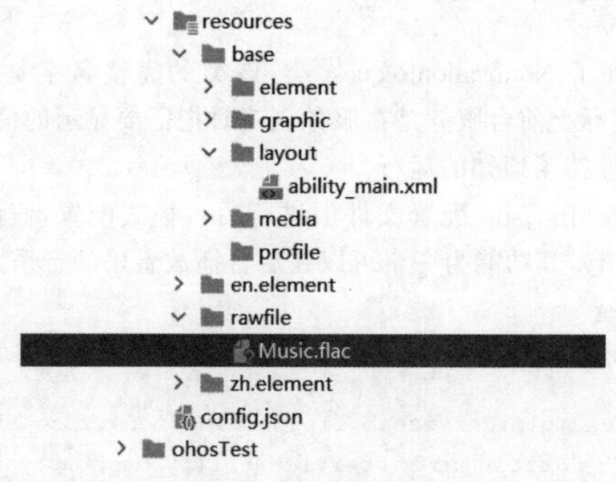

图 8-7 引用歌曲资源

在 config.json 文件中进行前台服务功能权限声明,其内容如下:

```
"reqPermissions": [
    {
        "name": "ohos.permission.KEEP_BACKGROUND_RUNNING"
    }
]
```

创建一个名为 MusicServiceAbility 的 Service,后台模式选择 Audioplayback,修改其内容如下:

```
public class MusicServiceAbility extends Ability {
    //定义 Player 播放器
    private Player MyPlayer;
    //定义 Player 播放器 1
    private Player MyPlayer1;
    //定义日志标签
    private static final HiLogLabel LABEL_LOG =new HiLogLabel(HiLog.LOG_APP
            , 0x00922
            , "MusicServiceAbility");

    //在创建 Service 时会调用该方法,用于 Service 的初始化
    @Override
    public void onStart(Intent intent) {
        HiLog.info(LABEL_LOG, "onStart 方法被调用");
        super.onStart(intent);
        //创建通知请求对象,其中 922 为 notificationId
        NotificationRequest request =new NotificationRequest(922);
        //创建普通文本通知对象
        NotificationRequest.NotificationNormalContent content =
                new NotificationRequest.NotificationNormalContent();
        content.setTitle("音乐播放器").setText("后台音乐正在播放中。");
        //创建 NotificationContent 通知内容对象
        NotificationRequest.NotificationContent notificationContent =
                new NotificationRequest.NotificationContent(content);
        //设置通知内容
        request.setContent(notificationContent);
        //绑定通知,922 为创建通知时传入的 notificationId
        keepBackgroundRunning(922, request);
    }

    //当 Service 即将进入 Background 状态时调用
    @Override
    public void onBackground() {
        HiLog.info(LABEL_LOG, "onBackground 被调用");
        super.onBackground();
    }

    //在 Service 销毁时调用,该方法将清空资源
    @Override
    public void onStop() {
        HiLog.info(LABEL_LOG, "onStop 被调用");
        //停止播放
        MyPlayer.stop();
        //释放缓存
```

```
        MyPlayer.release();
        cancelBackgroundRunning();
        super.onStop();
    }

    //在 Service 创建完成之后调用
    @Override
    public void onCommand(Intent intent, boolean restart, int startId) {
        HiLog.info(LABEL_LOG, "onCommand 方法被调用");
        //初始化播放器
        initPlayer();
        HiLog.info(LABEL_LOG, "开始播放!");
        //开始播放
        MyPlayer.play();
    }

    //在 Ability 和 Service 连接时调用
    @Override
    public IRemoteObject onConnect(Intent intent) {
        HiLog.info(LABEL_LOG, "onConnect 方法被调用");
        return new MusicWithPlayer();
    }

    //在 Ability 与绑定的 Service 断开连接时调用
    @Override
    public void onDisconnect(Intent intent) {
        HiLog.info(LABEL_LOG, "onDisconnect 方法被调用");
        MyPlayer1.stop();
        MyPlayer1.release();
    }

    //初始化 Player 对象
    public void initPlayer() {
        HiLog.info(LABEL_LOG, "initPlayer()方法被调用");
        //创建播放器对象
        MyPlayer =new Player(this);
        try {
            //打开播放音频源文件
            RawFileDescriptor rawFileDescriptor =getResourceManager()
                    .getRawFileEntry("resources/rawfile/Music.flac")
                    .openRawFileDescriptor();
            Source source =new Source(rawFileDescriptor.getFileDescriptor(),
                    rawFileDescriptor.getStartPosition(),
                    rawFileDescriptor.getFileSize());
```

```
            //设置音频源
            MyPlayer.setSource(source);
        } catch (Exception e) {
            HiLog.info(LABEL_LOG, "Player 初始化失败!");
        }
        HiLog.info(LABEL_LOG, "准备播放!");
        //准备播放
        MyPlayer.prepare();
    }

    //自定义远程对象类 MusicWithPlayer
    public class MusicWithPlayer extends LocalRemoteObject {
        //定义日志标签
        private final HiLogLabel LABEL_LOG =new HiLogLabel(HiLog.LOG_APP
                , 0x00922
                , "MusicWithPlayer");

        public MusicWithPlayer() {
            HiLog.info(LABEL_LOG
                    , "MusicWithPlayer 类已创建!");
        }

        //初始化 Player 对象
        public void initPlayer1(Context context) {
            HiLog.info(LABEL_LOG, "initPlayer()方法被调用");
            //创建播放器对象
            MyPlayer1 =new Player(context);
            try {
                //打开播放音频源文件
                RawFileDescriptor rawFileDescriptor =
                        getResourceManager()
                                .getRawFileEntry("resources/rawfile/Music.flac")
                                .openRawFileDescriptor();
                Source source =new Source(rawFileDescriptor
                        .getFileDescriptor(),
                        rawFileDescriptor.getStartPosition(),
                        rawFileDescriptor.getFileSize());
                //设置音频源
                MyPlayer1.setSource(source);
            } catch (Exception e) {
                HiLog.info(LABEL_LOG, "Player 初始化失败!");
            }
            HiLog.info(LABEL_LOG, "准备播放!");
            //准备播放
```

```
            MyPlayer1.prepare();
            //全局并发任务分发器,异步分发播放任务
            TaskDispatcher gloTaskDispatcher =
                    getGlobalTaskDispatcher(TaskPriority.DEFAULT);
            Revocable revocable =gloTaskDispatcher
                    .asyncDispatch(new Runnable() {
                        @Override
                        public void run() {
                            HiLog.info(LABEL_LOG, "开始播放!");
                            //开始播放
                            MyPlayer1.play();
                        }
                    });
        }
    }
}
```

上述代码分别初始化了两个音乐播放器,分别对应命令方式启动 Service 和连接方式启动 Service,并在 onStart()方法中初始化了通知,并将通知与服务进行绑定。

该案例需要 4 个按钮来执行启动,停止 Service 和连接、断开 Service,XML 文件中的内容这里不再赘述,可参考 Service 生命周期案例。

修改 MainAbilitySlice,其内容如下:

```
public class MainAbilitySlice extends AbilitySlice {
    //定义日志标签
    private static final HiLogLabel LABEL_LOG =new HiLogLabel(HiLog.LOG_APP
            , 0x00922
            , "MainAbilitySlice");
    //创建连接 Service 回调实例
    private final IAbilityConnection connection =new IAbilityConnection() {
        //连接到 Service 的回调
        @Override
        public void onAbilityConnectDone(ElementName elementName
                , IRemoteObject iRemoteObject, int resultCode) {
            HiLog.info(LABEL_LOG, "连接成功!");
            MusicServiceAbility.MusicWithPlayer object =
                    (MusicServiceAbility.MusicWithPlayer) iRemoteObject;
            object.initPlayer1(getContext());
        }

        //Service 异常死亡时的回调
        @Override
        public void onAbilityDisconnectDone(ElementName elementName
                , int resultCode) {
```

```
            HiLog.info(LABEL_LOG, "连接失败!");
        }
    };

    @Override
    public void onStart(Intent intent) {
        super.onStart(intent);
        super.setUIContent(ResourceTable.Layout_ability_main);
        //找到组件
        Button Btn_Start =findComponentById(ResourceTable.Id_Btn_Start);
        Button Btn_Stop =findComponentById(ResourceTable.Id_Btn_Stop);
        Button Btn_Connect =findComponentById(ResourceTable.Id_Btn_Connect);
        Button Btn_Disconnect =
            findComponentById(ResourceTable.Id_Btn_Disconnect);
        //给 Btn_Start 添加单击事件,启动 Service
        Btn_Start.setClickedListener(component ->{
            HiLog.info(LABEL_LOG, "启动 Service");
            //创建 Intent 对象
            Intent intent1 =new Intent();
            //创建 Operation 对象,构建操作方式
            Operation operation =new Intent.OperationBuilder()
                    //设备 ID,本机为空
                    .withDeviceId("")
                    //包名称
                    .withBundleName("com.example.musicplayerdemo")
                    //待启动的 Ability 名称
                    .withAbilityName("com.example.musicplayerdemo" +
                            ".MusicServiceAbility")
                    .build();
            //设置操作
            intent1.setOperation(operation);
            //启动 Service
            startAbility(intent1);
        });
        //给 Btn_Stop 添加单击事件,停止 Service
        Btn_Stop.setClickedListener(component ->{
            HiLog.info(LABEL_LOG, "停止 Service");
            //创建 Intent 对象
            Intent intent3 =new Intent();
            //创建 Operation 对象,构建操作方式
            Operation operation =new Intent.OperationBuilder()
                    .withDeviceId("")
                    .withBundleName("com.example.musicplayerdemo")
                    .withAbilityName("com.example.musicplayerdemo" +
```

```
                        ".MusicServiceAbility")
                .build();
        intent3.setOperation(operation);
        //停止 Service
        stopAbility(intent3);
    });
    //给 Btn_Connect 添加单击事件,连接 Service
    Btn_Connect.setClickedListener(component ->{
        HiLog.info(LABEL_LOG, "连接 Service");
        //创建 Intent 对象
        Intent intent2 =new Intent();
        //创建 Operation 对象,构建操作方式
        Operation operation =new Intent.OperationBuilder()
                .withDeviceId("")
                .withBundleName("com.example.musicplayerdemo")
                .withAbilityName("com.example.musicplayerdemo" +
                        ".MusicServiceAbility")
                .build();
        intent2.setOperation(operation);
        //连接 Service
        connectAbility(intent2, connection);
    });
    //给 Btn_Disconnect 添加单击事件,断开与 Service 连接
    Btn_Disconnect.setClickedListener(component ->{
        HiLog.info(LABEL_LOG, "断开与 Service 连接");
        //如果连接存在,则调用 disconnectAbility()方法断开连接
        if (connection !=null) {
            disconnectAbility(connection);
        }
    });
}

@Override
public void onActive() {
    super.onActive();
}

@Override
public void onForeground(Intent intent) {
    super.onForeground(intent);
}
}
```

打开远程模拟器,运行程序,应用初始页面如图 8-8 所示。

有两种启动 Service 的方式,分别是命令方式启动和连接方式启动。下面以日志的形式

图 8-8　应用初始页面

演示程序的运行流程。

(1) 命令方式启动。单击“启动服务”按钮。控制台输出内容如下：

```
05-28 19:49:58.482 7156-7156/com.example.serviceabilitydemo I 00922/MainAbilitySlice:
启动 Service
05-28 19:49:58.501 7156-7156/com.example.serviceabilitydemo I 00922/MusicServiceAbility:
onStart()方法被调用
05-28 19:49:58.547 7156-7156/com.example.serviceabilitydemo I 00922/MusicServiceAbility:
onCommand()方法被调用
05-28 19:49:58.547 7156-7156/com.example.serviceabilitydemo I 00922/MusicServiceAbility:
initPlayer()方法被调用
05-28 19:49:58.609 7156-7156/com.example.serviceabilitydemo I 00922/MusicServiceAbility:
准备播放!
05-28 19:49:58.637 7156-7156/com.example.serviceabilitydemo I 00922/MusicServiceAbility:
开始播放!
```

启动服务后，观察远程模拟器通知栏，即可看到由 Service 发布的通知，如图 8-9、图 8-10 所示。

再单击“停止服务”按钮。控制台输出内容如下：

```
05-28 19:49:59.388 7156-7156/com.example.serviceabilitydemo I 00922/
MainAbilitySlice:  停止 Service
05-28 19:49:59.397 7156-7156/com.example.serviceabilitydemo I 00922/
MusicServiceAbility:  onBackground()方法被调用
```

图 8-9 通知栏出现通知小图标

图 8-10 通知内容

```
05-28 19:49:59.398 7156-7156/com.example.serviceabilitydemo I 00922/
MusicServiceAbility:  onStop()方法被调用
```

(2) 连接方式启动。依次单击“连接服务”“断开连接”按钮。控制台输出内容如下：

```
05-28 19:50:22.919 7156-7156/com.example.serviceabilitydemo I 00922/
MainAbilitySlice: 连接 Service
05-28 19:50:22.933 7156-7156/com.example.serviceabilitydemo I 00922/
MusicServiceAbility: [c30bb23ffee0e35, 2a15ead, 1b0181b] onStart()方法被调用
05-28 19:50:22.945 7156-7156/com.example.serviceabilitydemo I 00922/
MusicServiceAbility: [c30bb23ffee0e35, 28eb2de, 2bec854] onConnect()方法被调用
05-28 19:50:22.945 7156-7156/com.example.serviceabilitydemo I 00922/
MusicWithPlayer: [c30bb23ffee0e35, 28eb2de, 2bec854] MusicWithPlayer 类已创建!
05-28 19:50:22.949 7156-7156/com.example.serviceabilitydemo I 00922/
MainAbilitySlice: [c30bb23ffee0e35, 2bfba5f, a4eb33] 连接成功!
05-28 19:50:22.949 7156-7156/com.example.serviceabilitydemo I 00922/
MusicWithPlayer: [c30bb23ffee0e35, 2bfba5f, a4eb33] initPlayer()方法被调用
05-28 19:50:22.962 7156-7156/com.example.serviceabilitydemo I 00922/
MusicWithPlayer: [c30bb23ffee0e35, 2bfba5f, a4eb33] 准备播放!
05-28 19:50:22.982 7156-22385/com.example.serviceabilitydemo I 00922/
MusicWithPlayer: [c30bb23ffee0e35, 23cfe95, 2bfba5f] 开始播放!
05-28 19:50:23.632 7156-7156/com.example.serviceabilitydemo I 00922/
MainAbilitySlice:断开与 Service 连接
05-28 19:50:23.643 7156-7156/? I 00922/MusicServiceAbility: [c30bb33fff9aa3b,
```

```
2a041d7, c18cbc] onDisconnect()方法被调用
05-28 19:50:23.661 7156-7156/? I 00922/MusicServiceAbility: [c30bb33fff9aa3b,
123bd, 2a650f0] onBackground()方法被调用
05-28 19:50:23.662 7156-7156/? I 00922/MusicServiceAbility: [c30bb33fff9aa3b,
123bd, 2a650f0] onStop()方法被调用
```

因为远程模拟器并不能听见音乐，感兴趣的读者可以使用本地模拟器来运行程序，依旧有两种方式启动 Service，可以听见音乐，将程序退至后台时，音乐仍在播放。

习　　题

一、判断题

1. PA 包含 Service Ability 和 Data Ability 两种能力抽象，其中 Service Ability 也可以称为 Service 或服务。（　　）

2. 在一台设备上，相同的 Service 只会存在一个实例。（　　）

3. Service 一般都在后台运行，且运行在自己独有的线程中，而非主线程中。（　　）

4. Service 也是 Ability，只是 type 属性值为 service。（　　）

5. 前台服务其实就是保持服务在前台运行，前台服务会始终保持通知在系统状态栏显示。（　　）

6. 当应用调用某个 Service 时，Service 会对应用进行权限检查，如果没有对应权限则无法使用该 Service。（　　）

7. 某开发者启动远程设备上的音乐播放器，可以不填写远程设备的 DeviceId。（　　）

二、选择题

1. 其他 Ability 启动 Service 的方法是（　　）。

A. startAbility()　　B. startService()　　C. startActivity()　　D. call()

2. 其他 Ability 连接 Service 的方法是（　　）。

A. bindService()　　B. connectAbility()

C. bindAbility()　　D. connectService()

3. 下面不是 Service 生命周期方法的是（　　）。

A. onConnect()　　B. onDisconnect()

C. onStop()　　D. onDestroy()

4. IAbilityConnection 是一个接口，它提供了两种方法供开发者实现，一个是 onAbilityConnectDone()方法，另一个是（　　）方法，用来处理 Service 异常死亡的回调。

A. onAbilityDisconnected()　　B. onAbilityDisconnectDone()

C. onAbilityFinished()　　D. onAbilityDone()

5. HarmonyOS 应用开发框架提供的任务分发器类为（　　），可以帮助开发者更加快捷地实现服务运行和 UI 线程的分离。

A. AsyncTask 类　　B. AsyncThread 类

C. TaskDispatcher 类　　D. Handle 类

6. 某开发者想要在 Service 中停止本 Service,需要调用以下哪个接口?

A. terminateAbility()　　　　B. stopAbility()

C. connectAbility()　　　　D. startAbility()

7. 如果 Service 需要与 Page Ability 或其他应用的 Service Ability 进行交互,则应创建用于连接的 Connection。Service 支持其他 Ability 通过以下哪一项方法与其进行连接?(　　)

A. connectAbility()　　　　B. startAbility()

C. createAbility()　　　　D. onDisconnect()

8. HarmonyOS 为开发者提供了 HiLog 日志系统,在 HiLog 中定义了以下哪几种日志级别?

A. DEBUG　　B. INFO　　C. WARN　　D. FATAL

三、填空题

1. 定义服务时,Service 应该继承的基类是________。

2. 在创建 Service 的时候调用________方法初始化 Service。

3. onConnect()方法在连接 Service 时调用,该方法会返回________对象。

4. 其他 Ability 通过________方法与 Service 进行连接。

5. 前台服务可以通过绑定通知实现,如果开发者希望创建前台服务,则可以在创建服务时调用________方法将服务与通知绑定。

四、实践题

1. 参考本书中的案例,实现音乐播放器的跨设备连接。

2. 参考本书中的案例,实现异步任务下载列表(下载任务可以用进度条递增模拟)。

第9章 Data Ability

本章学习目标

- 理解 HarmonyOS 数据应用(Data Ability)的基本概念。
- 熟悉创建 Data Ability 的步骤。
- 掌握使用 Data Ability 访问本地文件、本地数据库和远程数据库的方法。

9.1 Data Ability 概述

使用 Data 模板创建的 Ability 简称 Data Ability(下文简称 Data)。Data 的主要职责是管理其自身应用和其他应用存储数据的访问并提供与其他应用共享数据的方法。Data 既可用于同一设备不同应用之间的数据共享,也支持跨设备不同应用之间的数据共享。

数据的存储方式多种多样,可以是传统意义上的数据库系统,也可以是本地磁盘上的文件。Data 对外提供对数据的增、删、改、查,以及打开文件等接口,这些接口的具体实现由开发者提供。

Data 的提供方和使用方都通过 URI(Uniform Resource Identifier,统一资源定位符)来标识一个具体的数据,例如数据库中的某个表或磁盘上的某个文件。HarmonyOS 的 URI 仍基于 URI 通用标准,格式如图 9-1 所示。

Scheme://[authority]/[path]/[?query][#fragment]

图 9-1 URI 格式

URI 中各项说明如下。

(1) scheme:协议方案名,固定为 dataability,代表 Data 所使用的协议类型。

(2) authority:设备 ID,如果为跨设备场景,则为目标设备的 ID;如果为本地设备场景,则不需要填写。

(3) path:资源的路径信息,代表特定资源的位置信息,通常为全类名(包名+类名)。

(4) query:查询参数。

(5) fragment:可以用于指示要访问的子资源。

URI 示例代码如下:

```
dataability:///com.example.addressbookdemo.UserDataAbility /users
dataability://device_id/com.example.addressbookdemo.UserDataAbility /users
```

上述代码都是访问包(com.example.addressbookdemo)下的UserDataAbility类中的users表,第一行代码是访问本地设备上Data中的表,第二行代码是访问其他设备上Data中的表。

注意:访问本地设备时,因为device_id为空,所以协议方案名后面有三个反斜杠!

9.2 Data的创建

创建Data时,首先需要确定数据的存储方式,在Data中对不同的数据存储方式给出了不同的操作方法。Data支持文件型数据、结构化型数据两种数据形式。

(1) 文件型数据:如文本、图片、音乐等以文件形式存储的数据。

(2) 结构化型数据:在数据库中以表的形式存储的数据。

下面介绍新创建的Data中对应不同数据存储方式的操作方法。创建一个名为DataAbilityOnFile的应用来演示创建Data、介绍Data中各方法以及对文件型数据的操作方法。首先利用Data模板创建一个名为DataAbility的Data。打开应用Project窗口,选择entry/src/main/java,右击包(com.example.dataabilityonfile)选择New→Ability→Data Ability,如图9-2、图9-3所示。

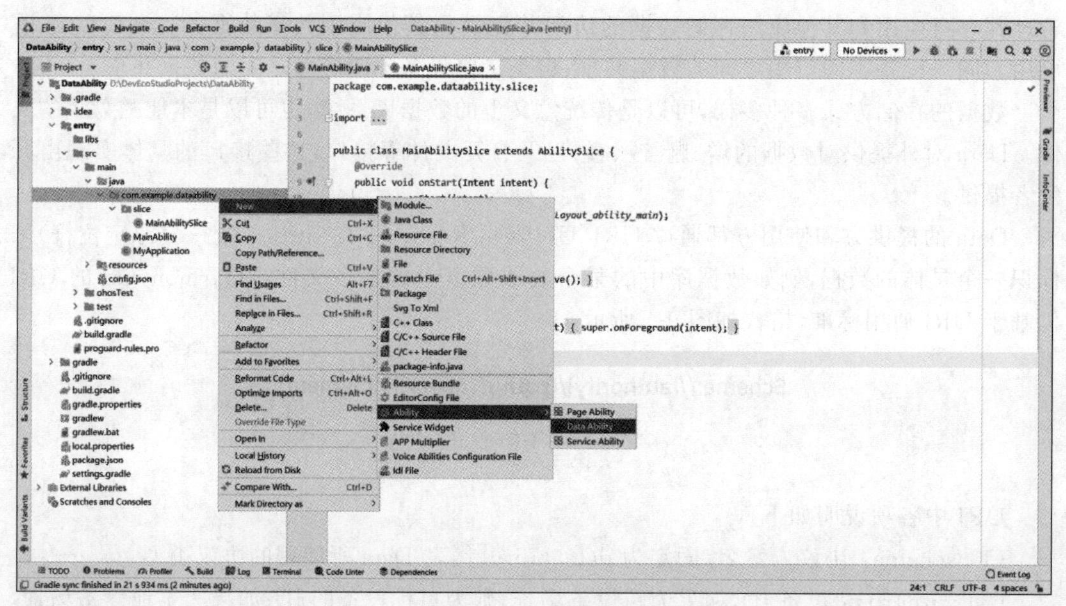

图9-2 创建Data

新创建的Data内容如下:

```
public class DataAbility extends Ability {
    private static final HiLogLabel LABEL_LOG =new HiLogLabel(3
            , 0xD001100
            , "Demo");
```

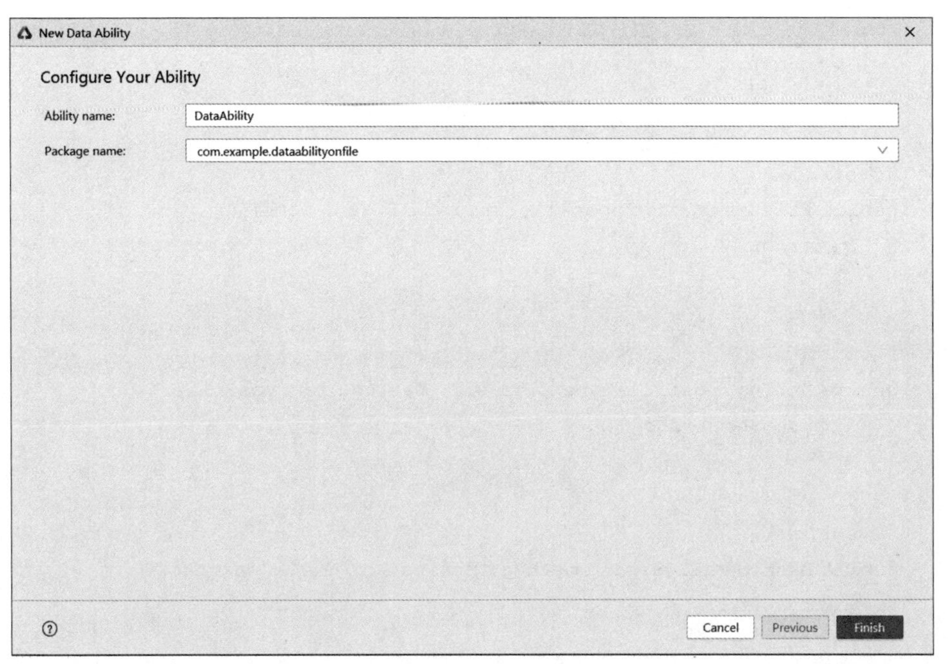

图 9-3　设置 Data

```
    @Override
    public void onStart(Intent intent) {
        super.onStart(intent);
        HiLog.info(LABEL_LOG, "DataAbility onStart");
    }

    @Override
    public ResultSet query(Uri uri, String[] columns, DataAbilityPredicates
predicates) {
        return null;
    }

    @Override
    public int insert(Uri uri, ValuesBucket value) {
        HiLog.info(LABEL_LOG, "DataAbility insert");
        return 999;
    }

    @Override
    public int delete(Uri uri, DataAbilityPredicates predicates) {
        return 0;
    }

    @Override
```

```
    public int update(Uri uri, ValuesBucket value, DataAbilityPredicates predicates) {
        return 0;
    }

    @Override
    public FileDescriptor openFile(Uri uri, String mode) {
        return null;
    }

    @Override
    public String[] getFileTypes(Uri uri, String mimeTypeFilter) {
        return new String[0];
    }

    @Override
    public PacMap call(String method, String arg, PacMap extras) {
        return null;
    }

    @Override
    public String getType(Uri uri) {
        return null;
    }
}
```

代码说明

(1) 关于文件存储。开发者需要在 Data 中重写 openFile(Uri uri, String mode)方法来操作文件,其中 uri 为客户端传入的请求目标路径;mode 为开发者对文件的操作选项,可选方式包含"r"(读)、"w"(写)、"rw"(读写)等。

(2) 关于数据库存储。系统会在应用启动时调用 onStart()方法创建 Data 实例。在此方法中,开发者应该创建数据库连接,并获取连接对象,以便后续和数据库进行操作。为了避免影响应用启动速度,开发者应当尽可能将非必要的耗时任务推迟到使用时执行,而不是在此方法中执行所有初始化。

query()、insert()、update()、delete()分别是数据库的增删改查操作方法,说明如下。

query()方法接收 3 个参数,分别是查询的目标路径、查询的列名、以及查询条件,查询条件由类 DataAbilityPredicates 构建。

insert()方法接收 2 个参数,分别是插入的目标路径和插入的数据值。其中,插入的数据由 ValuesBucket 封装,服务端可以从该参数中解析出对应的属性,然后插入数据库中。此方法返回一个 int 类型的值用于标识结果,即插入成功数据条数。

delete()方法用来执行删除操作。删除条件由类 DataAbilityPredicates 构建,服务端在接收到该参数之后可以从中解析出要删除的数据,然后到数据库中执行。

update()方法用来执行更新操作。用户可以在 ValuesBucket 参数中指定要更新的数据，在 DataAbilityPredicates 中构建更新的条件等。

在 Data 中重写这 4 种方法以及数据库的初始化将在 9.3.2 节进行介绍。

与 Page、Service 类似，开发者必须在配置文件中注册 Data，配置文件中该字段在创建 Data 时会自动生成。内容如下：

```
{
    "name": "com.example.dataabilityonfile.DataAbility",
    "description": "$string:dataability_description",
    "type": "data",
    "uri": "dataability://com.example.dataabilityonfile.DataAbility",
    "icon": "$media:icon"
}
```

其中，主要需要关注 type 和 uri 两个属性。type 属性设置其 Ability 类型为 Data，uri 属性设置其对外访问路径，且全局唯一。

9.3 Data 的访问

开发者可以通过 DataAbilityHelper 类来访问当前应用或其他应用提供的共享数据。DataAbilityHelper 作为客户端，与提供方的 Data 进行通信。Data 接收到请求后，执行相应的处理，并返回结果。DataAbilityHelper 提供了一系列与 Data 对应的方法。

1. 声明使用权限

如果待访问的 Data 声明了访问需要的权限，则访问此 Data 需要在配置文件中声明需要此权限。示例代码如下：

```
"reqPermissions": [
    {
        "name": "com.example.dataabilityonfile.DataAbilityOnFile.DATA"
    },
    //访问文件还需要添加访问存储读、写权限
    {
        "name": "ohos.permission.READ_USER_STORAGE"
    },
    {
        "name": "ohos.permission.WRITE_USER_STORAGE"
    }
```

如果访问的数据是文件，则还需要添加访问存储读、写的权限。

2. 创建 DataAbilityHelper

DataAbilityHelper 为开发者提供了 creator()方法来创建 DataAbilityHelper 实例。该方法

为静态方法，有多个重载。常见的方法是通过传入一个 context 对象来创建 DataAbilityHelper 对象。示例代码如下：

```
DataAbilityHelper dataAbilityHelper =DataAbilityHelper.creator(this);
```

3. 访问 Data

DataAbilityHelper 为开发者提供了一系列的接口来访问不同类型的数据，例如文件、数据库等。

(1) 访问文件。DataAbilityHelper 为开发者提供了 openFile(Uri uri, String mode)方法来操作文件。此方法需要传入两个参数，其中 uri 用来确定目标资源路径，mode 用来指定打开文件的方式，可选方式包含 r(读)、w(写)、rw(读写)、wt(覆盖写)、wa(追加写)、rwt(覆盖写且可读)等。该方法返回一个目标文件的 FD(文件描述符)，把文件描述符封装成流，开发者就可以对文件流进行自定义处理。

(2) 访问数据库。DataAbilityHelper 为开发者提供了增、删、改、查以及批量处理等方法来操作数据库，如表 9-1 所示。

表 9-1 操作数据库常用方法

方 法 名	中 文 描 述
ResultSet query(Uri uri, String[] columns, DataAbilityPredicates predicates)	查询数据库
int insert(Uri uri, ValuesBucket value)	向数据库中插入单条数据
int delete(Uri uri, ValuesBucket value)	删除一条或多条数据
int update(Uri uri, ValuesBucket value, DataAbilityPredicates predicates)	更新数据库

这些方法的使用说明如下。

(1) query()查询方法，其中 uri 为目标资源路径，columns 为想要查询的字段(也是查询后想要返回的结果)。开发者的查询条件可以通过 DataAbilityPredicates 类来构建。示例代码如下：

```
DataAbilityHelper dataAbilityHelper =DataAbilityHelper.creator(this);
//访问 Data 时用的 Uri
Uri uri =Uri.parse("dataability:///com.example.addressbookdemo.UserDataAbility/
Users");
//指定查询返回的数据列
String[] columns =new String[]{"ID", "NAME", "TEL"};
//设置查询条件
DataAbilityPredicates dataAbilityPredicatesicates =new DataAbilityPredicates();
//查询数据库,得到结果集
ResultSet resultSet =dataAbilityHelper.query(uri, columns,
                                                dataAbilityPredicatesicates);
//处理结果
```

```
resultSet.goToFirstRow();
do {
    //在此处理结果集中的记录
  } while(resultSet.goToNextRow());
```

上述代码只是创建了 DataAbilityPredicates 类，没有设置查询条件，所以会查询整张表。

(2) insert()新增方法，其中 uri 为目标资源路径，ValuesBucket 为要新增的对象。创建 ValuesBucket 对象，调用例如 putString(String columnName, String value)方法来向表中的列插入字符串类型数据。HarmonyOS 还提供了 putInteger(String columnName, Integer value)、putDouble(String columnName, Double value)等方法，适应不同的数据类型。示例代码如下：

```
DataAbilityHelper dataAbilityHelper =DataAbilityHelper.creator(this);
//把数据封装到 valuesBucket 中
ValuesBucket valuesBucket =new ValuesBucket();
valuesBucket.putString("NAME", "ZHANGSAN");
valuesBucket.putInteger("TEL", 18088600000);
//插入一条数据
dataAbilityHelper.insert(uri, valuesBucket);
```

(3) delete()删除方法，其中删除条件可以通过 DataAbilityPredicates 来构建。示例代码如下：

```
DataAbilityHelper dataAbilityHelper =DataAbilityHelper.creator(this);
//设置删除条件
DataAbilityPredicates dataAbilityPredicates =new DataAbilityPredicates();
//根据 ID 删除数据
dataAbilityPredicates.equalTo("ID", 2);
//删除 ID 为 2 的数据
dataAbilityHelper.delete(uri, dataAbilityPredicates);
```

(4) update()更新方法，更新数据由 ValuesBucket 传入，更新条件由 DataAbilityPredicates 来构建。示例代码如下：

```
DataAbilityHelper dataAbilityHelper =DataAbilityHelper.creator(this);
//设置更新条件
DataAbilityPredicates dataAbilityPredicates =new DataAbilityPredicates();
//根据 ID 更新数据
dataAbilityPredicates.equalTo("ID", 2);
//把数据封装到 valuesBucket 中
ValuesBucket valuesBucket =new ValuesBucket();
valuesBucket.putString("NAME", "ZHANGSAN");
valuesBucket.putInteger("TEL", 18088600000);
```

```
//更新 ID 为 2 的数据
dataAbilityHelper.update(uri, valuesBucket, dataAbilityPredicates);
```

接下来的章节将会详细介绍如何使用 DataAbilityHelper 来访问文件和数据库。

9.3.1 案例：访问文件

本节演示如何通过 DataAbilityHelper 类来访问当前应用的文件数据。继续使用 DataAbilityOnFile 的应用作为演示，推荐 Compile SDK 版本选择 6。

下面介绍使用 DataAbilityHelper 访问文件的具体步骤。

应用 UI 页面为一个按钮和一个文本框。单击按钮后，读取文本文件中的内容。这里不再介绍 XML 文件中的内容。创建一个名为 DataAbilityOnFile 的 Data，修改其内容如下：

```
public class DataAbilityOnFile extends Ability {
    //定义日志标签
    private static final HiLogLabel LABEL_LOG = new HiLogLabel(HiLog.LOG_APP
            , 0x00922
            , "DataAbilityOnFile");

    @Override
    public void onStart(Intent intent) {
        super.onStart(intent);
    }

    @Override
    public FileDescriptor openFile(Uri uri, String mode) {
        HiLog.info(LABEL_LOG, "openFile()方法被调用");
        //获取文件名
        String fileName = uri.getDecodedPathList().get(1);
        //文件路径
        String Path = getDataDir() + File.separator + fileName;
        //创建文件对象
        File File = new File(Path);
        try {
            //如果文件不存在,那么创建该文本文件,并且设置文本内容
            if (! File.exists()) {
                createFile(Path);
            }
            //获取文件描述符对象并返回
            FileInputStream fileIs = new FileInputStream(File);
            FileDescriptor fileDescriptor = fileIs.getFD();
            //绑定文件描述符
            return MessageParcel.dupFileDescriptor(fileDescriptor);
```

```
        } catch (IOException e) {
            e.printStackTrace();
        }
        return null;
    }

    //创建文本文件,并且设置文本内容
    private static void createFile(String path) throws IOException {
        HiLog.info(LABEL_LOG, "createFile()方法被调用");
        //获得 BufferedWriter 对象
        BufferedWriter bw =new BufferedWriter(new FileWriter(path));
        //写字符串
        bw.write("测试数据");
        //关闭 BufferedWriter
        bw.close();
    }

    @Override
    public String[] getFileTypes(Uri uri, String mimeTypeFilter) {
        return new String[0];
    }

    @Override
    public PacMap call(String method, String arg, PacMap extras) {
        return null;
    }

    @Override
    public String getType(Uri uri) {
        return null;
    }
}
```

因为是对文件进行访问,所以对数据库的增删改查方法可以删除。上述代码在openFile()方法中根据传入的 uri 打开对应的文件,如果文件不存在,那么可以利用createFile(String path)方法创建一个文件。获取文件描述符并返回。

在 config.json 文件中设置文件读、写权限,其内容如下:

```
"reqPermissions": [
    {
        "name": "com.example.dataabilityonfile.DataAbilityOnFile.DATA"
    },
    {
        "name": "ohos.permission.READ_USER_STORAGE"
```

```
    },
    {
        "name": "ohos.permission.WRITE_USER_STORAGE"
    }
]
```

修改 MainAbilitySlice,其内容如下:

```
public class MainAbilitySlice extends AbilitySlice {
    //定义日志标签
    private static final HiLogLabel LABEL_LOG =new HiLogLabel(HiLog.LOG_APP
            , 0x00922
            , "MainAbilitySlice");

    @Override
    public void onStart(Intent intent) {
        super.onStart(intent);
        super.setUIContent(ResourceTable.Layout_ability_main);
        //找到组件
         Button Btn_Visit = (Button) findComponentById(ResourceTable.Id_Btn_
Visit);
         Text Text_Result = (Text) findComponentById(ResourceTable.Id_Text_
Result);
        //给 Btn_Vist 添加单击事件
        Btn_Visit.setClickedListener(component ->{
            Uri uri =Uri.parse("dataability://" +
                    "/com.example.dataabilityonfile.DataAbilityOnFile" +
                    "/test.txt");
            //创建 DataAbilityHelper 辅助类对象
            DataAbilityHelper dataAbilityHelper =
                    DataAbilityHelper.creator(this);
            try {
                FileDescriptor fileDescriptor =
                        dataAbilityHelper.openFile(uri, "r");
                //获得 BufferedReader 对象
                BufferedReader bufferedReader =
                        new BufferedReader(new FileReader(fileDescriptor));
                //获取文本内容
                StringBuilder content =new StringBuilder();
                String line;
                while ((line =bufferedReader.readLine()) !=null) {
                    content.append(line);
                }
                bufferedReader.close(); //关闭 BufferedReader 对象
```

```
                //沙盒目录
                HiLog.info(LABEL_LOG, "getDataDir:%{public}s."
                        , getDataDir().toString());
                //沙盒文件目录
                HiLog.info(LABEL_LOG, "getFilesDir:%{public}s."
                        , getFilesDir().toString());
                //在 UI 线程中运行
                TaskDispatcher uiTaskDispatcher =getUITaskDispatcher();
                uiTaskDispatcher.asyncDispatch(new Runnable() {
                    @Override
                    public void run() {
                        Text_Result.setText("");
                        //显示到界面中
                        Text_Result.setText(String.valueOf(content));
                    }
                });
            } catch (Exception ignored) {
            }
        });
    }

    @Override
    public void onActive() {
        super.onActive();
    }

    @Override
    public void onForeground(Intent intent) {
        super.onForeground(intent);
    }
}
```

上述代码通过 DataAbilityHelper 类调用 openFile(uri,"r")方法读取文件描述符并设置“读”文件模式,使用文件描述符封装成的文件流,读取文本文件内容,最后渲染在 Text 组件中。HarmonyOS 应用程序的文件可以存储在两个目录位置,一个是应用程序沙盒,另外一个是外部存储。在应用沙盒中的文件只能被当前应用所读写;外部存储则是各个应用程序的公共区域,可被其他设备查看,例如当手机连接计算机后,计算机可以查看这部分内容。通过 Data 创建的文件,其文件存储在“沙盒”中,这里通过日志打印出文件的目录。

打开远程模拟器,运行程序,单击应用初始页面中“访问本地文件”按钮,应用初始页面及运行结果分别如图 9-4、图 9-5 所示。

控制台输出内容如下:

```
06-02 14:52:00.033 18240-18240/com.example.dataabilityonfile I 00922/
DataAbilityOnFile: openFile()方法被调用
```

图 9-4 应用初始页面

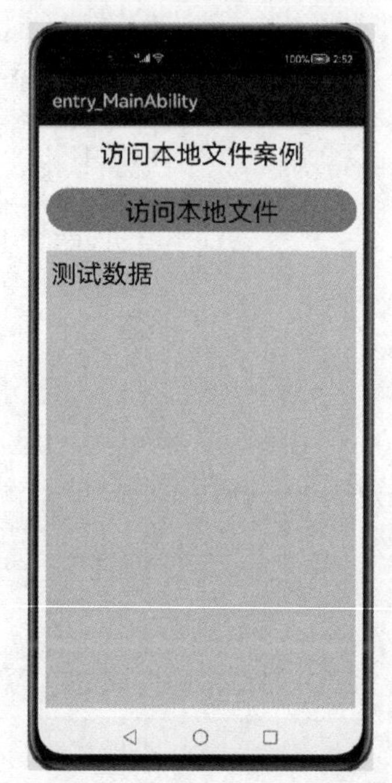

图 9-5 单击“访问本地文件”按钮后页面

```
06-02 14:52:00.034 18240-18240/com.example.dataabilityonfile I 00922/
DataAbilityOnFile: createFile()方法被调用
06-02 14:52:00.038 18240-18240/com.example.dataabilityonfile I 00922/
MainAbilitySlice: getDataDir:/data/user/0/com.example.dataabilityonfile.
06-02 14:52:00.038 18240-18240/com.example.dataabilityonfile I 00922/
MainAbilitySlice: getFilesDir:/data/user/0/com.example.dataabilityonfile/files.
```

9.3.2 案例：访问本地数据库

本节所使用的数据库类型为关系型数据库，是最为常见的数据库类型之一，用于存储结构化型数据。关系型数据库（Relational Database，RDB）是一种基于关系模型来管理数据的数据库，以行和列的形式存储数据。HarmonyOS 关系型数据库基于 SQLite 组件提供了一套完整的对本地数据库进行管理的机制，对外提供了一系列的增、删、改、查等接口，也可以直接运行用户输入的 SQL 语句来满足复杂的场景需要。HarmonyOS 提供的关系型数据库功能更加完善，查询效率更高。

关系型数据库是基于关系模型管理数据的数据库，下面是关于关系型数据库的一些说明。

(1) 谓词是数据库中用来代表数据实体的性质、特征或者数据实体之间关系的词项，主要用来定义数据库的操作条件。

(2) 结果集指用户查询之后的结果集合，可以对数据进行访问。结果集提供了灵活的数据访问方式，可以更方便地拿到用户想要的数据。

(3) SQLite 数据库是一款轻型的数据库，是遵守 ACID 的关系型数据库管理系统。它是一个开源的项目。

(4) 如果不指定数据库的日志模式,那么系统默认日志方式是 WAL(Write Ahead Log)模式。

(5) 如果不指定数据库的落盘模式,那么系统默认落盘方式是 FULL 模式。

(6) HarmonyOS 数据库使用的共享内存默认大小是 2MB。

(7) 数据库中连接池的最大数量是 4 个,用以管理用户的读写操作。为保证数据的准确性,数据库同一时间只能支持一个写操作。

DatabaseHelper 是数据库操作的辅助类,当数据库创建成功后,数据库文件将存储在由上下文指定的目录里。数据库文件存储的路径会因指定不同的上下文存在差异。数据库的创建和删除都需要用到 DatabaseHelper 类。因为 DatabaseHelper 并不是单例,所以在使用时需要实例化,其示例代码如下:

```
DatabaseHelper databaseHelper =new DatabaseHelper(this);
```

StoreConfig 类可以对数据库进行配置,包括设置数据库名、存储模式、日志模式、同步模式、是否为只读,及数据库加密。这里只介绍设置数据库名,其他全部取默认模式,示例代码如下:

```
//创建数据库配置对象,设置数据库名
StoreConfig config =StoreConfig.newDefaultConfig("User.db");
```

上述代码中的".db"格式是命名一个数据库所必要的格式,不可以省去。

RdbOpenCallback 类在数据库创建时被回调,开发者可以在该方法中初始化表结构,并添加一些应用使用到的初始化数据。示例代码如下:

```
//数据库创建时被回调
private final RdbOpenCallback rdbOpenCallback =new RdbOpenCallback() {

    @Override
    public void onCreate(RdbStore rdbStore) {
        //创建表,如果表不存在
        rdbStore.executeSql(
            "CREATE TABLE IF NOT EXISTS " +表名+" ("
                +ID +" INTEGER PRIMARY KEY AUTOINCREMENT, "
                +姓名 +" TEXT NOT NULL, "
                 +电话 +" TEXT) ");
    }

    //数据库升级时被回调
    @Override
    public void onUpgrade(RdbStore rdbStore, int i, int i1) {
        //在升级数据库时使用该方法
    }
};
```

上述代码中使用 SQL 语句创建了一张数据表。

RdbStore 类是关系型数据库操作类，配置好数据库后，由 DatabaseHelper 类调用 getRdbStore()方法获取数据库并返回给 RdbStore 对象，RdbStore 对象可以对数据库进行增删改查等操作。示例代码如下：

```
//根据配置创建数据库
RdbStore rdbStore =databaseHelper.getRdbStore(config, 1, rdbOpenCallback, null);
```

以上就是创建一个关系型数据库的流程。

9.3.1 节演示了如何通过 DataAbilityHelper 类来访问当前应用的文件数据。本节将演示如何通过 DataAbilityHelper 类来访问当前应用的数据库数据。创建一个名为 AddressBookDemo 的应用来演示，推荐 Compile SDK 版本选择 6。

下面介绍使用 DataAbilityHelper 访问数据库的具体步骤。

首先设计页面 UI，其需要有文本输入组件、按钮组件、文本组件。文本输入组件用来从用户处获得数据；按钮组件分别是添加、修改、删除、查询按钮，对应对数据库进行增删改查操作；文本组件用来显示查询数据库后经过处理的结果集。XML 文件内容在这里不再进行介绍。

创建一个名为 Const 的类，用于存放在访问数据库过程中的各种常量。其内容如下：

```
public class Const {
  //URI 协议
  public static final String SCHEME ="dataability://";
  //URI 授权
  public static final String AUTH ="/com.example.addressbookdemo.UserDataAbility";
  //数据库名
  public static final String DB_NAME ="User.db";
  //表名
  public static final String DB_TAB_NAME ="Users";
  //列名:姓名
  public static final String DB_COLUMN_NAME ="NAME";
  //列名:电话
  public static final String DB_COLUMN_TEL ="TEL";
  //列名:ID
  public static final String DB_COLUMN_ID ="ID";
  //路径
  public static final String DATA_PATH ="/Users";
}
```

创建一个名为 UserDataAbility 的 Data，修改其内容如下：

```
public class UserDataAbility extends Ability {
    //定义日志标签
    private static final HiLogLabel LABEL_LOG =new HiLogLabel(HiLog.LOG_APP
           , 0x00922
```

```
        , "UserDataAbility");
//创建关系型数据库操作对象
private RdbStore rdbStore;
//创建数据库操作的辅助类对象
private DatabaseHelper databaseHelper;

@Override
public void onStart(Intent intent) {
    super.onStart(intent);
    HiLog.info(LABEL_LOG, "onStart()方法被调用");
    //初始化数据库
    initDB();
}

//初始化数据库
private void initDB() {
    HiLog.info(LABEL_LOG, "initDB()方法被调用");
    databaseHelper =new DatabaseHelper(this);
    //创建数据库配置对象,设置数据库名
    StoreConfig config =StoreConfig.newDefaultConfig(Const.DB_NAME);
    //根据配置创建数据库
    rdbStore =databaseHelper.getRdbStore(config
            , 1, rdbOpenCallback, null);
}

//数据库创建时被回调
private final RdbOpenCallback rdbOpenCallback =new RdbOpenCallback() {

    @Override
    public void onCreate(RdbStore rdbStore) {
        //创建表,如果表不存在
        rdbStore.executeSql(
                "CREATE TABLE IF NOT EXISTS " +
                        Const.DB_TAB_NAME +" ("
                        +Const.DB_COLUMN_ID +
                        " INTEGER PRIMARY KEY AUTOINCREMENT, "
                        +Const.DB_COLUMN_NAME +
                        " TEXT NOT NULL, "
                        +Const.DB_COLUMN_TEL +" TEXT) ");
    }

    //数据库升级时被回调
    @Override
    public void onUpgrade(RdbStore rdbStore, int i, int i1) {
```

```
            //在升级数据库时使用该方法
        }
    };

    @Override
    public ResultSet query(Uri uri, String[] columns
            , DataAbilityPredicates predicates) {
        HiLog.info(LABEL_LOG, "query()方法被调用");
        //从 uri 中获得表名
        String tableName = uri.getLastPath();
        //判断表名是否是 users
        if ("Users".equals(tableName)) {
            //根据参数创建查询条件
            RdbPredicates rdbPredicates =
                    DataAbilityUtils.
                            createRdbPredicates(predicates, tableName);
            HiLog.info(LABEL_LOG, "查询成功!");
            //查询,返回结果集
            return rdbStore.query(rdbPredicates, columns);
        }
        HiLog.info(LABEL_LOG, "查询失败!");
        return null;
    }

    @Override
    public int insert(Uri uri, ValuesBucket value) {
        HiLog.info(LABEL_LOG, "insert()方法被调用");
        //从 uri 中获得表名
        String tableName = uri.getLastPath();
        int index = 0;
        //判断表名是否是 users
        if ("Users".equals(tableName)) {
            //插入数据库,成功后返回行 ID
            index = (int) rdbStore.insert(tableName, value);
            HiLog.info(LABEL_LOG
                    , "插入数据成功! 数据所在行 ID:%{public}d."
                    , index);
            return index;
        }
        HiLog.info(LABEL_LOG, "插入数据失败!");
        //失败返回-1
        return index;
    }
```

```
    @Override
    public int delete(Uri uri, DataAbilityPredicates predicates) {
        HiLog.info(LABEL_LOG, "delete()方法被调用");
        //从 uri 中获得表名
        String tableName =uri.getLastPath();
        //根据参数,构建删除条件
        RdbPredicates rdbPredicates =
                DataAbilityUtils.
                        createRdbPredicates(predicates, tableName);
        HiLog.info(LABEL_LOG, "删除数据成功!");
        //删除指定数据,并返回
        return rdbStore.delete(rdbPredicates);
    }

    @Override
    public int update(Uri uri, ValuesBucket value
            , DataAbilityPredicates predicates) {
        HiLog.info(LABEL_LOG, "update()方法被调用");
        //从 uri 中获得表名
        String tableName =uri.getLastPath();
        //根据参数,构建更新条件
        RdbPredicates rdbPredicates =
                DataAbilityUtils.
                        createRdbPredicates(predicates, tableName);
        HiLog.info(LABEL_LOG, "更新数据成功!");
        //更新数据,并返回
        return rdbStore.update(value, rdbPredicates);
    }
}
```

上述代码中重写了 query()、insert()、delete()、update()方法，并创建了一个关系型数据库。

修改 MainAbilitySlice，其内容如下：

```
public class MainAbilitySlice extends AbilitySlice {
    //定义日志标签
    private static final HiLogLabel LABEL_LOG =new HiLogLabel(HiLog.LOG_APP
            , 0x00922
            , "MainAbilitySlice");
    private TextField TextField_Name;
    private TextField TextField_Tel;
    private TextField TextField_Id;
    private Text Text_Result;
    //创建数据库辅助类对象
```

```
    private DataAbilityHelper dataAbilityHelper;
    //访问 Data 时用的 URI
    Uri uri =Uri.parse(Const.SCHEME +Const.AUTH +Const.DATA_PATH);

    @Override
    public void onStart(Intent intent) {
        super.onStart(intent);
        super.setUIContent(ResourceTable.Layout_ability_main);
        //初始化组件
        initComponent();
    }

    //初始化组件
    public void initComponent() {
        Component Button_Insert =findComponentById(ResourceTable.Id_Button_
Insert);
        Component Button_Update =findComponentById(ResourceTable.Id_Button_
Update);
        Component Button_Delete =findComponentById(ResourceTable.Id_Button_
Delete);
        Component Button_Query =findComponentById(ResourceTable.Id_Button_
Query);
        TextField_Name =(TextField) findComponentById(ResourceTable.Id_
TextField_Name);
        TextField_Tel = (TextField) findComponentById(ResourceTable.Id_
TextField_Tel);
        TextField_Id = (TextField) findComponentById(ResourceTable.Id_
TextField_Id);
        Text_Result =(Text) findComponentById(ResourceTable.Id_Text_Result);
        dataAbilityHelper =DataAbilityHelper.creator(this);
        //给 Button_Insert 添加单击事件
        Button_Insert.setClickedListener(this::Insert);
        //给 Button_Update 添加单击事件
        Button_Update.setClickedListener(this::Update);
        //给 Button_Delete 添加单击事件
        Button_Delete.setClickedListener(this::Delete);
        //给 Button_Query 添加单击事件
        Button_Query.setClickedListener(this::Query);

    }

    //添加数据
    private void Insert(Component component) {
        //获取文本输入框中输入的数据
```

```
    String Name =TextField_Name.getText();
    String Tel =TextField_Tel.getText();
    //把数据封装到 value 中
    ValuesBucket valuesBucket =new ValuesBucket();
    valuesBucket.putString(Const.DB_COLUMN_NAME, Name);
    valuesBucket.putString(Const.DB_COLUMN_TEL, Tel);
    try {
        //访问本地 Data,插入数据
        dataAbilityHelper.insert(uri, valuesBucket);
    } catch (Exception e) {
        HiLog.info(LABEL_LOG, "插入数据失败!");
    }
}

//查询数据库
private void Query(Component component) {
    //采用全局并发任务分发器,异步分发
    TaskDispatcher globalTaskDispatcher =
            getGlobalTaskDispatcher(TaskPriority.DEFAULT);
    Revocable revocable =
            globalTaskDispatcher.asyncDispatch(new Runnable() {
        @Override
        public void run() {
            //指定查询返回的数据列
            String[] columns =new String[]{Const.DB_COLUMN_ID
                    , Const.DB_COLUMN_NAME
                    , Const.DB_COLUMN_TEL};
            //设置查询条件,这里为查询所有数据
            DataAbilityPredicates dataAbilityPredicatesicates =
                    new DataAbilityPredicates();
            try {
                //查询数据库,得到结果集
                ResultSet resultSet =dataAbilityHelper
                        .query(uri, columns, dataAbilityPredicatesicates);
                //将结果渲染到页面上
                setToText(resultSet);
            } catch (Exception e) {
                HiLog.info(LABEL_LOG, "查询失败!");
            }
        }
    });
}

//更新数据
private void Update(Component component) {
    //获取文本输入框中输入的数据
```

```
        String Name = TextField_Name.getText();
        String Tel = TextField_Tel.getText();
        Integer Id = Integer.valueOf(TextField_Id.getText());
        //把数据封装到 valuesBucket 中
        ValuesBucket valuesBucket = new ValuesBucket();
        valuesBucket.putString(Const.DB_COLUMN_NAME, Name);
        valuesBucket.putString(Const.DB_COLUMN_TEL, Tel);
        //设置查询条件
        DataAbilityPredicates dataAbilityPredicates =
                new DataAbilityPredicates();
        //根据 ID 更新数据
        dataAbilityPredicates.equalTo(Const.DB_COLUMN_ID, Id);
        try {
            //更新数据
            dataAbilityHelper.update(uri
                    , valuesBucket
                    , dataAbilityPredicates);
        } catch (Exception e) {
            HiLog.info(LABEL_LOG, "更新失败!");
        }
    }

    //删除数据
    private void Delete(Component component) {
        //获取文本输入框中输入的编号
        Integer Id = Integer.valueOf(TextField_Id.getText());
        //设置查询条件
        DataAbilityPredicates dataAbilityPredicates =
                new DataAbilityPredicates();
        //根据 ID 删除数据
        dataAbilityPredicates.equalTo(Const.DB_COLUMN_ID, Id);
        try {
            dataAbilityHelper.delete(uri, dataAbilityPredicates);
        } catch (Exception e) {
            HiLog.info(LABEL_LOG, "删除失败!");
        }
    }

    //渲染页面
    private void setToText(ResultSet resultSet) {
        //如果结果集第一行无数据
        if (! resultSet.goToFirstRow()) {
            HiLog.info(LABEL_LOG, "结果集无数据!");
            return;
        }
        StringBuilder showStr = new StringBuilder();
```

```
        //获取列名为 ID、NAME、TEL 所在的列的序号
        int IdIndex = resultSet.getColumnIndexForName(Const.DB_COLUMN_ID);
        int NameIndex = resultSet.getColumnIndexForName(Const.DB_COLUMN_NAME);
        int TelIndex = resultSet.getColumnIndexForName(Const.DB_COLUMN_TEL);

        //转记录到字符串
        do {
            //将结果集中数据按列取出
            String Name = resultSet.getString(NameIndex);
            String Tel = resultSet.getString(TelIndex);
            int Id = resultSet.getInt(IdIndex);
            showStr.append(Id).append(" ")
                    .append(Name).append(" ")
                    .append(Tel).append(" ")
                    .append(System.lineSeparator());
        } while (resultSet.goToNextRow());
        //在 UI 线程中运行
        TaskDispatcher uiTaskDispatcher = getUITaskDispatcher();
        uiTaskDispatcher.asyncDispatch(new Runnable() {
            @Override
            public void run() {
                Text_Result.setText("");
                //显示到界面中
                Text_Result.setText(showStr.toString());
            }
        });
    }

    @Override
    public void onActive() {
        super.onActive();
    }

    @Override
    public void onForeground(Intent intent) {
        super.onForeground(intent);
    }
}
```

上述代码中，首先找到各个组件，然后为 Button 组件设置单击事件，几个 Button 对应的事件分别是保存联系人、更新联系人、删除联系人、查询联系人。

在查询、删除、修改事件中，其谓词条件都以 ID 为基准查询。

打开远程模拟器，运行程序，输入联系人信息，运行结果如图 9-6 所示。

图 9-6 中，前两个文本输入组件中输入的信息为姓名、电话，最后一个文本输入组件输入的信息为 ID。

图 9-6　添加联系人信息

新建两个联系人，再单击“查询联系人”按钮，结果如图 9-7 所示。修改联系人信息，修改后单击“更新联系人”按钮，这里输入 ID 为 2，则代表修改第二个联系人的信息，再单击“查询联系人”按钮，结果如图 9-8 所示。将 ID 为 2 的联系人信息姓名修改为“李四”，电话修改为“18088601111”。对上面输入“李四”的信息单击“删除联系人”按钮，再单击“查询联系人”按钮，则删除第二个联系人，结果如图 9-9 所示。

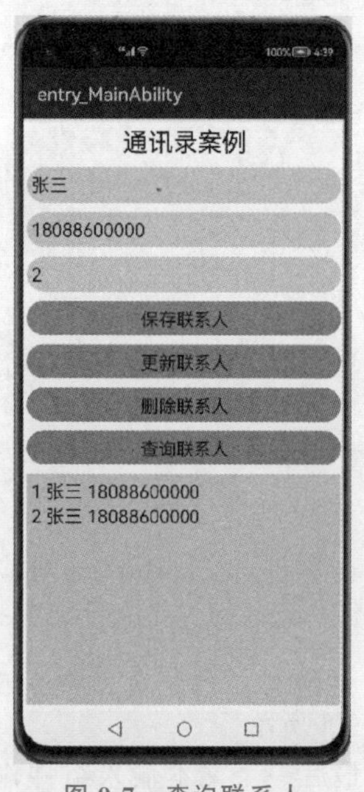

图 9-7　查询联系人

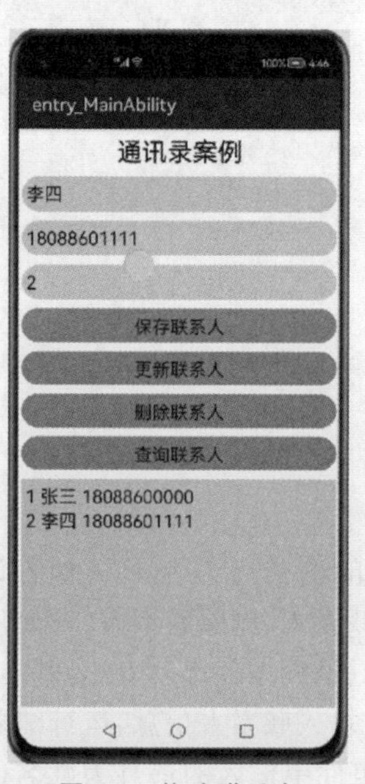

图 9-8　修改联系人

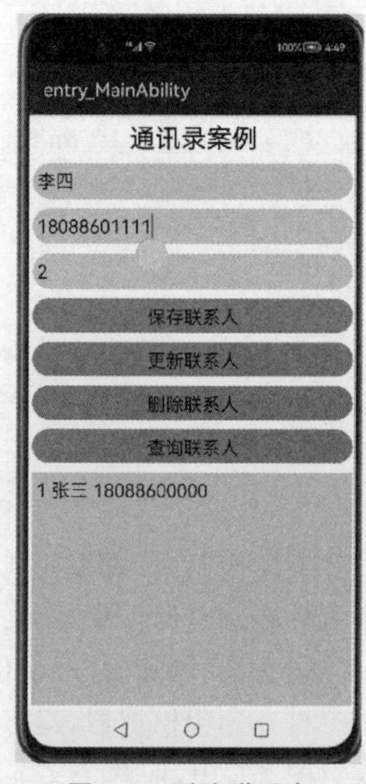

图 9-9　删除联系人

9.3.3 案例：访问远程数据库

访问远程数据库与访问本地数据库的流程是一致的，区别在于需要在 URI 中加入所访问的设备 ID。下面创建一个名为 AddressBook_VisitRemote 的应用来演示，推荐 Compile SDK 版本选择 6。

访问本地数据库时设备 ID 为空，但是在访问远程 Data 时需要设备 ID，以及允许不同设备间可以进行数据交换的权限，在 config.json 文件中请求权限如下：

```
"reqPermissions": [
  {
      "name": "ohos.permission.GET_DISTRIBUTED_DEVICE_INFO"
  },
  {
      "name": "ohos.permission.DISTRIBUTED_DATASYNC"
  }
]
```

上述代码分别申请了获取设备信息权限和允许不同设备间的数据交换权限。

因为允许不同设备间的数据交换权限是敏感权限，需要用户确定，所以需要进行动态申请，在 MainAbility 中申请代码如下：

```
public class MainAbility extends Ability {

    private static final int MY_PERMISSIONS_REQUEST_DISTRIBUTED_DATASYNC =1;

    @Override
    public void onStart(Intent intent) {
        super.onStart(intent);
        super.setMainRoute(MainAbilitySlice.class.getName());
        if (verifySelfPermission("ohos.permission.DISTRIBUTED_DATASYNC") !=
IBundleManager.PERMISSION_GRANTED) {
            //应用未被授予权限
            if (canRequestPermission("ohos.permission.DISTRIBUTED_DATASYNC")) {
                //是否可以申请弹框授权(首次申请或者用户未选择禁止且不再提示)
                requestPermissionsFromUser(
                        new String[]{"ohos.permission.DISTRIBUTED_DATASYNC"},
MY_PERMISSIONS_REQUEST_DISTRIBUTED_DATASYNC);
            } else {
                //显示应用需要权限的理由,提示用户进入设置授权
            }
        } else {
            //权限已被授予
        }
    }
```

```
    @Override
    public void onRequestPermissionsFromUserResult(int requestCode, String[]
permissions, int[] grantResults) {
        switch (requestCode) {
            case MY_PERMISSIONS_REQUEST_DISTRIBUTED_DATASYNC: {
                //匹配 requestPermissions 的 requestCode
                if (grantResults.length >0
                        && grantResults[0] ==IBundleManager.PERMISSION_GRANTED) {
                    //权限被授予
                    //注意：因时间差可能导致接口权限检查时无权限，所以对那些因无权限
                    //而抛出异常的接口进行异常捕获处理
                } else {
                    //权限被拒绝
                }
                return;
            }
        }
    }
}
```

接下来设计页面 UI，需要按钮、文本组件。按钮组件用来添加、删除、查询远程数据库，文本组件用来显示查询内容。XML 文件内容在这里不再进行介绍。

修改 MainAbilitySlice，其内容如下：

```
public class MainAbilitySlice extends AbilitySlice {
    //定义日志标签
    private static final HiLogLabel LABEL_LOG =new HiLogLabel(HiLog.LOG_APP
            , 0x00922
            , "MainAbilitySlice");
    private Text Text_Get;
    //创建数据库辅助类对象
    private DataAbilityHelper dataAbilityHelper;
    Uri uri;

    @Override
    public void onStart(Intent intent) {
        super.onStart(intent);
        super.setUIContent(ResourceTable.Layout_ability_main);
        //初始化
        init();
    }

    //初始化
```

```
    public void init() {
        dataAbilityHelper = DataAbilityHelper.creator(this);
        Text_Get = (Text) findComponentById(ResourceTable.Id_Text_Get);
        Button Btn_Visit = (Button) findComponentById(ResourceTable.Id_Btn_Visit);
        Button Btn_Insert = (Button) findComponentById(ResourceTable.Id_Btn_Insert);
        Button Btn_Delete = (Button) findComponentById(ResourceTable.Id_Btn_Delete);
        //给 Btn_Visit 设置单击事件
        Btn_Visit.setClickedListener(this::Visit);
        //给 Btn_Insert 设置单击事件
        Btn_Insert.setClickedListener(this::Insert);
        //给 Btn_Delete 设置单击事件
        Btn_Delete.setClickedListener(this::Delete);
    }

    //访问远程 Data
    private void Visit(Component component) {
        //获取在线设备列表
        List<DeviceInfo> deviceInfoList =
                DeviceManager.getDeviceList(DeviceInfo.FLAG_GET_ONLINE_DEVICE);
        //获取设备 Id,这里是另一台设备
        String deviceId = deviceInfoList.get(0).getDeviceId();
        //全局并发任务分发器,异步分发
        TaskDispatcher globalTaskDispatcher =
                getGlobalTaskDispatcher(TaskPriority.DEFAULT);
        globalTaskDispatcher.asyncDispatch(new Runnable() {
            @Override
            public void run() {
                //访问 Data 时用的 URI
                uri = Uri.parse("dataability://"
                        + deviceId
                        + "/com.example.addressbookdemo.UserDataAbility/Users");
                //指定查询返回的数据列
                String[] columns = new String[]{"ID", "NAME", "TEL"};
                //设置查询条件,这里为查询所有数据
                DataAbilityPredicates dataAbilityPredicatesicates = new
DataAbilityPredicates();
                try {
                    //查询数据库,得到结果集
                    ResultSet resultSet =
                            dataAbilityHelper.query(uri, columns,
dataAbilityPredicatesicates);
                    //将结果渲染到页面上
                    setToText(resultSet);
                } catch (Exception e) {
```

```
                HiLog.info(LABEL_LOG, "查询失败!");
            }
        }
    });
}

//添加数据
private void Insert(Component component) {
    //把数据封装到 value 中
    ValuesBucket valuesBucket =new ValuesBucket();
    valuesBucket.putString("NAME", "李四");
    valuesBucket.putString("TEL", "18088601111");
    try {
        //访问本地 Data,插入数据
        dataAbilityHelper.insert(uri, valuesBucket);
    } catch (Exception e) {
        HiLog.info(LABEL_LOG, "插入数据失败!");
    }
}

//删除数据
private void Delete(Component component) {
    //被删除数据的 Id
    Integer Id =2;
    //设置查询条件
    DataAbilityPredicates dataAbilityPredicates =new DataAbilityPredicates();
    //根据 ID 删除数据
    dataAbilityPredicates.equalTo("ID", Id);
    try {
        dataAbilityHelper.delete(uri, dataAbilityPredicates);
    } catch (Exception e) {
        HiLog.info(LABEL_LOG, "删除失败!");
    }
}

//渲染页面
private void setToText(ResultSet resultSet) {
    //如果结果集第一行无数据
    if (!resultSet.goToFirstRow()) {
        HiLog.info(LABEL_LOG, "结果集无数据!");
        return;
    }
    StringBuilder showStr =new StringBuilder();
    //转记录到字符串
```

```
        do {
            //将结果集中数据按列取出
            int Id = resultSet.getInt(0);                //第一列 ID
            String Name = resultSet.getString(1);   //第二列 NAME
            String Tel = resultSet.getString(2);     //第三列 TEL
            showStr.append(Id).append(" ")
                    .append(Name).append(" ")
                    .append(Tel).append(" ")
                    .append(System.lineSeparator());
        } while (resultSet.goToNextRow());
        //在 UI 线程中运行
        TaskDispatcher uiTaskDispatcher = getUITaskDispatcher();
        uiTaskDispatcher.asyncDispatch(new Runnable() {
            @Override
            public void run() {
                Text_Get.setText("");
                //显示到界面中
                Text_Get.setText(showStr.toString());
            }
        });
    }

    @Override
    public void onActive() {
        super.onActive();
    }

    @Override
    public void onForeground(Intent intent) {
        super.onForeground(intent);
    }

}
```

上述代码中，用 DeviceManager 类调用 getDeviceList()方法获取在线设备列表，进而得到另一台设备的 ID。给 3 个按钮组件分别添加访问远程 Data、添加数据、删除数据单击事件。这里在访问远程 Data 时的 URI 中包含设备 ID。

打开 9.3.2 节中创建的 AddressBookDemo 应用，并修改 config.json 文件，添加允许不同设备间的数据交换权限。代码如下：

```
"reqPermissions": [
  {
    "name": "ohos.permission.DISTRIBUTED_DATASYNC"
  }
```

```
]
```

同样需要进行动态申请,申请流程和本应用一样。

打开设备管理(Device Manager)页面,选择 Remote Emulator,找到 Super Device,选择“双 P40 手机组合”远程模拟器并启动,如图 9-10 所示。启动后的效果如图 9-11 所示。

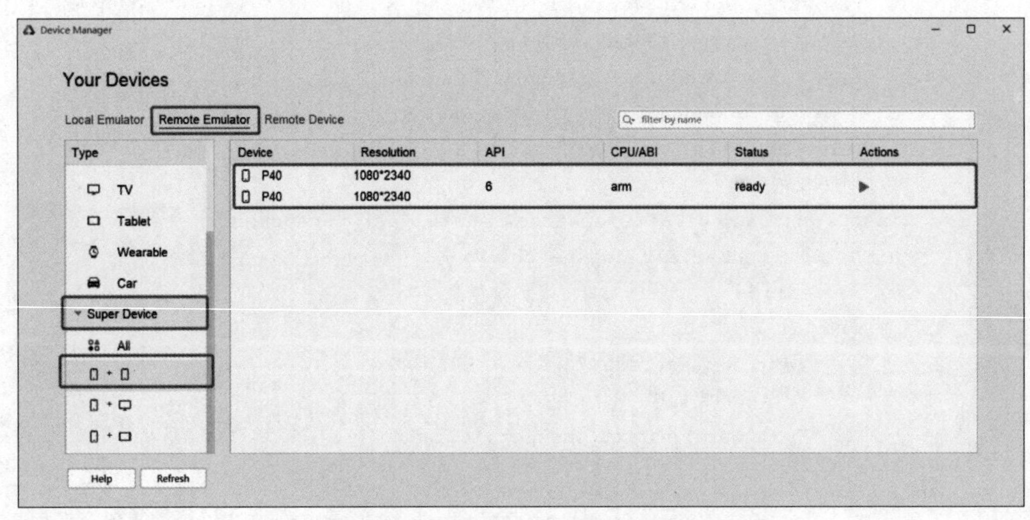

图 9-10 打开 Super Device(P40&P40)

图 9-11 启动 Super Device

在两个 DevEco Studio 窗口上都选择以 Super App 模式运行程序,如图 9-12 所示。

启动模拟器后,分别在两个模拟器上运行应用,在 P40:18888 上运行 AddressBook_

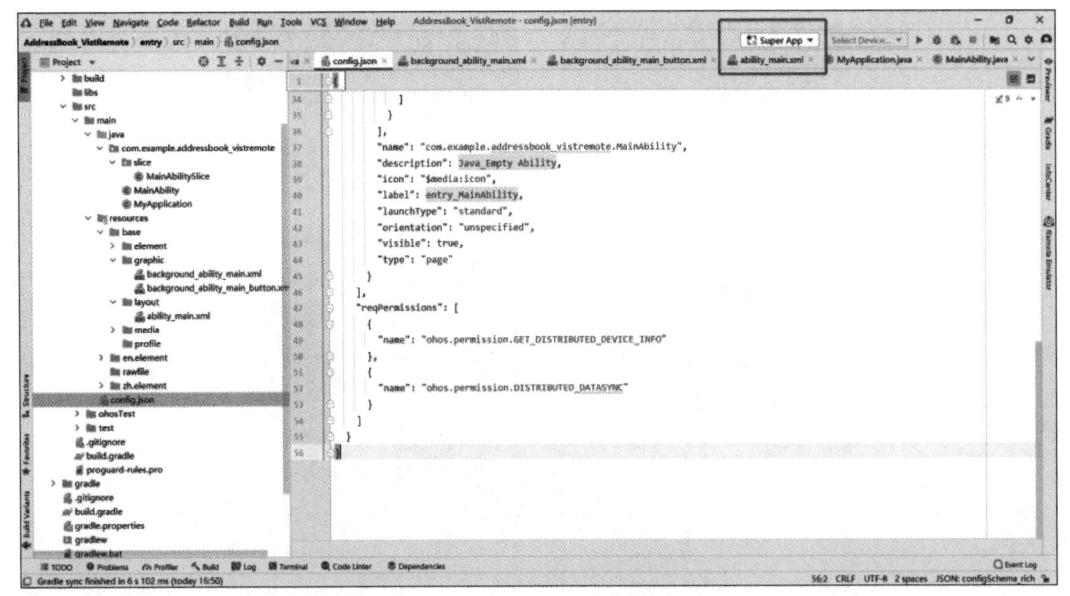

图 9-12　以 Super App 模式运行程序

VisitRemote 应用,在 P40:18889 上运行 AddressBookDemo 应用。

在 9.3.2 节通讯录案例中新建两个联系人,然后在本节远程访问 Data 案例中单击“访问远端 Data”按钮,页面初始显示及运行结果如图 9-13 所示。

图 9-13　访问远程 Data

在本节远程访问 Data 案例中单击“添加数据”按钮并继续访问远端 Data,然后在 9.3.2 节通讯录案例中单击“查询联系人”按钮,运行结果如图 9-14 所示。

图 9-14 添加数据并查询

删除数据功能这里将不再演示，在本节远程访问 Data 案例中没有写修改数据的功能，感兴趣的读者可以学习 9.3.2 节通讯录案例中"更新联系人"按钮的单击事件并结合本案例，继续添加修改数据功能。

习 题

一、判断题

1. Data Ability 是 HarmonyOS 提供的数据抽象能力，它是一种 Ability，简称 Data。 （ ）

2. URI 格式中协议方案名后有 3 个左斜杠。 （ ）

3. 在 Data 中 RdbPredicates 对象会被转换成 DataAbilityPredicates 对象。 （ ）

4. 关系型数据库可用于存储结构化型数据。 （ ）

5. 创建表时需要按照严格的 SQL 语法进行创建。 （ ）

6. HarmonyOS 中的 Data 可以理解成对数据存储的抽象，通过 Data 对内可以屏蔽数据的存储方式和细节，对外可以提供统一的 URI 访问接口，实现数据共享。 （ ）

7. Data 提供的 URI 的 scheme 部分必须是 data。 （ ）

8. Data 也是 Ability，其注册的 type 属性值为 data。 （ ）

9. 访问其他设备上的 Data 时，不需要声明权限。 （ ）

10. "ohos.permission.DISTRIBUTED_DATASYNC"为敏感权限，需要进行动态申请。 （ ）

二、选择题

1. 创建和使用 Data 的一般步骤包括(　　)。

　A. 定义自己的 Data 类,继承 Ability 类。

　B. 实现自定义的 Data 类,对内实现数据访问,对外提供功能 API。

　C. 在 config.json 文件中,将 Ability 的类型配置为 Data,以及配置权限等。

　D. 使用者通过 URI 访问自定义 Data。

2. 访问远端 Data 需要在配置文件中声明请求权限如下,横线上应该补充的代码为(　　)。

```
"reqPermissions":[
    {
        "name":"________"
    }
]
```

　A. ohos.permission.DATA_ACCESS

　B. ohos.permission.DISTRIBUTED_DATASYNC

　C. ohos.permission.DISTRIBUTED_ACCESS

　D. ohos.permission.DATA_DATASYNC

3. 数据库 Data 常用的方法有(　　)。

　A. query()　　B. insert()　　C. update()　　D. delete()

4. 在使用数据库 Data 时,关于 ValuesBucket 类说法正确的是(　　)。

　A. 该类对象中一般放置键值对　　B. 该类中一般放置 Intent 对象

　C. 该类中一般放置 Operation 对象　　D. 该类可以获得文件描述符

5. 下面是访问本地 Data 的 URI,格式正确的是(　　)。

　A. dataability://128.0.0.1/db? person#10

　B. dataability:///128.0.0.1/db? person#10

　C. dataability://cn.edu.zut.soft/db? person#10

　D. dataability:///cn.edu.zut.soft/db? person#10

三、填空题

1. 定义 Data 时,应该继承的基类是________。

2. 对于文件 Data,其 openFile()方法返回的是一个________。

3. 在数据库 Data 中,query()方法接收 3 个参数,分别是查询目标的 Uri 路径、查询的列名,以及查询条件,查询条件由类________创建。

4. 访问远端 Data 时需要设备 ID,________类的 getDeviceList()方法可以获得设备的列表信息。

5. 创建 Data 后,config.json 文件中 Data 的 type 项为:________。数据库操作的辅助类、关系型数据库操作类分别是________和________。

6. 开发者应该在________方法中创建 Data 实例。

7. query(Uri uri, String[] columns, DataAbilityPredicates predicates)方法的 3 个参

数的含义分别是：________、________、________。

四、实践题

1. 编程实现一个文件型数据 Data，使其他设备上的应用可以读取本设备上的文本文件。

2. 创建本地数据库并对其数据进行增删改查。

3. 完成 9.3.3 节案例中"修改数据"按钮代码的编写。

第10章

分布式任务调度

本章学习目标

- 了解 HarmonyOS 分布式任务调度的概念。
- 熟练使用 HarmonyOS 实现分布式任务调度过程。

10.1 分布式任务调度概述

分布式任务调度的核心价值有三个，分别是“超级虚拟终端”的能力互助、跨设备软件访问的系统服务、全场景下的任务调度。

1. “超级虚拟终端”的能力互助

在 HarmonyOS 中，分布式任务调度平台是支持“超级虚拟终端”的关键技术和能力，提供针对多设备场景下的统一的组件管理能力。

分布式任务调度平台助力“超级虚拟终端”实现以下两方面能力的互助。

(1) 硬件能力：例如，在手机中玩游戏时，玩家将游戏画面投放到大屏电视上。

(2) 软件能力：例如，在骑行过程中，骑手通过手表获取到了手机所提供的地图定位服务。

2. 跨设备软件访问的系统服务

传统的跨设备软件开发是极其烦琐的，主要体现在以下两个方面。

(1) 平台烦琐。目前，针对硬件而言，CPU 处理器技术架构主要分为 X106 和 ARM，而针对操作系统而言，主流的平台有 Linux、macOS、Windows、Android 等。开发者不得不针对不同的平台做兼容性开发，这带来了极大的开发难度和工作量。因此，有些软件厂商只针对部分平台推出软件，例如微信在 Windows、macOS、Android 平台下就能提供丰富的功能，而在 Linux 平台下却没有对应的安装包。

(2) 开发复杂。开发一个分布式系统本身是复杂的，需要考虑设备通信、序列化、事务、安全性、可用性等方面的内容，如果开发者需要自己从零开始构建一套分布式系统，则开发工作相当复杂。

为了降低开发者开发跨设备应用的难度，分布式任务调度平台提供了跨设备软件访问的系统服务。借助分布式任务调度平台，开发者在调用跨设备的服务时，实际上跟调用本地服务基本相比没有差别。

3. 全场景下的任务调度

分布式任务调度无论是在 HarmonyOS 的富设备上，还是在 HarmonyOS 的轻设备上，都是支持的。除此之外，通过 HarmonyOS 分布式中间件还能够支持其他 OS 的任务调度。

10.2 分布式任务调度能力简介

分布式任务调度平台在 HarmonyOS 底层实现 Ability 跨设备的组件管理、控制和访问。截至目前，分布式任务调度平台已经开放的功能包括以下几种。

(1) 全局查询。支持查询在相同组网下到底有哪些设备，这些设备是在线的还是离线的等。

(2) 启动和关闭。向开发者提供管理远程 Ability 的能力，即支持启动 Page 模板的 Ability，以及启动、关闭 Service 和 Data 模板的 Ability。

(3) 连接和断开连接。向开发者提供跨设备控制服务(Service 和 Data 模板的 Ability)的能力，开发者可以通过与远程服务连接及断开连接实现获取或注销跨设备管理服务的对象，达到和本地一致的服务调度。

(4) 迁移能力。向开发者提供跨设备业务的无缝迁移能力，开发者可以通过调用 Page 模板 Ability 的迁移接口将本地业务无缝迁移到指定设备中，打通设备间的壁垒。

(5) 轻量通信。可以通过远程对象的方式来实现设备之间的轻量通信。

下面分别介绍 HarmonyOS 分布式任务调度平台提供的 4 种功能。

1. 全局查询

全局查询可以分为两个维度：针对设备的查询以及针对 Ability 的查询。

(1) 针对设备的查询指在相同组网下支持查询这个网络下到底有哪些设备，这些设备是在线的还是离线的，这个设备具备哪些 Ability 等。

(2) 针对 Ability 的查询指查询到底哪些设备支持具体的特定功能。例如，当我们需要进行投屏时，可以查看周边哪些设备支持投屏功能。

2. 启动和关闭

跟 PC 不同，移动终端的一个短板在于其硬件资源和电池存在一定瓶颈，这决定了在为移动终端设计 Ability 时，这些 Ability 需要按需启动或者关闭。分布式任务调度平台提供了管理远程 Ability 的能力，即支持启动 Page 模板的 Ability，以及启动、关闭 Service 和 Data 模板的 Ability。

3. 连接和断开连接

在连接到远程设备之后，就可以对设备进行一系列的操作了。操作完成之后，也可以断开连接。

4. 轻量通信

轻量通信本质是从 RPC(Remote Procedure Call,远程过程调用)或者以消息的方式实现设备之间的通信。这使得设备在调用其他方法时跟调用本地方法类似。

10.3　分布式任务调度实现原理

分布式任务调度实现原理最为核心的问题是设备之间的通信问题。

PRC 主要涉及三方面,即接口定义、序列化和反序列化。要实现 PRC,必须要实现 Iremotebroker 接口。同时,需要在本地及对端分别实现对外接口一致的代理。

1. HarmonyOS 设备之间的通信

无论是调用本地设备还是远程设备的 Ability,HarmonyOS 都是通过 Remoteobject 来实现的。当初次调用远程设备时,会先通过分布式调度平台获取到远程设备的一个句柄。在后续的通信过程中本地设备就可以不必再依赖分布式调度平台而是直接通过句柄去跟远程设备进行通信,从而提升通信效率。

2. HarmonyOS 设备与其他 OS 设备之间的通信

与 HarmonyOS 设备之间的通信不同,HarmonyOS 设备与其他 OS 设备之间无法直接通过句柄调用,因此分布式调度平台充当了 HarmonyOS 设备与其他 OS 设备之间的代理。所有的通信必须经过分布式调度平台,分布式调度平台会做调用过程中的序列化和反序列化。因此,从通信效率而言,HarmonyOS 设备与其他 OS 设备之间的通信效率肯定要低于 HarmonyOS 设备之间的通信。

10.4　实现分布式任务调度

在了解了分布式任务调度的实现原理之后,接下来将介绍如何实现分布式任务调度。

10.4.1　如何实现分布式任务调度

要实现分布式任务调度,开发者需要在应用中做如下操作。

(1) 在 Intent 中设置支持分布式的标记(例如 Intent.FLAG_ABILITYSLICE_ MULTI_DEVICE 表示该应用支持分布式调度),否则将无法获得分布式能力。

(2) 在 config.json 中的 reqPermissions 字段中添加多设备协同访问的权限申请:"name":"ohos.permission.DISTRIBUTED_DATASYNC"。

PA 的调用支持连接、断开连接、启动及关闭这 4 类行为,在进行调度时,必须在 Intent 中指定 PA 对应的 BundleName 和 AbilityName。

当需要跨设备启动、关闭或连接 PA 时,需要在 Intent 中指定对端设备的 DeviceId。可通过如设备管理类 DeviceManager 提供的 getDeviceList()方法获取指定条件下匿名化处理的设备列表,实现对指定设备 PA 的启动、关闭以及连接管理。

FA 的调用支持启动和迁移行为,在进行调度时,若启动 FA,需要开发者在 Intent 中指定远端设备的 DeviceId、BundleName 和 AbilityName。当 FA 的迁移实现相同 BundleName 和 AbilityName 的 FA 跨设备迁移时,需要指定迁移设备的 DeviceId。

10.4.2 分布式任务调度支持的场景

根据 Ability 模板及意图的不同,分布式任务调度向开发者提供了 6 种能力:启动远程 FA(Page Ability)、启动远程 PA(Service Ability、Data Ability)、关闭远程 PA、连接远程 PA、断开连接远程 PA、FA 跨设备迁移。下面以设备 A(本地设备)和设备 B(远端设备)为例进行场景介绍。

(1) 设备 A 启动设备 B 的 FA:在设备 A 上通过本地应用提供的启动按钮启动设备 B 上对应的 FA。例如,设备 A 控制设备 B 打开相册,只需要开发者在启动 FA 时指定打开相册的意图即可。

(2) 设备 A 启动设备 B 的 PA:在设备 A 上通过本地应用提供的启动按钮启动设备 B 上指定的 PA。例如,开发者在启动远程服务时通过意图指定音乐播放服务,即可实现设备 A 启动设备 B 音乐播放的能力。

(3) 设备 A 关闭设备 B 的 PA:在设备 A 上通过本地应用提供的关闭按钮关闭设备 B 上指定的 PA。类似启动的过程,开发者在关闭远程服务时通过意图指定音乐播放服务,即可实现关闭设备 B 上该服务的能力。

(4) 设备 A 连接设备 B 的 PA:在设备 A 上通过本地应用提供的连接按钮连接设备 B 上指定的 PA。连接后,通过其他功能相关按钮实现控制对端 PA 的能力。通过连接关系,开发者可以实现跨设备的同步服务调度,实现如大型计算任务互助等价值场景。

(5) 设备 A 与设备 B 的 PA 断开连接:在设备 A 上通过本地应用提供的断开连接的按钮将之前已连接的 PA 断开连接。

(6) 设备 A 的 FA 迁移至设备 B:设备 A 上通过本地应用提供的迁移按钮将设备 A 的业务无缝迁移到设备 B 中。通过业务迁移能力打通设备 A 和设备 B 间的壁垒,实现如文档跨设备编辑、视频从客厅到房间跨设备接续播放等场景。

10.5 案例:分布式任务调度 FA

创建一个名为 DistributedTaskSchedulingFA 的应用来演示分布式任务调度 FA 实现的过程。应用页面中需要添加下面这些组件。

(1) 文本输入组件:用于获取文本内容。

(2) 打开远端页面按钮组件:用于启动远端设备指定的 FA。

(3) 迁移按钮组件:用于将本地设备的 Ability 迁移至远端设备。

(4) 回迁按钮组件:用于将远端设备的 Ability 迁移至本地设备。

修改 ability_main.xml 文件,其内容如下:

```xml
<?xml version="1.0" encoding="utf-8"?>
<DirectionalLayout
    xmlns:ohos="http://schemas.huawei.com/res/ohos"
    ohos:height="match_parent"
    ohos:width="match_parent"
    ohos:alignment="top"
    ohos:orientation="vertical">

    <Text
        ohos:height="match_content"
        ohos:width="match_content"
        ohos:background_element="$graphic:background_ability_main"
        ohos:layout_alignment="horizontal_center"
        ohos:text="分布式任务调度案例"
        ohos:text_size="28fp"
        ohos:top_margin="10vp"
        />

    <TextField
        ohos:id="$+id:TextField_Input"
        ohos:height="300vp"
        ohos:width="340vp"
        ohos:background_element="#DEDEDE"
        ohos:hint="请输入:"
        ohos:layout_alignment="horizontal_center"
        ohos:margin="10vp"
        ohos:max_text_lines="5"
        ohos:multiple_lines="true"
        ohos:text_alignment="left"
        ohos:text_size="28fp"
        />

    <Button
        ohos:id="$+id:Btn_Open"
        ohos:height="match_content"
        ohos:width="match_parent"
        ohos:background_element="$graphic:background_ability_main_Button"
        ohos:layout_alignment="horizontal_center"
        ohos:margin="10vp"
        ohos:padding="5vp"
        ohos:text="打开远端页面"
        ohos:text_size="28fp"
        />
```

```
    <Button
        ohos:id="$+id:Btn_Move"
        ohos:height="match_content"
        ohos:width="match_parent"
        ohos:background_element="$graphic:background_ability_main_Button"
        ohos:layout_alignment="horizontal_center"
        ohos:margin="10vp"
        ohos:padding="5vp"
        ohos:text="迁移"
        ohos:text_size="28fp"
        />


    <Button
        ohos:id="$+id:Btn_moveBack"
        ohos:height="match_content"
        ohos:width="match_parent"
        ohos:background_element="$graphic:background_ability_main_Button"
        ohos:layout_alignment="horizontal_center"
        ohos:margin="10vp"
        ohos:padding="5vp"
        ohos:text="回迁"
        ohos:text_size="28fp"
        />

</DirectionalLayout>
```

Button 组件引用了 background_ability_main_Button 文件,其内容如下:

```
<?xml version="1.0" encoding="UTF-8" ?>
<shape
    xmlns:ohos="http://schemas.huawei.com/res/ohos"
    ohos:shape="rectangle">

    <solid
        ohos:color="#0aabbc"/>

    <corners
        ohos:radius="50vp"/>
</shape>
```

进行分布式任务调度需要分布式数据同步权限,在 config.json 文件中需要请求,其内容如下:

```
"reqPermissions": [
```

```
        {
            "name": "ohos.permission.GET_BUNDLE_INFO"
        },
        {
            "name": "ohos.permission.DISTRIBUTED_DATASYNC"
        },
        {
            "name": "ohos.permission.GET_DISTRIBUTED_DEVICE_INFO"
        },
        {
            "name": "ohos.permission.DISTRIBUTED_DEVICE_STATE_CHANGE"
        }
    ]
```

上述代码中各权限含义如下。

(1) ohos.permission.GET_BUNDLE_INFO：允许非系统应用程序查询其他应用程序的信息。

(2) ohos.permission.DISTRIBUTED_DATASYNC：允许应用程序与另一个设备交换用户数据(如图像、音乐、视频和应用程序数据)。

(3) ohos.permission.GET_DISTRIBUTED_DEVICE_INFO：获取其他设备信息。

(4) ohos.permission.DISTRIBUTED_DEVICE_STATE_CHANGE：获取其他设备状态。

因为分布式数据同步权限是敏感权限,所以需要进行动态申请。并且进行跨设备迁移FA需要在MainAbility中实现IAbilityContinuation接口,并重写其中各方法,修改MainAbility,其内容如下：

```
public class MainAbility extends Ability implements IAbilityContinuation {
    private static final int MY_PERMISSIONS_DISTRIBUTED_DATASYNC =1;

    @Override
    public void onStart(Intent intent) {
        super.onStart(intent);
        super.setMainRoute(MainAbilitySlice.class.getName());
        if (verifySelfPermission("ohos.permission.DISTRIBUTED_DATASYNC")
                !=IBundleManager.PERMISSION_GRANTED) {
            //应用未被授予权限
            if (canRequestPermission("ohos.permission.DISTRIBUTED_DATASYNC")) {
                //是否可以申请弹框授权(首次申请或者用户未选择禁止且不再提示)
                requestPermissionsFromUser(
                        new String[]{"ohos.permission.DISTRIBUTED_DATASYNC"}
                        , MY_PERMISSIONS_DISTRIBUTED_DATASYNC);
            } else {
```

```
                //显示应用需要权限的理由,提示用户进入设置授权
            }
        } else {
            //权限已被授予
        }

    }

    @Override
    public void onRequestPermissionsFromUserResult(int requestCode
            , String[] permissions, int[] grantResults) {
        switch (requestCode) {
            case MY_PERMISSIONS_DISTRIBUTED_DATASYNC: {
                //匹配 requestPermissions 的 requestCode
                if (grantResults.length >0
                        && grantResults[0] ==IBundleManager.PERMISSION_GRANTED) {
                    //权限被授予
                    //注意:因时间差导致接口权限检查时可能无权限
                    //所以对那些因无权限而抛出异常的接口进行异常捕获处理
                } else {
                    //权限被拒绝
                }
                return;
            }
        }
    }

    @Override
    public boolean onStartContinuation() {
        return true;
    }

    @Override
    public boolean onSaveData(IntentParams intentParams) {
        return true;
    }

    @Override
    public boolean onRestoreData(IntentParams intentParams) {
        return true;
    }

    @Override
    public void onCompleteContinuation(int i) {
```

```
    }
}
```

修改 MainAbilitySlice，其内容如下：

```
public class MainAbilitySlice extends AbilitySlice implements IAbilityContinuation {
    //文本输入框
    private TextField TextField_Input;
    //需要恢复的数据
    String Reply;

    @Override
    public void onStart(Intent intent) {
        super.onStart(intent);
        super.setUIContent(ResourceTable.Layout_ability_main);
        //找到组件
        TextField_Input =findComponentById(ResourceTable.Id_TextField_Input);
        //将恢复的数据显示在页面上
        TextField_Input.setText(Reply);
        Button Btn_Open =findComponentById(ResourceTable.Id_Btn_Open);
        Button Btn_Move =findComponentById(ResourceTable.Id_Btn_Move);
        Button Btn_moveBack =findComponentById(ResourceTable.Id_Btn_moveBack);
        //给 Btn_Open 添加单击事件,打开目标设备的目标 Page
        Btn_Open.setClickedListener(component ->{
            //获取在线设备列表
            List<DeviceInfo>deviceInfoList =
                    DeviceManager.getDeviceList(DeviceInfo.FLAG_GET_ONLINE_DEVICE);
            //如果设备列表为空,则返回
            if (deviceInfoList.isEmpty()) {
                return;
            }
            //获取设备 Id,这里是另一台设备
            String deviceId =deviceInfoList.get(0).getDeviceId();
            //创建 Intent 对象
            Intent intent1 =new Intent();
            //创建 Operation 对象
            Operation operation =new Intent.OperationBuilder()
                    //设置目标设备
                    .withDeviceId(deviceId)
                    //设置目标包名
                    .withBundleName(getBundleName())
                    //设置目标 Page 名
                    .withAbilityName(MainAbility.class.getName())
```

```
                    //设置分布式能力标签
                    .withFlags(Intent.FLAG_ABILITYSLICE_MULTI_DEVICE)
                    .build();
            intent1.setOperation(operation);
            //启动目标 Ability
            startAbility(intent1);
        });
        //给 Btn_Move 添加单击事件,请求迁移
        Btn_Move.setClickedListener(component ->{
            //获取在线设备列表
            List<DeviceInfo>deviceInfoList =
                    DeviceManager.getDeviceList(DeviceInfo.FLAG_GET_ONLINE_DEVICE);
            //如果设备列表为空,则返回
            if (deviceInfoList.isEmpty()) {
                return;
            }
            //获取设备 Id,这里是另一台设备
            String deviceId =deviceInfoList.get(0).getDeviceId();
            //只请求迁移
            //continueAbility(deviceId);
            //请求迁移并可回迁
            continueAbilityReversibly(deviceId);
        });
        //给 Btn_moveBack 添加单击事件,请求回迁
        Btn_moveBack.setClickedListener(component ->{
            reverseContinueAbility();
        });
    }

    @Override
    public void onActive() {
        super.onActive();
    }

    @Override
    public void onForeground(Intent intent) {
        super.onForeground(intent);
    }


    @Override
    public boolean onStartContinuation() {
        return true;
    }
```

```
    @Override
    public boolean onSaveData(IntentParams intentParams) {
        //需要保存的数据
        intentParams.setParam("data", TextField_Input.getText());
        return true;
    }

    @Override
    public boolean onRestoreData(IntentParams intentParams) {
        //需要恢复的数据
        Reply =intentParams.getParam("data").toString();
        return true;
    }

    @Override
    public void onCompleteContinuation(int i) {

    }
}
```

在跨设备迁移 FA 时 MainAbilitySlice 也需要实现 IAbilityContinuation 接口，并重写其中各方法。上述代码中定义了文本输入组件，分别给打开远端页面按钮组件、迁移按钮组件与回迁按钮组件添加了单击事件。观察拉起远端页面按钮组件的单击事件，可知其是通过 Intent 打开远端设备的 Ability。

打开远程模拟器中的“双 P40 模拟器”，以 Super App 模式将程序运行在两台设备上。应用初始页面与运行结果如图 10-1 所示。

图 10-1　应用初始页面与运行结果

将设备 P40:18888 上的应用退出,再单击 P40:18889 设备上的"打开远端页面"按钮,即可再次在 P40:18888 上打开应用。在一台设备上的文本输入组件内输入信息,单击"迁移"按钮,即可将此 Ability 迁移至另一台设备。在其他设备上输入信息,单击"回迁"按钮,即可将此信息回迁至本地设备,这里不再演示,读者可以自行练习。

习　题

一、判断题

1. HarmonyOS 分布式软总线是多种终端设备的统一基座,为设备之间的互联互通提供了统一的分布式通信能力。(　　)

2. HarmonyOS 应用必须通过主动调用同步接口才能实现分布式数据库多设备间数据的同步。(　　)

3. 使用分布式能力是需要申请分布式数据同步权限。(　　)

4. 分布式任务调度可以调度 FA 也可以调度 PA。(　　)

5. 设备 A 的应用启动设备 B 的指定的 Ability 需要使用 Intent。(　　)

二、选择题

1. 在直播场景中,主播用运动相机采集视频作为直播镜头,这里相机的分布式使用主要体现了 HarmonyOS 的哪项分布式特性?(　　)

A. 分布式数据服务　　B. 分布式设备虚拟化
C. 分布式文件服务　　D. 分布式任务调度

2. 下面是"面向未来"、面向全场景的分布式操作系统的是(　　)。

A. Linux　　B. iOS
C. WindowsXP　　D. HarmonyOS

3. 在 HarmonyOS 中,以下哪项分布式技术是其他分布式特性的基础?(　　)

A. 分布式软总线　　B. 分布式设备虚拟化
C. 分布式数据管理　　D. 分布式任务调度

4. 在协同办公场景中,将手机上的文档投屏到智慧屏,在智慧屏上对文档执行翻页、缩放操作。上述场景中用到了哪些分布式能力?(　　)

A. 分布式设备虚拟化　　B. 分布式数据服务
C. 分布式软总线　　D. 分布式文件服务

三、填空题

1. 通过结合________、________和数据库三元组,分布式数据服务对属于不同应用的数据进行隔离,保证不同应用之间的数据不能通过分布式数据服务互相访问。

2. 为实现跨设备迁移 FA 的能力,在 MainAbility 和 MainAbilitySlice 都需要实现________接口。

3. 在回迁能力中,intentParams.setParam("data", TextField_Input.getText());语句

的作用是：________。

4. 在使用两台设备测试时，需要使用________模式在模拟器中运行程序。

四、实践题

1. 实现分布式迁移 FA 功能。

2. 结合前面 Service Ability 相关章节实现分布式启动 Service、关闭 Service。

第11章

设 备 管 理

本章学习目标

- 了解 HarmonyOS 传感器基本概念和架构。
- 熟悉 HarmonyOS 传感器的开发步骤，掌握计步传感器和方向传感器的开发过程。
- 掌握获取设备位置信息及地理编码转化的实现。

HarmonyOS 设备是底层硬件的一种设备抽象概念。HarmonyOS 提供了一系列 API，针对不同的设备进行管理。这些设备包括传感器、控制类小器件、位置、设置项、设备标识符。本章主要介绍传感器及位置相关内容，更多内容请参考华为开发者联盟官网指南。

11.1 传感器的概念

传感器是一种检测装置，能感受到被测量的信息，并将这些信息按一定规律转换成为电信号或其他所需形式的信息并输出，以满足信息的传输、处理、存储、显示、记录和控制等要求。传感器是实现自动检测和自动控制的首要环节。国家标准 GB/T7665-2005 中对传感器的定义是“能感受被测量并按照一定的规律转换成可用输出信号的器件或装置，通常由敏感元件和转换元件组成。”

HarmonyOS 传感器是应用访问底层硬件传感器的一种设备抽象概念。开发者根据传感器提供的 Sensor API，可以查询设备上的传感器，订阅传感器的数据，并根据传感器数据定制相应的算法，开发各类应用。本节将介绍 HarmonyOS 传感器的应用。

11.1.1 传感器架构

1. 传感器的架构图

HarmonyOS 传感器包含 4 个模块：Sensor API、Sensor Framework、Sensor Service 和 HD-IDL 层。HarmonyOS 传感器的架构如图 11-1 所示。

传感器各模块功能介绍如下。

(1) Sensor API：提供传感器的基础 API，主要包含查询传感器的列表、订阅/取消传感器的数据、执行控制命令等，能够简化应用开发。

(2) Sensor Framework：主要实现传感器的订阅管理，数据通道的创建、销毁、订阅与取消订阅，实现与 SensorService 的通信。

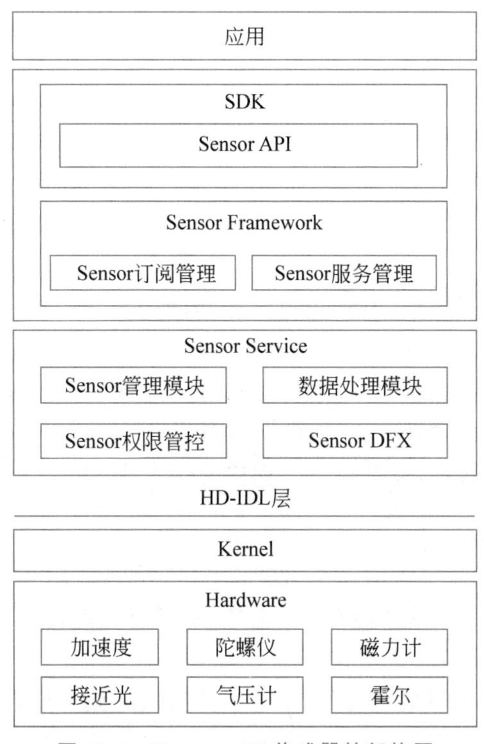

图 11-1　HarmonyOS 传感器的架构图

(3) Sensor Service：主要实现 HD_IDL 层数据接收、解析、分发，前后台的策略管控，对该设备 Sensor 的管理，Sensor 权限管控等。

(4) HD-IDL 层：对不同的 FIFO、频率进行策略选择，以及对不同设备进行适配。

2. 约束与限制

针对某些传感器，开发者需要请求相应的权限，才能获取相应传感器的数据。表 11-1 展示的是传感器权限。

表 11-1　传感器权限

传感器	权限名	敏感级别	权限描述
加速度传感器、加速度未校准传感器、线性加速度传感器	ohos.permission.ACCELEROMETER	system_grant	允许订阅 Motion 组件对应的加速度传感器的数据
陀螺仪传感器、陀螺仪未校准传感器	ohos.permission.GYROSCOPE	system_grant	允许订阅 Motion 组件对应的陀螺仪传感器的数据
计步器	ohos.permission.ACTIVITY_MOTION	user_grant	允许订阅运动状态
心率	ohos.permission.READ_HEALTH_DATA	user_grant	允许读取健康数据

传感器数据订阅和取消订阅接口成对调用，当不再需要订阅传感器数据时，开发者需要调用取消订阅接口进行资源释放。

3. 场景介绍

各种传感器可实现的功能如下。

(1) 通过方向传感器数据,可以感知用户设备当前的朝向,从而达到为用户指明方位的目的。

(2) 通过重力和陀螺仪传感器数据,能感知设备的倾斜和旋转量,提高用户在游戏场景中的体验。

(3) 通过接近光传感器数据,感知距离遮挡物的距离,使设备能够自动亮灭屏,达到防误触目的。

(4) 通过气压计传感器数据,可以准确地判断设备当前所处的海拔。

(5) 通过环境光传感器数据,设备能够实现背光自动调节。

(6) 通过霍尔传感器数据,设备可以实现皮套功能等。

11.1.2 开发传感器时用到的接口

HarmonyOS 传感器提供的功能有:查询传感器的列表、订阅/取消订阅传感器数据、查询传感器的最小采样时间间隔、执行控制命令。

以订阅方向类别的传感器数据为例,本节示例涉及的接口如表 11-2 所示。

表 11-2 CategoryOrientationAgent 的主要接口

接口名	描述
getAllSensors()	获取属于方向类别的传感器列表
getAllSensors(int)	获取属于方向类别中特定类型的传感器列表
getSingleSensor(int)	查询方向类别中特定类型的默认 Sensor(如果存在多个则返回第一个)
setSensorDataCallback(ICategoryOrientationDataCallback, CategoryOrientation, long)	以设定的采样间隔订阅给定传感器的数据
setSensorDataCallback(ICategoryOrientationDataCallback, CategoryOrientation, long, long)	以设定的采样间隔和时延订阅给定传感器的数据
releaseSensorDataCallback(ICategoryOrientationDataCallback, CategoryOrientation)	取消订阅指定传感器的数据
releaseSensorDataCallback(ICategoryOrientationDataCallback)	取消订阅的所有传感器数据

SensorAgent 的主要接口如表 11-3 所示。

表 11-3 SensorAgent 的主要接口

接口名	描述
getSensorMinSampleInterval(int)	查询给定传感器的最小采样间隔
runCommand(int, int, int)	针对某个传感器执行命令,刷新传感器的数据

CategoryOrientationData 的主要接口如表 11-4 所示。

表 11-4　CategoryOrientationData 的主要接口

接口名	描述
getDeviceRotationMatrix(float[], float[])	根据旋转矢量获取旋转矩阵
getDeviceOrientation(float[], float[])	根据旋转矩阵获取设备的方向

11.2　传感器开发步骤

1. 传感器的分类

传感器有运动类传感器、环境类传感器、方向类传感器、光线类传感器、健康类传感器、其他类传感器，这里列出一些常见的传感器以及其对应的代码。

1）运动类

(1) SENSOR_TYPE_ACCELEROMETER：加速度传感器，测量 3 个物理轴(x、y、z)上，施加在设备上的加速度(包括重力加速度)，单位为 m/s^2，可检测运动状态。

(2) SENSOR_TYPE_LINEAR_ACCELERATION：线性加速度传感器，作用同上，可检测每个单轴方向上的线性加速度。

(3) SENSOR_TYPE_PEDOMETER_DETECTION：计步器检测传感器，可以检测用户是否有计步动作，如果取值为 1 则代表用户产生了计步行走的动作；如果取值为 0 则代表用户没有发生运动。

(4) SENSOR_TYPE_PEDOMETER：计步器传感器，统计用户的行走步数，可用于提供用户行走的步数数据。

2）环境类

SENSOR_TYPE_MAGNETIC_FIELD：磁场传感器，测量三个物理轴向(x、y、z)上，环境地磁场，单位为 μT，可用来创建指南针。

3）方向类

SENSOR_TYPE_ORIENTATION：方向传感器，测量设备围绕所有 3 个物理轴(x、y、z)旋转的角度值，单位为 rad，可用于提供屏幕旋转的 3 个角度值。

4）健康类

SENSOR_TYPE_HEART_RATE：心率传感器，测量用户的心率数值，可用于提供用户的心率健康数据。

如果读者需要 HarmonyOS 支持的所有传感器列表，可查询华为开发者联盟官网指南。有些传感器的使用需要权限，如果设备上使用了传感器权限列表中的传感器，需要请求相应的权限，开发者才能获取到传感器数据。不同敏感级别的传感器举例如表 11-5 所示。

2. 权限配置

开发者需要在 config.json 里面配置权限。

表 11-5　不同敏感级别的传感器举例

敏感级别	传　感　器	权　限　名	权限描述
system_grant	加速度传感器、加速度未校准传感器、线性加速度传感器	ohos.permission.ACCELEROMETER	允许订阅 Motion 组件对应的加速度传感器的数据
user_grant	计步器	ohos.permission.ACTIVITY_MOTION	允许订阅运动状态

(1) 如果需要获取加速度的数据,需要进行如下权限配置。

```
"reqPermissions": [
    {
        "name": "ohos.permission.ACCELEROMETER",
        "reason": "",
        "usedScene": {
            "ability": [
                ".MainAbility"
            ],
            "when": "inuse"
        }
    }
]
```

(2) 对于需要用户授权的权限,如计步器传感器,需要进行如下权限配置。

```
"reqPermissions": [
    {
        "name": "ohos.permission.ACTIVITY_MOTION",
        "reason": "",
        "usedScene": {
            "ability": [
                ".MainAbility"
            ],
            "when": "inuse"
        }
    }
]
```

由于敏感权限需要用户授权,因此,开发者在应用启动时或者调用订阅数据接口前,需要调用权限检查和请求权限接口。

```
@Override
public void onStart(Intent intent) {
    super.onStart(intent);
    if (verifySelfPermission("ohos.permission.ACTIVITY_MOTION") != 0) {
        if (canRequestPermission("ohos.permission.ACTIVITY_MOTION")) {
```

```
            requestPermissionsFromUser(new String[] {"ohos.permission.ACTIVITY
_MOTION"}, 1);
        }
    }
    //...
}

@Override
public void onRequestPermissionsFromUserResult (int requestCode, String [ ]
permissions,
        int[] grantResults) {
    //匹配 requestPermissionsFromUser 的 requestCode
    if (requestCode ==1) {
        if (grantResults.length >0 && grantResults[0] ==0) {
            //权限被授予
        } else {
            //权限被拒绝
        }
    }
}
```

3. 传感器的使用

以使用方向类、运动类的传感器为例，环境类、健康类等类别的传感器使用方法与其类似：

(1) 获取待订阅数据的传感器；

(2) 创建传感器回调；

(3) 订阅传感器数据；

(4) 接收并处理传感器数据；

(5) 取消订阅传感器数据。

下面介绍计步器传感器和方向传感器的开发过程。

11.2.1　案例：计步器传感器

本节介绍计步器传感器的开发过程，下面创建一个名为 PedometerSensorDemo 的应用来演示。页面需要一个"订阅传感器数据"按钮和一个"取消订阅传感器数据"按钮，读者可根据自身喜好设置，这里不再赘述。

因为计步器传感器的使用需要请求"允许订阅运动状态"权限才可以获取相应的传感器数据，且该权限为敏感权限，所以还需要进行动态申请，config.json 文件中请求权限部分代码如下：

```
"reqPermissions": [
    {
```

```
        "name": "ohos.permission.ACTIVITY_MOTION"
    }
]
```

在 MainAbility 文件中的 onStart()方法里进行动态申请，其内容如下：

```
public class MainAbility extends Ability {
    @Override
    public void onStart(Intent intent) {
        super.onStart(intent);
        super.setMainRoute(MainAbilitySlice.class.getName());
        if (verifySelfPermission("ohos.permission.ACTIVITY_MOTION") != 0) {
            if (canRequestPermission("ohos.permission.ACTIVITY_MOTION")) {
                requestPermissionsFromUser
                        (new String[]{"ohos.permission.ACTIVITY_MOTION"}
                                , 1);
            }
        }
    }

    @Override
    public void onRequestPermissionsFromUserResult(int requestCode
            , String[] permissions
            , int[] grantResults) {
        //匹配 requestPermissionsFromUser 的 requestCode
        if (requestCode == 1) {
            if (grantResults.length > 0 && grantResults[0] == 0) {
                //权限被授予
            } else {
                //权限被拒绝
            }
        }
    }
}
```

修改 MainAbilitySlice，其内容如下：

```
public class MainAbilitySlice extends AbilitySlice {
    //定义日志标签
    static final HiLogLabel LABEL = new HiLogLabel(HiLog.LOG_APP
            , 0x00922
            , "MainAbilitySlice");
    //运动类传感器代理对象
    private CategoryMotionAgent categoryMotionAgent;
```

```
//运动类传感器对象
private CategoryMotion categoryMotion;
private Text Text_Result;
private int Step =0;


@Override
public void onStart(Intent intent) {
    super.onStart(intent);
    super.setUIContent(ResourceTable.Layout_ability_main);
    //初始化组件
    InitComponent();
}

//初始化组件
public void InitComponent() {
    //找到组件
    Text_Result =findComponentById(ResourceTable.Id_Text_Result);
    Button Button_Start =findComponentById(ResourceTable.Id_Button_Start);
    Button Button_Stop =findComponentById(ResourceTable.Id_Button_Stop);
    //给 Button_Start 添加单击事件
    Button_Start.setClickedListener(this::Start);
    //给 Button_Stop 添加单击事件
    Button_Stop.setClickedListener(this::Stop);
}

//订阅传感器数据
public void Start(Component component) {
    categoryMotionAgent =new CategoryMotionAgent();
    //获取计步器传感器,统计用户的行走步数
    categoryMotion =categoryMotionAgent
            .getSingleSensor(CategoryMotion.SENSOR_TYPE_PEDOMETER);
    //订阅计步器传感器
    categoryMotionAgent
            .setSensorDataCallback(iCategoryMotionDataCallback
                    , categoryMotion
                    , SensorAgent.SENSOR_SAMPLING_RATE_UI);
}

//取消订阅传感器数据
private void Stop(Component component) {
    //取消订阅计步器检测传感器
    categoryMotionAgent.releaseSensorDataCallback(
            iCategoryMotionDataCallback, categoryMotion);
```

```
    }

    //运动类传感器数据回调
    private final ICategoryMotionDataCallback
            iCategoryMotionDataCallback =new ICategoryMotionDataCallback() {
        @Override
        public void onSensorDataModified(CategoryMotionData categoryMotionData) {
            HiLog.info(LABEL, "onSensorDataModified()方法被调用");
            Step++;
            getUITaskDispatcher().asyncDispatch(() ->{
                Text_Result.setText(Step +"");
            });
        }

        @Override
        public void onAccuracyDataModified(CategoryMotion categoryMotion, int i) {

        }

        @Override
        public void onCommandCompleted(CategoryMotion categoryMotion) {

        }
    };

    @Override
    public void onActive() {
        super.onActive();
    }

    @Override
    public void onForeground(Intent intent) {
        super.onForeground(intent);
    }
}
```

代码说明

在“订阅传感器数据”按钮的单击事件中，首先获取了运动类传感器代理对象 categoryMotionAgent，接着通过 getSingleSensor()方法得到计步器传感器对象 categoryMotion，该方法参数为传感器类型，所有传感器类别可在开发者联盟官网指南中查询。

最后通过 setSensorDataCallback()回调订阅计步器传感器，其 3 个参数分别是传感器数据回调对象、运动类传感器对象、采样频率模式。采样频率模式有以下 4 种。

(1) SENSOR_SAMPLING_RATE_FASTEST：表示获取传感器数据的最快采样速率。

(2) SENSOR_SAMPLING_RATE_GAME：表示在游戏场景中获取传感器数据的采样率。

(3) SENSOR_SAMPLING_RATE_NORMAL：指示获取传感器数据的默认采样率，例如在屏幕旋转的情况下。

(4) SENSOR_SAMPLING_RATE_UI：指示在 UI 上获取传感器数据的采样率。

在运动类传感器数据回调类中的 onSensorDataModified(CategoryMotionData categoryMotionData)方法是当传感器数据发生变化时进行回调。这里将传感器获取的用户行走状态信息“步数”显示在页面上。

onAccuracyDataModified()方法是当数据精度发生变化时进行回调。

onCommandCompleted()方法是当传感器命令执行完成时回调。

这里以本地真实设备(P50 Pro)为例进行调试。以本地真实设备运行程序操作流程如下。

(1) 在 Phone 中运行应用，可以采用 USB 连接方式或者 IP Connection 连接方式。采用 IP Connection 连接方式要求 Phone 和 PC 端在同一个网段，建议将 Phone 和 PC 连接到同一个 WLAN 下，具体步骤可以参考华为开发者联盟官网指南。下面主要介绍使用 USB 连接方式在真实设备上运行应用。

(2) 使用 USB 连接方式的前提条件是在 Phone 中打开“开发者模式”，可在“设置→关于手机”中连续多次单击“版本号”，直到提示“您正处于开发者模式”即可。然后在设置的“系统与更新→开发人员选项”中，打开“USB 调试”开关，如图 11-2 所示。

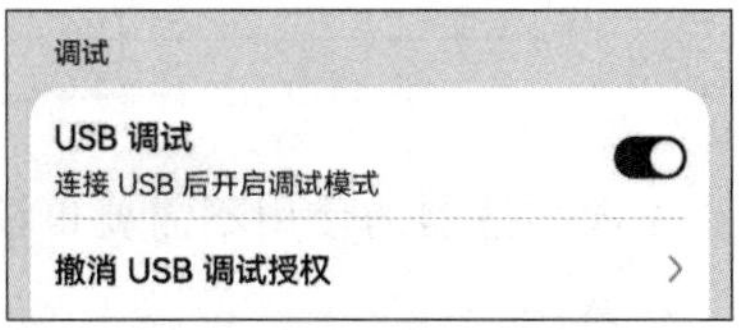

图 11-2　打开“USB 调试”开关

注意：在 Phone 中运行应用之前，需要对应用进行签名。签名推荐以自动签名的方式进行签名。

使用 USB 连接方式的操作步骤如下。

(1) 使用 USB 方式，将 Phone 与 PC 端进行连接。

(2) 在 Phone 中，将 USB 连接方式选择为“传输文件”。

(3) 在 Phone 中会弹出“是否允许 USB 调试”的弹窗，单击“确定”按钮，如图 11-3 所示。

(4) 在菜单栏中，单击 Run 模块运行应用。

(5) DevEco Studio 启动 HAP 的编译构建和安装。安装成功后，Phone 会自动运行安装的 HarmonyOS 应用。

现在运行程序，单击“允许应用访问您的健身运动”权限，单击“订阅传感器数据”按钮，记录结果如图 11-4 所示。

11.2.2　案例：方向传感器

本节介绍方向传感器的开发过程，下面创建一个名为 DirectionSensorDemo 的应用来演示。页面需要一个“订阅传感器数据”按钮和一个“取消订阅传感器数据”按钮，读者可根据自身喜好设置，这里不再赘述。

是否允许 USB 调试？

这台计算机的 RSA 密钥指纹如下：
BE:93:DC:FE:07:5A:DF:E5:01:DE:EC:
83:75:E6:56:88

始终允许使用这台计算机进行调试

取消　确定

图 11-3　允许 USB 调试

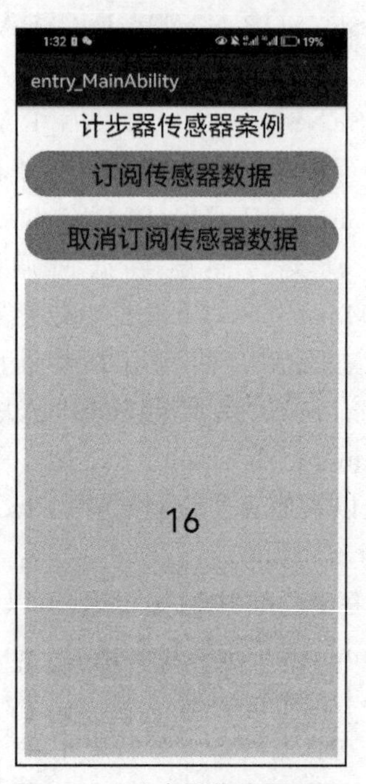

图 11-4　计步器传感器页面

方向传感器的使用不需要申请权限。修改 MainAbilitySlice，其内容如下：

```
public class MainAbilitySlice extends AbilitySlice {
    //定义日志标签
    static final HiLogLabel LABEL =new HiLogLabel(HiLog.LOG_APP
            , 0x00922
            , "MainAbilitySlice");
    //方向类传感器代理对象
    private CategoryOrientationAgent categoryOrientationAgent;
    //方向类传感器对象
    private CategoryOrientation categoryOrientation;

    private int matrix_length =9;
    private int rotationVectorLength =9;

    @Override
    public void onStart(Intent intent) {
        super.onStart(intent);
        super.setUIContent(ResourceTable.Layout_ability_main);
        //初始化组件
        InitComponent();
    }

    //初始化组件
```

```
    public void InitComponent() {
        //找到组件
        Button Button_Start = findComponentById(ResourceTable.Id_Button_Start);
        Button Button_Stop = findComponentById(ResourceTable.Id_Button_Stop);
        //给 Button_Start 添加单击事件
        Button_Start.setClickedListener(this::Start);
        //给 Button_Stop 添加单击事件
        Button_Stop.setClickedListener(this::Stop);
    }

    //订阅传感器数据
    public void Start(Component component) {
        categoryOrientationAgent = new CategoryOrientationAgent();
        //获取方向传感器,测量设备围绕所有 3 个物理轴(x、y、z)旋转的角度值,单位为 rad
        categoryOrientation = categoryOrientationAgent
                .getSingleSensor(CategoryOrientation.SENSOR_TYPE_ORIENTATION);
        //订阅方向传感器
        categoryOrientationAgent.setSensorDataCallback(
                iCategoryOrientationDataCallback
                , categoryOrientation
                , SensorAgent.SENSOR_SAMPLING_RATE_UI);
    }

    //取消订阅传感器数据
    private void Stop(Component component) {
        //取消订阅方向传感器
        categoryOrientationAgent.releaseSensorDataCallback(
                iCategoryOrientationDataCallback, categoryOrientation);
    }

    //方向类传感器数据回调
    private final ICategoryOrientationDataCallback
            iCategoryOrientationDataCallback = new
ICategoryOrientationDataCallback() {
        @Override
        public void onSensorDataModified(CategoryOrientationData
categoryOrientationData) {
            HiLog.info(LABEL, "onSensorDataModified()方法被调用");
            //对接收的 categoryOrientationData 传感器数据对象解析和使用
            //获取传感器的维度信息
            int dim = categoryOrientationData.getSensorDataDim();
            //获取方向类传感器的第一维数据
            float degree = categoryOrientationData.getValues()[0];
            float[] rotationMatrix = new float[matrix_length];
```

```
            //根据旋转矢量传感器的数据获得旋转矩阵
            CategoryOrientationData
                    .getDeviceRotationMatrix(rotationMatrix
                           , categoryOrientationData.values);
            float[] rotationAngle =new float[rotationVectorLength];
            //根据计算出来的旋转矩阵获取设备的方向
            rotationAngle =CategoryOrientationData
                    .getDeviceOrientation(rotationMatrix, rotationAngle);
            HiLog.info(LABEL, "dim:%{public}s, degree: %{public}s, " +
                        "rotationMatrix: %{public}s, rotationAngle: %{public}s",
                    dim, degree, ZSONObject.toZSONString(rotationMatrix),
                    ZSONObject.toZSONString(rotationAngle));
        }

        @Override
        public void onAccuracyDataModified(CategoryOrientation categoryOrientation,
int i) {
        }

        @Override
        public void onCommandCompleted(CategoryOrientation categoryOrientation) {
        }
    };

    @Override
    public void onActive() {
        super.onActive();
    }

    @Override
    public void onForeground(Intent intent) {
        super.onForeground(intent);
    }
}
```

运行程序，应用初始页面如图 11-5 所示。

单击“订阅传感器数据”按钮，控制台输出内容如下：

```
06-06 17:04:52.266 29144-29468/com.example.sensordemo I 00922/DirectionAbilitySlice:
onSensorDataModified()方法被调用
06-06 17:04:52.267 29144-29468/com.example.sensordemo I 00922/DirectionAbilitySlice:
dim:3, degree: 66.57, rotationMatrix: [-1.3764002,-145.1126,-1.3313999,-145.1126,
-8862.13,0.0218,-1.3313999,0.0218,-8864.506], rotationAngle: [-3.1152186,
-2.4595756E-6,3.1414425,0.0,0.0,0.0,0.0,0.0,0.0]
```

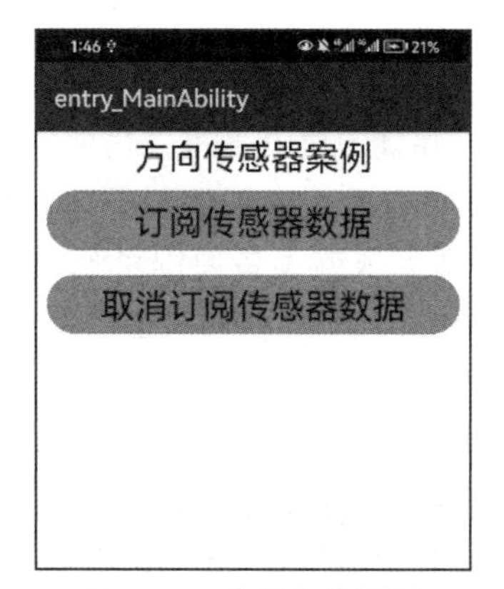

图 11-5　应用初始页面

```
06-06 17:04:52.286 29144-29468/com.example.sensordemo I 00922/DirectionAbilitySlice:
onSensorDataModified()方法被调用
06-06 17:04:52.287 29144-29468/com.example.sensordemo I 00922/DirectionAbilitySlice:
dim:3, degree: 66.57, rotationMatrix: [-1.3764002,-145.1126,-1.3313999,-145.1126,
-8862.13, 0.0218, -1.3313999, 0. 0218, -8864.506], rotationAngle: [-3.1152186,
-2.4595756E-6,3.1414425,0.0,0.0,0.0,0.0,0.0,0.0]
```

这里只截取一部分输出内容作为演示，在不单击“取消订阅传感器数据”按钮的情况下，将源源不断地输出设备方向信息。

11.3　位置开发概述

移动终端设备已经深入人们日常生活的方方面面，如查看天气、新闻轶事、出行打车、旅行导航、运动记录等，这些习以为常的活动，都离不开定位用户终端设备的位置。

当用户处于这些丰富的使用场景中时，系统的位置能力可以提供实时准确的位置数据。对于开发者，设计基于位置体验的服务，也可以使应用的使用体验更贴近每个用户。

当应用在实现基于设备位置的功能（如驾车导航、记录运动轨迹等）时，可以调用该模块的 API 接口，完成位置信息的获取。

位置能力用于确定用户设备在哪里，系统使用位置坐标标示设备的位置，并用多种定位技术提供服务，如 GNSS 定位、基站定位、WLAN/蓝牙定位（基站定位、WLAN/蓝牙定位后续统称为“网络定位技术”）。通过这些定位技术，无论用户设备在室内或是户外，都可以被准确地确定位置。

1. 基本概念

（1）坐标：系统以 1984 年世界大地坐标系统为参考，使用经度、纬度数据描述地球上的一个位置。

（2）GNSS 定位：基于全球导航卫星系统，包含 GPS、GLONASS、北斗、Galileo 等，通过导航卫星、设备芯片提供的定位算法，来确定设备准确位置。定位过程具体使用哪些定位系统，取决于用户设备的硬件能力。

(3) 基站定位：根据设备当前驻网基站和相邻基站的位置，估算设备当前位置。此定位方式的定位结果精度相对较低，并且需要设备可以访问蜂窝网络。

(4) WLAN、蓝牙定位：根据设备可搜索到的周围 WLAN、蓝牙设备位置，估算设备当前位置。此定位方式的定位结果精度依赖设备周围可见的固定 WLAN、蓝牙设备的分布，密度较高时，精度相较于基站定位方式也更高，同时也需要设备可以访问网络。

2. 运作机制

位置能力作为系统为应用提供的一种基础服务，需要应用在所使用的业务场景向系统主动发起请求，并在业务场景结束时主动结束此请求，在此过程中系统会将实时的定位结果上报给应用。

3. 约束与限制

使用设备的位置能力，需要用户进行确认并主动开启位置开关。如果位置开关没有开启，则系统不会向任何应用提供位置服务。

设备位置信息属于用户敏感数据，所以即使用户已经开启位置开关，应用在获取设备位置前仍需要向用户申请位置访问权限。在用户确认允许后，系统才会向应用提供位置服务。

开发者可以调用 HarmonyOS 位置相关接口获取设备实时位置，或者最近的历史位置。

对于位置敏感的应用业务，建议获取设备实时位置信息。如果不需要设备实时位置信息，并且希望尽可能地节省耗电，开发者可以考虑获取最近的历史位置。

获取设备的位置信息，所使用的接口及说明如表 11-6 所示。

表 11-6 位置信息接口

接口名	描述
Locator(Context context)	创建 Locator 实例对象
RequestParam(int scenario)	根据定位场景类型创建定位请求的 RequestParam 对象
onLocationReport(Location location)	获取定位结果
onStatusChanged(int type)	获取定位过程中的状态信息
onErrorReport(int type)	获取定位过程中的错误信息
startLocating(RequestParam request, LocatorCallback callback)	向系统发起定位请求
requestOnce(RequestParam request, LocatorCallback callback)	向系统发起单次定位请求
stopLocating(LocatorCallback callback)	结束定位
getCachedLocation()	获取系统缓存的位置信息
Locator(Context context)	创建 Locator 实例对象

11.4　获取设备位置信息

应用在使用系统能力前，需要检查是否已经获取用户授权访问设备位置信息。如未获得授权，可以向用户申请需要的位置权限。

系统提供的定位权限有：

```
ohos.permission.LOCATION
ohos.permission.LOCATION_IN_BACKGROUND
```

（1）访问设备的位置信息，必须申请 ohos.permission.LOCATION 权限，并且获得用户授权。

（2）如果应用在后台运行时也需要访问设备位置，除需要将应用声明为允许后台运行外，还必须申请 ohos.permission.LOCATION_IN_BACKGROUND 权限，这样应用在切入后台之后，系统可以继续上报位置信息。

下面以获取设备的位置信息为例，介绍具体开发过程。

（1）开发者可以在应用 config.json 文件中声明所需要的权限，示例代码如下：

```
{
    "module": {
        "reqPermissions": [{
            "name": "ohos.permission.LOCATION",
            "reason": "$string:reason_description",
            "usedScene": {
                "ability": ["com.myapplication.LocationAbility"],
                "when": "inuse"
            }, {
            ...
            }
        ]
    }
}
```

（2）实例化 Locator 对象，所有与基础定位能力相关的功能 API 都是通过 Locator 提供的。

```
Locator locator =new Locator(context);
```

其中入参需要提供当前应用程序的 AbilityInfo 信息，便于系统管理应用的定位请求。

（3）实例化 RequestParam 对象，用于告知系统该向应用提供何种类型的位置服务，以及位置结果上报的频率。

① **方式一**

为了面向开发者提供贴近其使用场景的 API 使用方式，系统定义了几种常见的位置能力使用场景,并针对使用场景做了适当的优化处理,应用可以直接匹配使用,简化开发复杂度。系统当前支持场景如下。

a. SCENE_NAVIGATION:导航场景,适用于在户外定位设备实时位置的场景,如车载、步行导航。在此场景下,为保证系统提供位置结果精度最优,主要使用 GNSS 定位技术提供定位服务,结合场景特点,在导航启动之初,用户很可能在室内、车库等遮蔽环境,GNSS 技术很难提供位置服务。为解决此问题,可以在 GNSS 提供稳定位置结果之前使用系统网络定位技术,向应用提供位置服务,以在导航初始阶段提升用户体验。此场景默认以最小 1s 间隔上报定位结果,使用此场景的应用必须申请 ohos.permission.LOCATION 权限,同时获得用户授权。

b. SCENE_TRAJECTORY_TRACKING:轨迹跟踪场景,适用于记录用户位置轨迹的场景,如运动类应用记录轨迹功能。主要使用 GNSS 定位技术提供定位服务。此场景默认以最小 1s 间隔上报定位结果,并且应用必须申请 ohos.permission.LOCATION 权限,同时获得用户授权。

c. SCENE_CAR_HAILING:出行约车场景,适用于用户出行打车时定位当前位置的场景,如网约车类应用。此场景默认以最小 1s 间隔上报定位结果,并且应用必须申请 ohos.permission.LOCATION 权限,同时获得用户授权。

d. SCENE_DAILY_LIFE_SERVICE:生活服务场景,适用于不需要定位用户精确位置的使用场景,如新闻资讯、网购、点餐类应用,做推荐、推送时定位用户大致位置即可。此场景默认以最小 1s 间隔上报定位结果,并且应用至少申请 ohos.permission.LOCATION 权限,同时获得用户授权。

e. SCENE_NO_POWER:无功耗场景,适用于不需要主动启动定位业务。系统在响应其他应用启动定位业务并上报位置结果时,会同时向请求此场景的应用程序上报定位结果,当前的应用程序不产生定位功耗。此场景默认以最小 1s 间隔上报定位结果,并且应用需要申请 ohos.permission.LOCATION 权限,同时获得用户授权。

以导航场景为例,实例化方式如下:

```
RequestParam requestParam =new RequestParam(RequestParam.SCENE_NAVIGATION);
```

② **方式二**

如果定义的现有场景类型不能满足所需的开发场景,系统提供了基本的定位优先级策略类型。定位优先级策略类型说明如下。

a. PRIORITY_ACCURACY:定位精度优先策略,主要以 GNSS 定位技术为主,在开阔场景下可以提供米级的定位精度,具体性能指标依赖用户设备的定位硬件能力,但在室内等强遮蔽定位场景下,无法提供准确的位置服务。应用必须申请 ohos.permission.LOCATION 权限,同时获得用户授权。

b. PRIORITY_FAST_FIRST_FIX:快速定位优先策略,同时使用 GNSS 定位、基站定位和 WLAN、蓝牙定位技术,以便在室内和户外场景下,通过此策略都可以获得位置结果,当各种定位技术都提供位置结果时,系统会选择其中精度较好的结果返回给应用。因为同时使用各种定位技术,对设备的硬件资源消耗较大,功耗也较大。应用必须申请 ohos.permission.LOCATION 权限,同时获得用户授权。

c. PRIORITY_LOW_POWER：低功耗定位优先策略，主要使用基站定位和 WLAN、蓝牙定位技术，也可以同时提供室内和户外场景下的位置服务，因为其依赖周边基站、可见 WLAN、蓝牙设备的分布情况，定位结果的精度波动范围较大，如果对定位结果精度要求不高，或者使用场景多在有基站、可见 WLAN、蓝牙设备高密度分布的情况下，推荐使用，可以有效节省设备功耗。应用至少申请 ohos.permission.LOCATION 权限，同时获得用户授权。

后两个入参用于限定系统向应用上报定位结果的频率，分别为位置上报的最小时间间隔和位置上报的最小距离间隔，开发者可以参考 API 具体说明进行开发。

(4) 实例化 LocatorCallback 对象，用于向系统提供位置上报的途径。

应用需要自行实现系统定义好的回调接口，并将其实例化。系统在定位成功确定设备的实时位置结果时，会通过 onLocationReport()接口上报给应用。应用程序可以在 onLocationReport()接口的实现中完成自己的业务逻辑，示例代码如下：

```
MyLocatorCallback locatorCallback =new MyLocatorCallback();

public class MyLocatorCallback implements LocatorCallback {
    @Override
    public void onLocationReport(Location location) {
    }

    @Override
    public void onStatusChanged(int type) {
    }

    @Override
    public void onErrorReport(int type) {
    }
}
```

(5) 启动定位。

```
locator.startLocating(requestParam, locatorCallback);
```

如果应用不需要持续获取位置结果，可以使用如下方式启动定位，系统会上报一次实时定位结果后，自动结束应用的定位请求。应用不需要执行结束定位。

```
locator.requestOnce(requestParam, locatorCallback);
```

(6) 结束定位(可选)。

```
locator.stopLocating(locatorCallback);
```

如果应用使用场景不需要实时的设备位置，可以获取系统缓存的最近一次历史定位结果。

```
locator.getCachedLocation();
```

此接口的使用需要应用向用户申请 ohos.permission.LOCATION 权限。

11.5 地理编码转换

使用坐标描述一个位置，结果非常准确，但是并不直观，面向用户表达并不友好。

系统向开发者提供了地理编码转换功能(将地理描述转换为具体坐标)，以及逆地理编码转换功能(将坐标转换为地理描述)。其中地理编码包含多个属性来描述位置，包括国家、行政区划、街道、门牌号、地址描述等，这样的信息更便于用户理解。

进行坐标和地理编码信息的相互转换，所使用的接口说明如表 11-7 所示。

表 11-7 地理编码转化能力和逆地理编码转换功能的 API 功能介绍

接口名	功能描述
GeoConvert()	创建 GeoConvert 实例对象
GeoConvert(Locale locale)	根据自定义参数创建 GeoConvert 实例对象
getAddressFromLocation(double latitude, double longitude, int maxItems)	根据指定的经纬度坐标获取地理位置信息。纬度取值范围为[-90, 90]，经度取值范围为[-180, 180]
getAddressFromLocationName(String description, int maxItems)	根据地理位置信息获取相匹配的包含坐标数据的地址列表
getAddressFromLocationName(String description, double minLatitude, double minLongitude, double maxLatitude, double maxLongitude,int maxItems)	根据指定的位置信息和地理区域获取相匹配的包含坐标数据的地址列表。纬度取值范围为[-90, 90]，经度取值范围为[-180, 180]

地理编码转换开发步骤如下。

(1) 实例化 GeoConvert 对象，所有与(逆)地理编码转换功能相关的功能 API 都是通过 GeoConvert 提供的。

```
GeoConvert geoConvert = new GeoConvert();
```

如果需要根据自定义参数实例化 GeoConvert 对象，如语言、地区等，可以使用 GeoConvert(Locale locale)。

(2) 获取转换结果。

① 调用 getAddressFromLocation(double latitude, double longitude, int maxItems)，坐标转换地理位置信息。

```
geoConvert.getAddressFromLocation(40.0, 116.0, 1);
```

参考开发者官网接口 API 说明，应用可以获得与此坐标匹配的 GeoAddress 列表，应用可以根据实际使用需求读取相应的参数数据。

② 调用 getAddressFromLocationName(String description, int maxItems)位置描述转换坐标。

```
geoConvert.getAddressFromLocationName("北京大兴国际机场", 1);
```

参考开发者官网接口 API 说明,应用可以获得与位置描述相匹配的 GeoAddress 列表,其中包含对应的坐标数据。

如果需要查询的位置描述可能出现多地重名的请求,可以调用 getAddressFromLocationName(String description, double minLatitude, double minLongitude, double maxLatitude, double maxLongitude, int maxItems),通过设置一个经纬度范围,以高效地获取期望的准确结果。

```
geoConvert.getAddressFromLocationName("北京大兴国际机场", 0.0, 0.0, 90.0, 180.0, 1);
```

11.6　案例:获取设备位置信息及逆地理编码转换

下面创建一个名为 LocationDemo 的应用来演示获取设备位置信息及逆地理编码转换。应用需要两个 Button 组件来获取设备位置信息和将获取的经纬度进行逆地理编码转换,还需要一个 Text 组件将获取的设备位置信息和处理后的位置信息显示出来。XML 文件中的内容这里不再赘述。

使用获取设备位置信息功能时需要申请权限,config.json 文件中的请求代码如下:

```
"reqPermissions": [
    {
      "name": "ohos.permission.LOCATION"
    },
    {
      "name": "ohos.permission.LOCATION_IN_BACKGROUND"
    }
]
```

因为 ohos.permission.LOCATION 为敏感权限,需要进行动态申请,在 MainAbility 中申请位置权限代码如下:

```
public class MainAbility extends Ability {
    @Override
    public void onStart(Intent intent) {
        super.onStart(intent);
        super.setMainRoute(MainAbilitySlice.class.getName());
        if (verifySelfPermission("ohos.permission.LOCATION") !=
                IBundleManager.PERMISSION_GRANTED) {
            //应用未被授予权限
            if (canRequestPermission("ohos.permission.LOCATION")) {
                //是否可以申请弹框授权(首次申请或者用户未选择禁止且不再提示)
                requestPermissionsFromUser(
```

```
                    new String[]{"ohos.permission.LOCATION"}, 1);
            } else {
                //显示应用需要权限的理由,提示用户进入设置授权
            }
        } else {
            //权限已被授予
        }
    }

    @Override
    public void onRequestPermissionsFromUserResult(int requestCode
            , String[] permissions, int[] grantResults) {
        switch (requestCode) {
            case 1: {
                //匹配 requestPermissions 的 requestCode
                if (grantResults.length > 0
                        && grantResults[0] == IBundleManager.PERMISSION_GRANTED) {
                    //权限被授予
                    //注意:因时间差导致接口权限检查时可能无权限
                    //所以对那些因无权限而抛出异常的接口进行异常捕获处理
                } else {
                    //权限被拒绝
                }
                return;
            }
        }
    }
}
```

修改 MainAbilitySlice,其内容如下：

```
public class MainAbilitySlice extends AbilitySlice {
    //定义日志标签
    static final HiLogLabel LABEL = new HiLogLabel(HiLog.LOG_APP
            , 0x00922
            , "MainAbilitySlice");
    private Text Text_Result;
    //经度
    private double Longitude;
    //纬度
    private double Latitude;

    @Override
    public void onStart(Intent intent) {
        super.onStart(intent);
```

```
        super.setUIContent(ResourceTable.Layout_ability_main);
        //初始化组件
        InitComponent();
    }

    //初始化组件
    private void InitComponent() {
        HiLog.info(LABEL, "InitComponent()方法被调用");
        //找到组件
        Button Button_Get = findComponentById(ResourceTable.Id_Button_Get);
        Button Button_Transform =
                findComponentById(ResourceTable.Id_Button_Transform);
        Text_Result = findComponentById(ResourceTable.Id_Text_Result);
        //给 Button_Get 添加单击事件
        Button_Get.setClickedListener(this::Get);
        //给 Button_Transform 添加单击事件
        Button_Transform.setClickedListener(this::Transform);
    }

    private void Get(Component component) {
        //实例化 Locator 对象
        Locator locator = new Locator(getContext());
        //实例化 RequestParam 对象,以导航场景为例
        RequestParam requestParam =
                new RequestParam(RequestParam.SCENE_NAVIGATION);
        //实例化 LocatorCallback 对象,向系统提供位置上报的途径
        MyLocatorCallback locatorCallback = new MyLocatorCallback();
        //启动一次定位
        locator.requestOnce(requestParam, locatorCallback);
    }

    private void Transform(Component component) {
        //实例化 GeoConvert 对象
        GeoConvert geoConvert = new GeoConvert();
        TaskDispatcher globalTaskDispatcher =
                getGlobalTaskDispatcher(TaskPriority.DEFAULT);
        globalTaskDispatcher.asyncDispatch(new Runnable() {
            @Override
            public void run() {
                try {
                    //坐标转换地理位置信息
                    List<GeoAddress> addressFromLocation = geoConvert
                            .getAddressFromLocation(Latitude
                                    , Longitude
```

```
                                , 1);
                    TaskDispatcher uiTaskDispatcher =
                            getUITaskDispatcher();
                    uiTaskDispatcher.asyncDispatch(new Runnable() {
                        @Override
                        public void run() {
                            HiLog.info(LABEL, "(逆)地理编码转换成功!");
                            Text_Result.setText("位置:"
                                    +addressFromLocation
                                    .get(0).getPlaceName());
                        }
                    });
                } catch (IOException e) {
                    HiLog.info(LABEL, "(逆)地理编码转换失败!");
                }
            }
        });
    }


    class MyLocatorCallback implements LocatorCallback {
        @Override
        public void onLocationReport(Location location) {
            Longitude =location.getLongitude();
            Latitude =location.getLatitude();
            TaskDispatcher uiTaskDispatcher =getUITaskDispatcher();
            uiTaskDispatcher.asyncDispatch(new Runnable() {
                @Override
                public void run() {
                    HiLog.info(LABEL, "回调成功!");
                    Text_Result.setText("经度:"
                            +location.getLongitude()
                            +"\n"
                            +"纬度:"
                            +location.getLatitude());
                }
            });
        }

        @Override
        public void onStatusChanged(int type) {
        }

        @Override
```

```
            public void onErrorReport(int type) {
            }
        }

        @Override
        public void onActive() {
            super.onActive();
        }

        @Override
        public void onForeground(Intent intent) {
            super.onForeground(intent);
        }
    }
```

上述代码分别给获取设备位置信息按钮(即"获取经度/纬度"按钮)和"(逆)地理编码转换"按钮设置了单机事件。在获取设备位置信息过程中,初始化完毕后,将在 onLocationReport (Location location)方法中对设备位置信息进行操作,这里将位置信息显示在 Text 组件中。

本案例是在真实设备(P50 Pro)中演示的。运行程序,允许获取设备位置信息权限。单击"获取经度/纬度"按钮,运行结果如图 11-6 所示;再单击"(逆)地理编码转换"按钮,运行结果如图 11-7 所示。

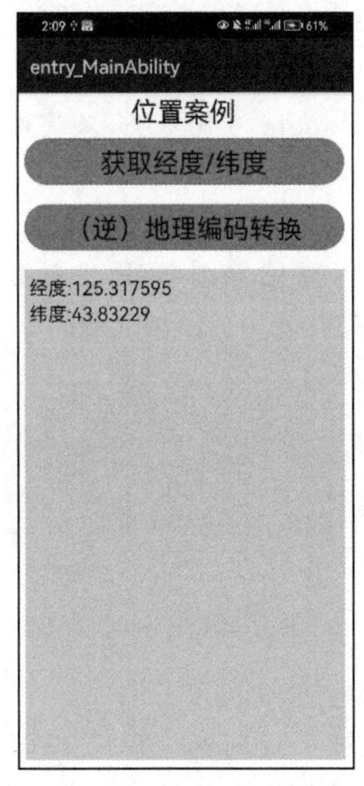

图 11-6　获取设备经纬度信息

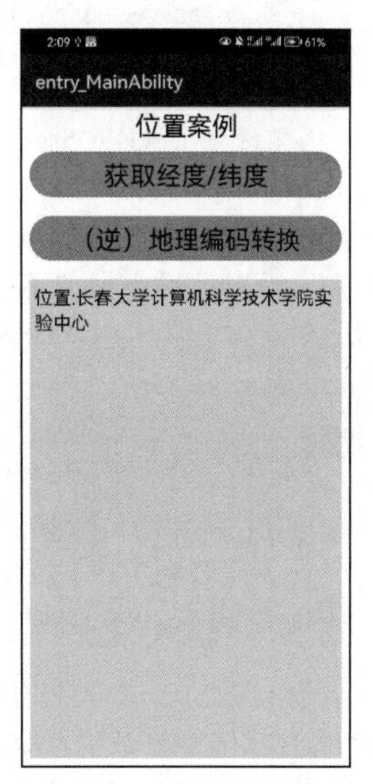

图 11-7　逆地理编码转换

11.7 地图开发

使用高德开放平台支持的 HarmonyOS 地图 SDK，开发者可以通过高德开放平台 API 和 SDK，轻松地完成地图的构建工作，将地图精致地呈现在应用中。地图 SDK 不仅提供了丰富的地图覆盖物绘制能力，也支持搜索、多种路径规划、坐标转换、距离测量、面积计算等功能。下面介绍地图 SDK 的使用流程。

创建一个名为 MapDemo 的应用来演示加载高德地图及获取设备位置功能。使用地图 SDK 需要的准备流程如下。

(1) 创建应用并配置应用的签名信息。推荐使用 DevEco Studio 提供的自动签名功能。

(2) 获取应用的 appId。配置好应用的签名信息后就可以获取当前应用的 appId 了，这个 appId 主要用于申请高德的 apiKey，请确定最终发布应用的 appId，防止最终高德 SDK 鉴权失败。目前只能通过代码获取应用的 appId，示例代码如下：

```
getApplicationContext()
    .getBundleManager()
    .getBundleInfo(getBundleName(), 0).getAppId()
```

最终获取的 appId 格式示例代码格式如下：

```
com.amap.demo_BGtGgVB3ASqU7ar1nHkwX4s0nIexDbEwqNrVoatUDs17GrClWC7V2/
zhoYh6tFQHAd5DXXXXXXAgvZfzrEGljjs=
```

注意：目前通过 DevEco Studio 连接云真机获取到的 appId 可能不全，只获取到了“包名_”，使用云真机调试高德地图 SDK 时可能会导致鉴权不通过。

(3) 申请高德 api Key，申请流程可参考官网。

(4) 在代码中设置申请的 Key。请保证在调用任何高德地图 SDK 的接口之前将 apikey 设置给高德地图 SDK，建议放到 Application 的初始化之中。示例代码如下：

```
/**
 * 动态设置 apiKey。
 *
 * @param apiKey 在高德官网上申请的 apiKey。
 */
MapsInitializer.setApiKey(String apiKey)
```

完成以上 4 步之后，就可以使用 HarmonyOS 版高德地图 SDK 了。

下面开始使用高德开放平台提供的地图 SDK，首先需要下载 SDK 资源，在“开发支持→HarmonyOS 地图 SDK→相关下载”页面中下载“地图能力”地图 SDK Beta 版，如图 11-8 所示。

(1) 使用地图 SDK 之前，需要在 config.json 文件中进行相关权限设置，确保地图功能可以正常使用。申请权限示例代码如下：

图 11-8　下载"地图能力"地图 SDK Beta 版

```
...
"reqPermissions": [
    {
      "usedScene": {
        "ability": [
          "com.example.harmonysearchsdk.MainAbility"
        ],
        "when": "always"
      },
      "reason": "request internet",
      "name": "ohos.permission.INTERNET"
    }
  ]
...
```

上述代码在 ability 配置中，com.example.harmonysearchsdk.MainAbility 为需要地图能力的 Ability。

(2) 接下来向工程中添加下载好的地图开发包("地图能力"地图 SDK)，在 entry/libs 文件中放入下载好的地图开发包，并在 entry/build.gradle 文件中添加依赖，示例代码如下：

```
dependencies {
  implementation fileTree(dir: 'libs', include: ['*.jar', '*.har'])
    //…
}
```

(3) 初始化地图容器，首先设置 Key，在 MyApplication 中的示例代码如下：

```
MapsInitializer.setApiKey("您的 key");
```

(4) 然后,创建 MapView,示例代码如下:

```
public class BasicMapDemoSlice extends Ability {

    private MapView mapView;

    @Override
    protected void onStart(Intent intent) {
        super.onStart(intent);
        initMapView();
        AMap aMap =mapView.getMap();
        aMap.setOnMapLoadedListener(new AMap.OnMapLoadedListener() {
            @Override
            public void onMapLoaded() {
                //todo
            }
        });
    }

    private void initMapView() {
        mapView =new MapView(this);

        mapView.onCreate(null);
        mapView.onResume();
        DirectionalLayout.LayoutConfig config =new DirectionalLayout.LayoutConfig(
                DirectionalLayout.LayoutConfig.MATCH_PARENT,
DirectionalLayout.LayoutConfig.MATCH_PARENT);
        mapView.setLayoutConfig(config);
        super.setUIContent(mapView);
    }

    @Override
    protected void onStop() {
        super.onStop();
        if (mapView !=null) {
            mapView.onDestroy();
        }
    }
}
```

至此就可以看到地图展示。拿到了 AMap 对象后,就可以向地图上添加点线面等覆盖物。上述地图 SDK 使用流程初始化了一个地图展示。下面开始具体介绍使用地图 SDK 完成地图加载及获取设备位置的方法。

使用地图 SDK 的准备工作完成后,创建一个名为 BasicMapDemoAbility 的 Page,在这个 Page 完成地图展示及获取设备位置。使用地图 SDK 和获取设备位置信息需要申请权限，在 config.json 文件中请求权限代码如下：

```
"reqPermissions": [
    {
      "name": "ohos.permission.GET_BUNDLE_INFO"
    },
    {
      "name": "ohos.permission.LOCATION"
    },
    {
      "usedScene": {
        "ability": [
          "com.example.mapdemo.BasicMapDemoAbility"
        ],
        "when": "always"
      },
      "reason": "request internet",
      "name": "ohos.permission.INTERNET"
    }
]
```

因为 ohos.permission.LOCATION 为敏感权限，所以需要进行动态申请，在 MainAbility 中动态申请权限及获取 AppId 内容如下：

```
public class MainAbility extends Ability {
    //定义日志标签
    static final HiLogLabel LABEL = new HiLogLabel(HiLog.LOG_APP
            , 0x00922
            , "MainAbility");

    @Override
    public void onStart(Intent intent) {
        super.onStart(intent);
        super.setMainRoute(MainAbilitySlice.class.getName());
        //请求位置权限
        requestPermissionsFromUser(new String[]{"ohos.permission.LOCATION"}, 0);
        //获取 AppId
        try {
            String appId = getBundleManager().getBundleInfo(getBundleName(),
0).getAppId();
            HiLog.info(LABEL, "appId:%{public}s", appId);
        } catch (RemoteException e) {
            e.printStackTrace();
        }
    }
```

```
}
```

MyApplication 中设置 Key 示例代码如下：

```
public class MyApplication extends AbilityPackage {
    @Override
    public void onInitialize() {
        String key ="42821756eabfea17f30249e13133571d";
        //搜索
        ServiceSettings.getInstance().setApiKey(key);
        //地图
        MapsInitializer.setApiKey(key);
        super.onInitialize();
    }
}
```

在 MainAbilitySlice 页面中设置一个"打开地图"按钮，跳转至 BasicMapDemoAbilitySlice。这部分代码不再演示。修改 BasicMapDemoAbilitySlice，其内容如下：

```
public class BasicMapDemoAbilitySlice extends AbilitySlice implements
LocationSource, LocatorCallback {
    //定义日志标签
    static final HiLogLabel LABEL =new HiLogLabel(HiLog.LOG_APP
            , 0x00201
            , "BasicMapDemoAbilitySlice");

    private MapView mapView;
    private AMap aMap;

    private Locator locator =null;

    private OnLocationChangedListener mListener;


    @Override
    public void onStart(Intent intent) {
        super.onStart(intent);
        super.setUIContent
                (ResourceTable.Layout_ability_main_basicmapdemo);
        //初始化地图
        initMapView();
        //获取地图控制器 AMap 对象
        aMap =mapView.getMap();
        aMap.setOnMapLoadedListener(new AMap.OnMapLoadedListener() {
            //当地图加载完成后回调此方法
```

```
            public void onMapLoaded() {
                setUpMap();
            }
        });
    }


    //初始化地图
    private void initMapView() {
        //获取 MapView 对象
        mapView =new MapView(this);
        //当 AbilitySlice 唤醒时调用地图唤醒
        mapView.onCreate(null);
        //当 AbilitySlice 暂停时调用地图暂停
        mapView.onResume();
        DirectionalLayout.LayoutConfig config =new DirectionalLayout.LayoutConfig(
                DirectionalLayout.LayoutConfig
                        .MATCH_PARENT, DirectionalLayout.LayoutConfig.MATCH_PARENT);
        mapView.setLayoutConfig(config);
        super.setUIContent(mapView);
    }

    private void setUpMap() {
        //设置定位监听
        aMap.setLocationSource(this);
        //设置默认定位按钮是否显示
        aMap.getUiSettings().setMyLocationButtonEnabled(true);
        //设置为 true 表示显示定位层并可触发定位
        //false 表示隐藏定位层并不可触发定位,默认是 false
        aMap.setMyLocationEnabled(true);
    }

    @Override
    protected void onStop() {
        super.onStop();
        if (mapView !=null) {
            //当 AbilitySlice 销毁时调用地图的销毁
            mapView.onDestroy();
        }
    }

    @Override
    public void onActive() {
        super.onActive();
```

```
    }

    @Override
    public void onForeground(Intent intent) {
        super.onForeground(intent);
    }

    //激活定位
    public void activate(LocationSource.OnLocationChangedListener
onLocationChangedListener) {
        //位置改变的监听接口
        mListener =onLocationChangedListener;
        //实例化 Locator 对象
        locator =new Locator(this);
        //实例化 RequestParam 对象
        RequestParam requestParam =
                new RequestParam(RequestParam.PRIORITY_FAST_FIRST_FIX
                        , 0
                        , 0);
        //启动定位
        locator.startLocating(requestParam, this);
        HiLog.info(LABEL, "开始定位!");
    }


    //停止定位
    public void deactivate() {
        mListener =null;
        //结束定位
        locator.stopLocating(this);
    }

    //定位成功后回调函数
    public void onLocationReport(Location location) {
        if (mListener !=null && location !=null) {
            if (location !=null) {
                //定位返回的是 GPS 坐标,需要转换为高德坐标
                CoordinateConverter coordinateConverter =
                        new CoordinateConverter (new com. amap. adapter. content.
Context(this));
                coordinateConverter.from(CoordinateConverter.CoordType.GPS);
                coordinateConverter.coord(new LatLng(location.getLatitude()
                        , location.getLongitude()));
                LatLng latLng =coordinateConverter.convert();
```

```
                location.setLatitude(latLng.latitude);
                location.setLongitude(latLng.longitude);
                //显示系统小蓝点
                mListener.onLocationChanged(location);
            }
        }
    }

    @Override
    public void onStatusChanged(int i) {

    }

    @Override
    public void onErrorReport(int i) {

    }
}
```

上述代码演示了加载地图及获取设备位置信息的功能，如果需要实现更多功能，可以参考官网"参考手册"中的内容。

在真实设备(P50 Pro)上运行程序，允许获取此设备位置信息权限，单击"打开地图"按钮，定位结果如图 11-9 所示。

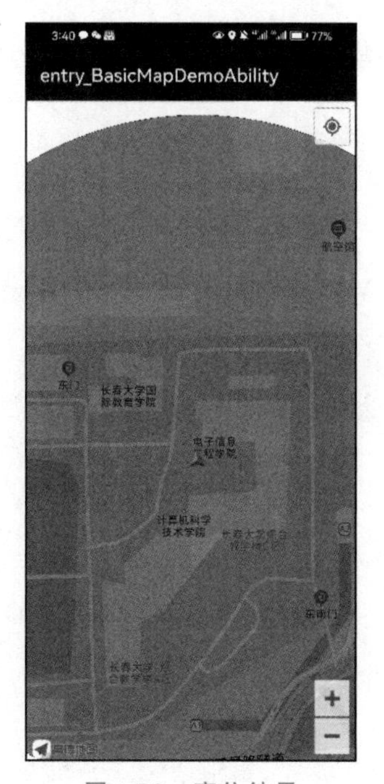

图 11-9　定位结果

习　题

一、判断题

1. HarmonyOS 传感器包含 4 个模块：Sensor API、Sensor Framework、Sensor Service 和 HD-IDL 层。（　）

2. 计步器传感器需要申请权限，且所申请权限为敏感权限。（　）

3. 传感器对象可直接创建获得。（　）

4. 调用 HarmonyOS 提供传感器的基础 API，简化应用开发。（　）

5. ohos.permission.ACTIVITY_MOTION 是运动类传感器所需要申请的权限，且为敏感权限，需要在 MainAbility 中进行动态申请。（　）

二、填空题

1. 创建加速度传感器所需要申请的权限后缀为________。

2. 创建一个传感器的流程包括获取待订阅数据的传感器、创建传感器回调、________、________、取消订阅传感器数据。

3. 在一台设备上使用开发传感器时，需要使用________方法获取属于某类别的传感器的列表，以检查该设备是否有对应的传感器。

4. 运动类传感器代理类及运动类传感器类为：________、________。

三、实践题

1. 实现计步器传感器。

2. 仿照计步器传感器案例，创建一个加速度传感器案例（可参考源代码及官网开发者指南 API）。

第12章

网络与连接

本章学习目标

- 了解蓝牙开发基本概念。
- 了解 HarmonyOS 网络管理模块常用功能。
- 掌握传统蓝牙的开发方法。
- 掌握 BLE 低功耗蓝牙开发方法。
- 熟练打开一个 URL 链接。

HarmonyOS 提供的通信方式按通信距离由近到远排列为：NFC（Near Field Communication，近距离无线通信技术）、蓝牙（短距离无线通信）、无线局域网（Wireless Local Area Networks，WLAN）、网络管理、电话服务。本章主要介绍常用的蓝牙连接与网络管理，感兴趣的读者可以在华为开发者联盟官网指南中了解更多内容。

12.1 蓝牙开发概述

蓝牙是短距离无线通信的一种方式，支持蓝牙的两个设备必须在配对后才能通信。HarmonyOS 蓝牙主要分为传统蓝牙和低功耗蓝牙(通常称为 BLE，Bluetooth Low Energy)。传统蓝牙指的是蓝牙版本 3.0 以下的蓝牙，低功耗蓝牙指的是蓝牙版本 4.0 以上的蓝牙。

当前蓝牙的配对方式有两种：蓝牙协议 2.0 以下支持 PIN 码（Personal Identification Number，个人识别码）配对，蓝牙协议 2.1 以上支持简单配对。

1. 传统蓝牙

HarmonyOS 传统蓝牙提供的功能有以下两类。

（1）传统蓝牙本机管理：打开和关闭蓝牙、设置和获取本机蓝牙名称、扫描和取消扫描周边蓝牙设备、获取本机蓝牙 profile 对其他设备的连接状态、获取本机蓝牙已配对的蓝牙设备列表。

（2）传统蓝牙远端设备操作：查询远端蓝牙设备名称和 MAC 地址、设备类型和配对状态，以及向远端蓝牙设备发起配对。

2. BLE

（1）BLE 设备交互时会分为不同的角色。

① 中心设备和外围设备：中心设备负责扫描外围设备、发现广播。外围设备负责发送广播。

② GATT(Generic Attribute Profile,通用属性配置文件)服务器与 GATT 客户端：两台设备建立连接后,其中一台作为 GATT 服务端,另一台作为 GATT 客户端。通常发送广播的外围设备作为服务端,负责扫描的中心设备作为客户端。

(2) HarmonyOS 低功耗蓝牙提供的功能。

① BLE 扫描和广播：根据指定状态获取外围设备、启动或停止 BLE 扫描、广播。

② BLE 中心设备与外围设备进行数据交互：BLE 外围设备和中心设备建立 GATT 连接后,中心设备可以查询外围设备支持的各种数据,向外围设备发起数据请求,并向其写入特征值数据。

③ BLE 外围设备数据管理：BLE 外围设备作为服务端,可以接收来自中心设备(客户端)的 GATT 连接请求,应答来自中心设备的特征值内容读取和写入请求,并向中心设备提供数据。同时外围设备还可以主动向中心设备发送数据。

3. 约束与限制

调用蓝牙的打开接口需要 ohos.permission.USE_BLUETOOTH 权限,调用蓝牙扫描接口需要 ohos.permission.LOCATION 权限和 ohos.permission.DISCOVER_BLUETOOTH 权限。

12.2 基于传统蓝牙开发

传统蓝牙本机管理主要是针对蓝牙本机的基本操作,包括打开和关闭蓝牙、设置和获取本机蓝牙名称、扫描和取消扫描周边蓝牙设备、获取本机蓝牙 profile 对其他设备的连接状态、获取本机蓝牙已配对的蓝牙设备列表。

12.2.1 接口说明

蓝牙本机管理类 BluetoothHost 的主要接口如表 12-1 所示。

表 12-1 蓝牙本机管理类 BluetoothHost 的主要接口

接口名	功能描述
getDefaultHost(Context context)	获取 BluetoothHost 实例,去管理本机蓝牙操作
enableBt()	打开本机蓝牙
disableBt()	关闭本机蓝牙
setLocalName(String name)	设置本机蓝牙名称
getLocalName()	获取本机蓝牙名称
getBtState()	获取本机蓝牙状态
startBtDiscovery()	发起蓝牙设备扫描

续表

接口名	功能描述
cancelBtDiscovery()	取消蓝牙设备扫描
isBtDiscovering()	检查蓝牙是否在扫描设备中
getProfileConnState(int profile)	获取本机蓝牙 profile 对其他设备的连接状态
getPairedDevices()	获取本机蓝牙已配对的蓝牙设备列表

蓝牙远端设备管理类 BluetoothRemoteDevice 的主要接口如表 12-2 所示。

表 12-2　蓝牙远端设备管理类 **BluetoothRemoteDevice** 的主要接口

接口名	功能描述	接口名	功能描述
getDeviceAddr()	获取远端蓝牙设备地址	getPairState()	获取远端设备配对状态
getDeviceClass()	获取远端蓝牙设备类型	startPair()	向远端设备发起配对
getDeviceName()	获取远端蓝牙设备名称		

12.2.2　打开本机蓝牙

打开本机蓝牙操作流程如下。

(1) 调用 BluetoothHost 的 getDefaultHost(Context context)接口，获取 BluetoothHost 实例，管理本机蓝牙操作。

(2) 调用 enableBt()接口，打开本机蓝牙。

(3) 调用 getBtState()，查询蓝牙是否打开。

```
//获取蓝牙本机管理对象
BluetoothHost bluetoothHost =BluetoothHost.getDefaultHost(context);
//调用打开接口
bluetoothHost.enableBt();
//调用获取蓝牙开关状态接口
int state =bluetoothHost.getBtState();
```

扫描可用的蓝牙设备操作流程如下。

(1) 开始蓝牙扫描前要先注册广播 BluetoothRemoteDevice. EVENT_DEVICE_DISCOVERED。

(2) 调用 startBtDiscovery()接口开始进行扫描外围设备。

(3) 如果想要获取扫描到的设备，必须在注册广播时继承实现 CommonEventSubscriber 类的 onReceiveEvent(CommonEventData data)方法，并接收 EVENT_DEVICE_DISCOVERED 广播。

```
//开始扫描
bluetoothHost.startBtDiscovery();
//接收系统广播
```

```
public class MyCommonEventSubscriber extends CommonEventSubscriber {
    @Override
    public void onReceiveEvent(CommonEventData data) {
        if (data ==null) {
            return;
        }
        Intent info =data.getIntent();
        if (info ==null) {
            return;
        }
        //获取系统广播的 Action
        String action =info.getAction();
        //判断是否为扫描到设备的广播
        if (BluetoothRemoteDevice.EVENT_DEVICE_DISCOVERED.equals(action)) {
            IntentParams myParam =info.getParams();
            BluetoothRemoteDevice device =(BluetoothRemoteDevice) myParam.
getParam(BluetoothRemoteDevice.REMOTE_DEVICE_PARAM_DEVICE);
        }
    }
}
```

12.2.3 向远端设备发起配对

传统蓝牙远端管理操作主要是针对远端蓝牙设备的基本操作,包括获取远端蓝牙设备地址、类型、名称和配对状态,以及向远端设备发起配对。

在打开蓝牙并扫描到可用蓝牙设备之后,可以向其发起配对,操作流程如下。

(1) 调用 BluetoothHost 的 getDefaultHost(Context context)接口,获取 BluetoothHost 实例,管理本机蓝牙操作。

(2) 调用 enableBt()接口,打开本机蓝牙。

(3) 调用 startBtDiscovery(),扫描设备。

(4) 调用 startPair(),发起配对。

(5) 调用 getDeviceAddr(),获取远端蓝牙设备地址。

```
//获取蓝牙本机管理对象
BluetoothHost bluetoothHost =BluetoothHost.getDefaultHost(context);
//调用打开接口
bluetoothHost.enableBt();
//调用扫描接口
bluetoothHost.startBtDiscovery();
//设置界面会显示出扫描结果列表,点击蓝牙设备去配对
BluetoothRemoteDevice device =bluetoothHost.getRemoteDev(TEST_ADDRESS);
device.startPair();
//调用接口获取远端蓝牙设备地址
```

```
String deviceAddr =device.getDeviceAddr();
```

12.2.4　案例：传统蓝牙的连接配对

下面创建一个名为 TraditionalBluetoothDemo 的应用来演示传统蓝牙的连接配对。应用中需要一个“扫描”按钮和一个“配对”按钮，来完成扫描远端设备信息和与远端设备配对任务，XML 文件中的内容这里不再赘述。

12.1 节中提到，调用蓝牙的打开接口及调用蓝牙扫描接口需要申请权限，所以在 config.json 文件中请求权限内容如下：

```
"reqPermissions": [
    {
        "name": "ohos.permission.USE_BLUETOOTH"
    },
    {
        "name": "ohos.permission.LOCATION"
    },
    {
        "name": "ohos.permission.DISCOVER_BLUETOOTH"
    }
]
```

其中权限 ohos.permission.LOCATION 为敏感权限，需要动态申请，在 MainAbility 文件中申请内容如下：

```
public class MainAbility extends Ability {
    @Override
    public void onStart(Intent intent) {
        super.onStart(intent);
        super.setMainRoute(MainAbilitySlice.class.getName());
        if (verifySelfPermission("ohos.permission.LOCATION") !=
                IBundleManager.PERMISSION_GRANTED) {
            //应用未被授予权限
            if (canRequestPermission("ohos.permission.LOCATION")) {
                //是否可以申请弹框授权(首次申请或者用户未选择禁止且不再提示)
                requestPermissionsFromUser(
                        new String[]{"ohos.permission.LOCATION"}, 1);
            } else {
                //显示应用需要权限的理由,提示用户进入设置授权
            }
        } else {
            //权限已被授予
        }
    }
```

```
    @Override
    public void onRequestPermissionsFromUserResult(int requestCode
            , String[] permissions, int[] grantResults) {
        if (requestCode ==1) {
            //匹配 requestPermissions 的 requestCode
            if (grantResults.length >0
                    && grantResults[0] ==IBundleManager.PERMISSION_GRANTED) {
                //权限被授予
                //注意:因时间差导致接口权限检查时可能无权限
                //所以对那些因无权限而抛出异常的接口进行异常捕获处理
            } else {
                //权限被拒绝
            }
            return;
        }
    }
}
```

修改 MainAbilitySlice 文件,其内容如下:

```
public class MainAbilitySlice extends AbilitySlice {
    //定义日志标签
    private static final HiLogLabel LABEL_LOG =new HiLogLabel(HiLog.LOG_APP
            , 0x00922
            , "MainAbilitySlice");
    //获取蓝牙本机管理对象
    private BluetoothHost bluetoothHost;
    //待配对的设备地址
    private String selectedDeviceAddr;

    @Override
    public void onStart(Intent intent) {
        super.onStart(intent);
        super.setUIContent(ResourceTable.Layout_ability_main);
        //初始化蓝牙
        initBluetooth();
        //初始化组件
        initComponent();
    }

    //初始化蓝牙
    private void initBluetooth() {
        HiLog.info(LABEL_LOG, "initBluetooth()方法被调用");
```

```
    bluetoothHost =BluetoothHost.getDefaultHost(getContext());
    //打开本机蓝牙
    bluetoothHost.enableBt();
    //获取本机蓝牙名称
    Optional<String>nameOptional =bluetoothHost.getLocalName();
    //获取本机蓝牙状态
    int state =bluetoothHost.getBtState();
    //getBtState()方法返回 2,表示蓝牙已开启
    HiLog.info(LABEL_LOG, "本机蓝牙名称为:%{public}s,状态为:%{public}d."
            , nameOptional.get(), state);
}

//初始化组件
private void initComponent() {
    //找到组件
    Button Button_Start =findComponentById(ResourceTable.Id_Button_Start);
    Button Button_Pair =findComponentById(ResourceTable.Id_Button_Pair);
    //给 Button_Start 添加单击事件
    Button_Start.setClickedListener(this::Start);
    //给 Button_Pair 添加单击事件
    Button_Pair.setClickedListener(this::Pair);
}


private void Start(Component component) {
    //通过 MatchingSkills 定义需要订阅的事件
    MatchingSkills matchingSkills =new MatchingSkills();
    //订阅发现远程蓝牙设备时报告事件
    matchingSkills.addEvent(BluetoothRemoteDevice.EVENT_DEVICE_DISCOVERED);
    //设置订阅参数
    CommonEventSubscribeInfo subscribeInfo =
            new CommonEventSubscribeInfo(matchingSkills);
    MyCommonEventSubscriber subscriber =
            new MyCommonEventSubscriber(subscribeInfo);
    try {
        //订阅事件
        CommonEventManager.subscribeCommonEvent(subscriber);
    } catch (RemoteException e) {
        HiLog.info(LABEL_LOG, "subscribeCommonEvent 调用期间出现异常");
    }
    //发起蓝牙设备扫描
    bluetoothHost.startBtDiscovery();
}
```

```
    private void Pair(Component component) {
        //配对
        BluetoothRemoteDevice device =bluetoothHost.getRemoteDev(selectedDeviceAddr);
        //返回 ture 为配对成功,false 为失败
        boolean result =device.startPair();
        HiLog.info(LABEL_LOG
                , "最终配对设备地址:%{public}s,result:%{public}s."
                , selectedDeviceAddr, result);
    }

    //接收系统广播,创建 CommonEventSubscriber 派生类,在 onReceiveEvent()回调函数
中处理公共事件
    class MyCommonEventSubscriber extends CommonEventSubscriber {
        public MyCommonEventSubscriber(CommonEventSubscribeInfo subscribeInfo) {
            super(subscribeInfo);
        }

        @Override
        public void onReceiveEvent(CommonEventData data) {
            if (data ==null) {
                return;
            }
            Intent info =data.getIntent();
            if (info ==null) {
                return;
            }
            //获取系统广播的 Action
            String action =info.getAction();
            //判断是否为扫描到设备的广播
            if (BluetoothRemoteDevice.EVENT_DEVICE_DISCOVERED.equals(action)) {
                IntentParams myParam =info.getParams();
                BluetoothRemoteDevice device =(BluetoothRemoteDevice) myParam
                        .getParam(BluetoothRemoteDevice
                                .REMOTE_DEVICE_PARAM_DEVICE);
                //获取远端蓝牙设备地址
                String deviceAddr =device.getDeviceAddr();
                //获取远端蓝牙设备名称
                Optional<String>deviceNameOptional =device.getDeviceName();
                String deviceName =deviceNameOptional.orElse("");
                //获取远端设备配对状态
                int pairState =device.getPairState();
                HiLog.info(LABEL_LOG
                        , "远端设备地址:%{public}s" +
                                ",远端设备名称:%{public}s" +
```

```
                                ",远端设备状态:%{public}s.",
                        deviceAddr, deviceName, pairState);
                //getPairState()方法返回 0,表示远端设备未配对
                //可作为待配对设备
                if (pairState ==0) {
                    selectedDeviceAddr =deviceAddr;
                }
            }
        }
    }

    @Override
    protected void onStop() {
        super.onStop();
        //取消蓝牙设备扫描
        bluetoothHost.cancelBtDiscovery();
    }

    @Override
    public void onActive() {
        super.onActive();
    }

    @Override
    public void onForeground(Intent intent) {
        super.onForeground(intent);
    }
}
```

上述代码中,初始化本机蓝牙和组件后,在 Start()方法中订阅了发现远程蓝牙设备时的报告事件,然后在 CommonEventSubscriber 派生类的 onReceiveEvent()回调函数中处理扫描到的蓝牙设备信息,如远端设备地址、远端设备名称、远端设备状态,并将其以日志的形式打印出来。在 onStop()方法中取消蓝牙设备扫描。

打开远程模拟器,如图 12-1 所示打开蓝牙,运行程序,应用初始页面如图 12-2 所示。

单击"扫描"按钮,控制台输出内容如下:

```
06-09 12:27:43.238 22192-22192/com.example.traditionalbluetoothdemo I 00922/
MainAbilitySlice:  initBluetooth()方法被调用
06-09 12:27:43.256 22192-22192/com.example.traditionalbluetoothdemo I 00922/
MainAbilitySlice:  本机蓝牙名称为:HUAWEI P40,状态为:2.
06-09 12:29:19.670 22192-22192/com.example.traditionalbluetoothdemo I 00922/
MainAbilitySlice:  远端设备地址:B0:55:08:14:9D:7B,远端设备名称:Honor V12,远端设
备状态:0.
```

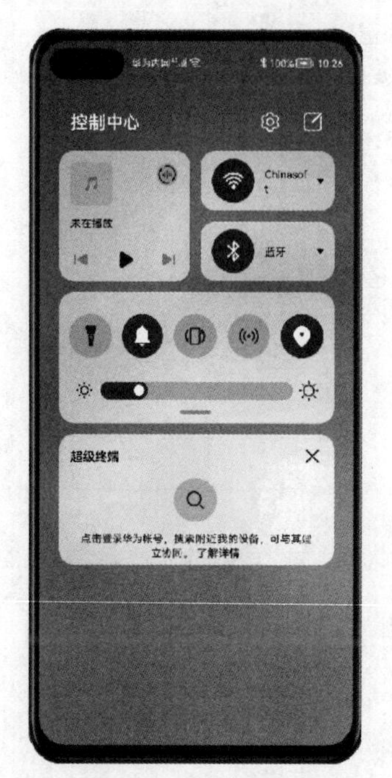

图 12-1　打开蓝牙

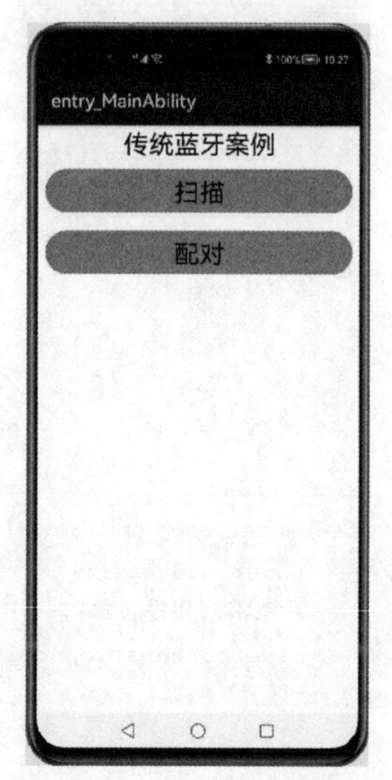

图 12-2　应用初始页面

```
06-09 12:29:19.683 22192-22192/com.example.traditionalbluetoothdemo I 00922/MainAbilitySlice: 远端设备地址:20:AB:37:60:31:86,远端设备名称:"Administrator"的 iPhone,远端设备状态:0.
06-09 12:29:19.692 22192-22192/com.example.traditionalbluetoothdemo I 00922/MainAbilitySlice: 远端设备地址:50:04:B8:C1:81:F8,远端设备名称:HISI P12 PLUS,远端设备状态:0.
06-09 12:29:19.698 22192-22192/com.example.traditionalbluetoothdemo I 00922/MainAbilitySlice: 远端设备地址:1C:15:1F:8B:80:0E,远端设备名称:,远端设备状态:0.
06-09 12:29:19.705 22192-22192/com.example.traditionalbluetoothdemo I 00922/MainAbilitySlice: 远端设备地址:50:04:B8:C1:82:CC,远端设备名称:,远端设备状态:0.
06-09 12:29:19.715 22192-22192/com.example.traditionalbluetoothdemo I 00922/MainAbilitySlice: 远端设备地址:12:B1:F8:0E:B4:7D,远端设备名称:,远端设备状态:0.
06-09 12:29:19.722 22192-22192/com.example.traditionalbluetoothdemo I 00922/MainAbilitySlice: 远端设备地址:0C:8F:FF:FD:49:34,远端设备名称:LOVER LIAN,远端设备状态:0.
06-09 12:29:19.751 22192-22192/com.example.traditionalbluetoothdemo I 00922/MainAbilitySlice: 远端设备地址:00:15:83:EB:61:F8,远端设备名称:ABC123456-0,远端设备状态:0.
06-09 12:29:19.759 22192-22192/com.example.traditionalbluetoothdemo I 00922/MainAbilitySlice: 远端设备地址:0C:8F:FF:75:3F:CF,远端设备名称:HUAWEI Mate 12 Pro,远端设备状态:0.
06-09 12:29:19.765 22192-22192/com.example.traditionalbluetoothdemo I 00922/MainAbilitySlice: 远端设备地址:C3:DB:4A:E2:A3:4B,远端设备名称:MX Anywhere 2S,远端设备状态:0.
```

```
06-09 12:29:19.773 22192-22192/com.example.traditionalbluetoothdemo I 00922/
MainAbilitySlice:  远端设备地址:70:8A:09:15:83:9D,远端设备名称:honor Band 3-39d,
远端设备状态:0.
06-09 12:29:19.782 22192-22192/com.example.traditionalbluetoothdemo I 00922/
MainAbilitySlice:  远端设备地址:E6:13:8B:23:B1:6E,远端设备名称:MI Band 2,远端设备
状态:0.
06-09 12:29:19.792 22192-22192/com.example.traditionalbluetoothdemo I 00922/
MainAbilitySlice:  远端设备地址:20:17:06:22:02:78,远端设备名称:,远端设备状态:0.
06-09 12:29:19.804 22192-22192/com.example.traditionalbluetoothdemo I 00922/
MainAbilitySlice:  远端设备地址:43:F1:F2:3B:3B:04,远端设备名称:,远端设备状态:0.
06-09 12:29:19.812 22192-22192/com.example.traditionalbluetoothdemo I 00922/
MainAbilitySlice:  远端设备地址:40:96:54:76:07:BB,远端设备名称:,远端设备状态:0.
06-09 12:29:19.817 22192-22192/com.example.traditionalbluetoothdemo I 00922/
MainAbilitySlice:  远端设备地址:40:96:54:76:07:BB,远端设备名称:,远端设备状态:0.
06-09 12:29:19.825 22192-22192/com.example.traditionalbluetoothdemo I 00922/
MainAbilitySlice:  远端设备地址:30:74:96:55:F5:E3,远端设备名称:honor Band 3-5e3,
远端设备状态:0.
06-09 12:29:21.663 22192-22192/com.example.traditionalbluetoothdemo I 00922/
MainAbilitySlice:  远端设备地址:20:17:06:22:02:78,远端设备名称:,远端设备状态:0.
06-09 12:29:21.692 22192-22192/com.example.traditionalbluetoothdemo I 00922/
MainAbilitySlice:  远端设备地址:43:F1:F2:3B:3B:04,远端设备名称:,远端设备状态:0.
06-09 12:29:21.702 22192-22192/com.example.traditionalbluetoothdemo I 00922/
MainAbilitySlice:  远端设备地址:40:96:54:76:07:BB,远端设备名称:,远端设备状态:0.
06-09 12:29:21.708 22192-22192/com.example.traditionalbluetoothdemo I 00922/
MainAbilitySlice:  远端设备地址:40:96:54:76:07:BB,远端设备名称:,远端设备状态:0.
```

单击“配对”按钮，控制台输出内容如下：

```
06-09 12:30:03.186 22192-22192/com.example.traditionalbluetoothdemo I 00922/
MainAbilitySlice:  最终配对设备地址:40:96:54:76:07:BB,result:true.
```

startPair()方法返回为 true，配对成功。

12.3　基于 BLE 低功耗蓝牙开发

通过 BLE 扫描和广播提供的开放能力，可以根据指定状态获取外围设备、启动或停止 BLE 扫描、广播。

12.3.1　接口说明

BLE 中心设备管理类 BleCentralManager 的主要接口、中心设备管理回调类 BleCentralManagerCallback 的主要接口，BLE 广播相关的 BleAdvertiser 类和 BleAdvertiseCallback 类的主要接口分别如表 12-3、表 12-4、表 12-5 所示。

表 12-3 BLE 中心设备管理类 BleCentralManager 的主要接口

接口名	功能描述
startScan(List<BleScanFilter> filters)	进行 BLE 蓝牙扫描,并使用 filters 对结果进行过滤
stopScan()	停止 BLE 蓝牙扫描
getDevicesByStates(int[] states)	根据状态获取连接的外围设备
BleCentralManager(Context context, BleCentralManagerCallback callback)	获取中心设备管理对象

表 12-4 中心设备管理回调类 BleCentralManagerCallback 的主要接口

接口名	功能描述
scanResultEvent(BleScanResult result)	扫描到 BLE 设备的结果回调
groupScanResultsEvent(List<BleScanResult> scanResults)	扫描到一组 BLE 设备的结果回调
scanFailedEvent(int resultCode)	启动扫描失败的回调

表 12-5 BLE 广播相关的 BleAdvertiser 类和 BleAdvertiseCallback 类的主要接口

接口名	功能描述
BleAdvertiser(Context context, BleAdvertiseCallback callback)	用于获取广播操作对象
startAdvertising(BleAdvertiseSettings settings, BleAdvertiseData advData, BleAdvertiseData scanResponse)	进行 BLE 广播,第一个参数为广播参数,第二个为广播数据,第三个参数是扫描和广播数据参数的响应
stopAdvertising()	停止 BLE 广播
startResultEvent(int result)	广播回调结果

12.3.2 BLE 扫描及广播

中心设备进行 BLE 扫描操作流程如下。

(1) 进行 BLE 扫描之前,先要继承 BleCentralManagerCallback 类实现 scanResultEvent 和 scanFailedEvent 回调函数,用于接收扫描结果。

(2) 调用 BleCentralManager(BleCentralManagerCallback callback)接口获取中心设备管理对象。

(3) 获取扫描过滤器,过滤器为空时为不使用过滤器扫描,然后调用 startScan()开始扫描 BLE 设备,在回调中获取扫描到的 BLE 设备。示例代码如下:

```
//实现扫描回调
public class ScanCallback implements BleCentralManagerCallback{
    List<BleScanResult>results =new ArrayList<BleScanResult>();
    @Override
    public void scanResultEvent(BleScanResult resultCode) {
        //对扫描结果进行处理
        results.add(resultCode);
```

```
    }
    @Override
    public void scanFailedEvent(int resultCode) {
        HiLog.warn(TAG,"Start Scan failed, Code: %{public}d", resultCode);
    }
    @Override
    public void groupScanResultsEvent(final List<BleScanResult> scanResults){
        //对扫描结果进行处理
    }
}
//获取中心设备管理对象
private ScanCallback centralManagerCallback =new ScanCallback();
private BleCentralManager centralManager = new BleCentralManager (context,
centralManagerCallback);
//创建扫描过滤器然后开始扫描
List<BleScanFilter> filters =new ArrayList<BleScanFilter>();
centralManager.startScan(filters);
```

外围设备进行 BLE 广播操作流程如下。

(1) 进行 BLE 广播前需要先继承 advertiseCallback 类实现 startResultEvent 回调,用于获取广播结果。

(2) 调用接口 BleAdvertiser(Context context, BleAdvertiseCallback callback)获取广播对象,构造广播参数和广播数据。

(3) 调用 startAdvertising(BleAdvertiseSettings settings, BleAdvertiseData advData, BleAdvertiseData scanResponse)接口开始 BLE 广播。示例代码如下:

```
//实现 BLE 广播回调
private BleAdvertiseCallback advertiseCallback =new BleAdvertiseCallback() {
    @Override
    public void startResultEvent(int result) {
        if(result ==BleAdvertiseCallback.RESULT_SUCC){
            //开始 BLE 广播成功
        }else {
            //开始 BLE 广播失败
        }
    }
};

//获取 BLE 广播对象
private BleAdvertiser advertiser =new BleAdvertiser(this,advertiseCallback);
//创建 BLE 广播参数和数据
private BleAdvertiseData data =new BleAdvertiseData.Builder()
    //添加服务的 UUID
```

```
        .addServiceUuid(SequenceUuid.uuidFromString(Server_UUID))
        //添加广播数据内容
        .addServiceData(SequenceUuid.uuidFromString(Server_UUID), new byte[]{0x12})
        .build();
    private BleAdvertiseSettings advertiseSettings =new BleAdvertiseSettings.Builder()
        //设置是否可连接广播
        .setConnectable(true)
        //设置广播间隔
        .setInterval(BleAdvertiseSettings.INTERVAL_SLOT_DEFAULT)
        //设置广播功率
        .setTxPower(BleAdvertiseSettings.TX_POWER_DEFAULT)
        .build();
    //开始广播
    advertiser.startAdvertising(advertiseSettings, data, null);
```

12.3.3 案例：BLE 蓝牙的扫描与广播

下面创建一个名为 BleDemo 的应用来演示 BLE 蓝牙中心设备扫描外围设备和外围设备向中心设备发出广播。应用需要一个“扫描”按钮和一个“广播”按钮，XML 文件中的内容这里不再赘述。

调用蓝牙的打开接口及调用蓝牙扫描接口需要申请权限，所以在 config.json 文件中请求权限内容如下：

```
    "reqPermissions": [
        {
          "name": "ohos.permission.USE_BLUETOOTH"
        },
        {
          "name": "ohos.permission.DISCOVER_BLUETOOTH"
        },
        {
          "name": "ohos.permission.LOCATION"
        },
        {
          "name": "ohos.permission.MANAGE_BLUETOOTH"
        }
    ]
```

其中权限 ohos.permission.LOCATION 为敏感权限，需要动态申请，在 MainAbility 文件中申请内容如下：

```
public class MainAbility extends Ability {
    @Override
    public void onStart(Intent intent) {
```

```
        super.onStart(intent);
        super.setMainRoute(MainAbilitySlice.class.getName());
        if (verifySelfPermission("ohos.permission.LOCATION") !=
                IBundleManager.PERMISSION_GRANTED) {
            //应用未被授予权限
            if (canRequestPermission("ohos.permission.LOCATION")) {
                //是否可以申请弹框授权(首次申请或者用户未选择禁止且不再提示)
                requestPermissionsFromUser(
                        new String[]{"ohos.permission.LOCATION"}, 1);
            } else {
                //显示应用需要权限的理由,提示用户进入设置授权
            }
        } else {
            //权限已被授予
        }
    }

    @Override
    public void onRequestPermissionsFromUserResult(int requestCode
            , String[] permissions
            , int[] grantResults) {
        if (requestCode ==1) {
            //匹配 requestPermissions 的 requestCode
            if (grantResults.length >0
                    && grantResults[0] ==IBundleManager.PERMISSION_GRANTED) {
                //权限被授予
                //注意:因时间差导致接口权限检查时可能无权限
                //所以对那些因无权限而抛出异常的接口进行异常捕获处理
            } else {
                //权限被拒绝
            }
            return;
        }
    }
}
```

修改 MainAbilitySlice 文件,其内容如下:

```
public class MainAbilitySlice extends AbilitySlice {
    //定义日志标签
    private static final HiLogLabel LABEL_LOG =new HiLogLabel(HiLog.LOG_APP
            , 0x00922
            , "MainAbilitySlice");
    //获取中心设备管理对象
```

```
private BleCentralManager bleCentralManager;
//获取 BLE 广播对象
private BleAdvertiser bleAdvertiser;
//获取 BLE 广播数据对象
private BleAdvertiseData bleAdvertiseData;
//获取 BLE 广播参数对象
private BleAdvertiseSettings bleAdvertiseSettings;
//随机生成 UUID
private UUID Server_UUID =UUID.randomUUID();
//连接状态
private static final int[] STATES ={
        ProfileBase.STATE_DISCONNECTED,
        ProfileBase.STATE_CONNECTING,
        ProfileBase.STATE_CONNECTED,
        ProfileBase.STATE_DISCONNECTING,
};


@Override
public void onStart(Intent intent) {
    super.onStart(intent);
    super.setUIContent(ResourceTable.Layout_ability_main);
    //初始化蓝牙
    initBluetooth();
    //初始化组件
    initComponent();
}

//初始化蓝牙
private void initBluetooth() {
    HiLog.info(LABEL_LOG,"initBluetooth()方法被调用");
    //获取中心设备管理回调类对象
    ScanCallback centralManagerCallback =new ScanCallback();
    //获取中心设备管理对象
    bleCentralManager =new BleCentralManager(getContext()
            , centralManagerCallback);
    bleAdvertiser =new BleAdvertiser(this
            , advertiseCallback);
    //创建 BLE 广播数据
    bleAdvertiseData =new BleAdvertiseData.Builder()
            //添加服务的 UUID
            .addServiceUuid(SequenceUuid.uuidFromString
                    (String.valueOf(Server_UUID)))
            //添加广播数据内容
```

```
            .addServiceData(SequenceUuid.uuidFromString
                    (String.valueOf(Server_UUID)), new byte[]{0x11})
            .build();
    //创建 BLE 广播参数
    bleAdvertiseSettings =new BleAdvertiseSettings.Builder()
            //设置是否可连接广播
            .setConnectable(true)
            //设置广播间隔
            .setInterval(BleAdvertiseSettings.INTERVAL_SLOT_DEFAULT)
            //设置广播功率
            .setTxPower(BleAdvertiseSettings.TX_POWER_DEFAULT)
            .build();

}

//初始化组件
private void initComponent() {
    HiLog.info(LABEL_LOG,"initComponent()方法被调用");
    //找到组件
    Button Button_Start =findComponentById
            (ResourceTable.Id_Button_Start);
    Button Button_Advertise =findComponentById
            (ResourceTable.Id_Button_Advertise);
    //给 Button_Start 添加单击事件
    Button_Start.setClickedListener(this::Start);
    //给 Button_Advertise 添加单击事件
    Button_Advertise.setClickedListener(this::Advertise);
}

private void Start(Component component) {
    HiLog.info(LABEL_LOG,"开始扫描");
    //创建扫描过滤器开始扫描
    List<BleScanFilter>filters =new ArrayList<>();
    //进行 BLE 蓝牙扫描,并使用 filters 对结果进行过滤
    bleCentralManager.startScan(filters);
    //返回与指定状态匹配的 BlePeripheralDevice 列表
    List<BlePeripheralDevice>devices =bleCentralManager
            .getDevicesByStates(STATES);
    for (BlePeripheralDevice device : devices) {
        //获取 BLE 外围设备名
        Optional<String>deviceNameOptional =device.getDeviceName();
        String deviceName =deviceNameOptional.orElse("");
        //获取 BLE 外围设备地址
        String deviceAddr =device.getDeviceAddr();
```

```
            HiLog.info(LABEL_LOG
                    , "BLE外围设备名:%{public}s" +
                            ",BLE外围设备地址:%{public}s.",
                    deviceName, deviceAddr);
        }
    }

    private void Advertise(Component component) {
        HiLog.info(LABEL_LOG,"开始广播");
        //开始广播
        bleAdvertiser.startAdvertising(bleAdvertiseSettings
                , bleAdvertiseData
                , null);
    }

    //实现扫描回调
    class ScanCallback implements BleCentralManagerCallback {
        List<BleScanResult> results = new ArrayList<BleScanResult>();

        @Override
        public void scanResultEvent(BleScanResult resultCode) {
            //对扫描结果进行处理
            results.add(resultCode);
        }

        @Override
        public void scanFailedEvent(int resultCode) {

        }

        @Override
        public void groupScanResultsEvent(List<BleScanResult> list) {

        }
    }

    //实现BLE广播回调
    BleAdvertiseCallback advertiseCallback = new BleAdvertiseCallback() {
        @Override
        public void startResultEvent(int result) {
            if (result == BleAdvertiseCallback.RESULT_SUCC) {
                HiLog.info(LABEL_LOG,"广播成功!");
            } else {
                HiLog.info(LABEL_LOG,"广播失败!");
```

```
            }
        }
    };

    @Override
    public void onActive() {
        super.onActive();
    }

    @Override
    public void onForeground(Intent intent) {
        super.onForeground(intent);
    }
}
```

打开远程模拟器，运行程序，应用初始页面如图 12-3 所示。

图 12-3　应用初始页面

单击“扫描”按钮，控制台输出内容如下：

```
06-09 13:05:09.444 17377-17377/com.example.bledemo I 00922/MainAbilitySlice:
initBluetooth()方法被调用
06-09 13:05:09.452 17377-17377/com.example.bledemo I 00922/MainAbilitySlice:
initComponent()方法被调用
06-09 13:06:46.028 17377-17377/com.example.bledemo I 00922/MainAbilitySlice:
开始扫描
```

这里没有发现其他 BLE 外围设备,故无输出设备信息。

12.4 网络管理开发概述

HarmonyOS 网络管理模块主要提供以下功能。

(1) 数据连接管理:网卡绑定、打开 URL、数据链路参数查询。

(2) 数据网络管理:指定数据网络传输、获取数据网络状态变更、数据网络状态查询。

使用网络管理模块的相关功能时,需要请求相应的权限,如表 12-6 所示。

表 12-6 使用网络管理模块所需要的权限

权限名	权限描述
ohos.permission.GET_NETWORK_INFO	获取网络连接信息
ohos.permission.SET_NETWORK_INFO	修改网络连接状态
ohos.permission.INTERNET	允许程序打开网络套接字,进行网络连接

12.5 URL 链接访问

12.5.1 接口说明

URL 链接访问所使用的接口如表 12-7 所示。

表 12-7 URL 链接访问的主要接口

类名	接口名	功能描述
NetManager	getInstance(Context context)	获取网络管理的实例对象
	hasDefaultNet()	查询当前是否有默认可用的数据网络
	getDefaultNet()	获取当前默认的数据网络句柄
	addDefaultNetStatusCallback(NetStatusCallback callback)	获取当前默认的数据网络状态变化
	setAppNet(NetHandle netHandle)	应用绑定该数据网络
NetHandle	openConnection(URL url, java.net.Proxy proxy) throws IOException	使用该网络打开一个 URL 链接

12.5.2 开发步骤

(1) 调用 NetManager.getInstance(Context)获取网络管理的实例对象。

(2) 调用 NetManager.getDefaultNet()获取默认的数据网络。

(3) 调用 NetHandle.openConnection()打开一个 URL 链接。

(4) 通过 URL 链接实例访问网站。

示例代码如下：

```
NetManager netManager =NetManager.getInstance(context);

if (! netManager.hasDefaultNet()) {
    return;
}
NetHandle netHandle =netManager.getDefaultNet();

//可以获取网络状态的变化
NetStatusCallback callback =new NetStatusCallback() {
    //重写需要获取的网络状态变化的 override 函数
};
netManager.addDefaultNetStatusCallback(callback);

//通过 openConnection 来获取 URLConnection
HttpURLConnection connection =null;
try {
    String urlString ="EXAMPLE_URL"; //开发者根据实际情况自定义 EXAMPLE_URL
    URL url =new URL(urlString);

    URLConnection urlConnection =netHandle.openConnection(url,
            java.net.Proxy.NO_PROXY);
    if (urlConnection instanceof HttpURLConnection) {
        connection =(HttpURLConnection) urlConnection;
        connection.setRequestMethod("GET");
        connection.connect();
        //之后可进行 url 的其他操作
    }
} catch(IOException e) {
    HiLog.error(TAG, "exception happened.");
} finally {
    if (connection ! =null){
        connection.disconnect();
    }
}
```

12.5.3　案例：URL 链接访问

下面创建一个名为 URLAccessDemo 的应用来演示在手机中打开一个 URL 链接，并将链接中的文本信息渲染在屏幕上。应用需要一个"访问"按钮来实现对指定 URL 链接的访问，还需要一个文本组件来显示访问后得到的数据结果，XML 文件中的内容这里不再赘述。

使用网络管理模块的相关功能时，需要请求相应的权限，且由于 HarmonyOS 默认支持

HTTPS 协议，若要使用 HTTP 协议，需要在 config.json 中进行配置。使用 HTTP 协议需进行如下配置：

```
"deviceConfig": {
    "default": {
      "directLaunch": false,
      "network": {
        "cleartextTraffic": true
      }
    }
  }
```

使用网络管理模块的相关功能需要请求如下权限：

```
"reqPermissions": [
    {
        "name": "ohos.permission.GET_NETWORK_INFO"
    },
    {
        "name": "ohos.permission.SET_NETWORK_INFO"
    },
    {
        "name": "ohos.permission.INTERNET"
    }
]
```

创建一个名为 HttpRequestUtil 的工具类，用户只需要提供 URL 即可完成请求工作，修改其内容如下：

```
public class HttpRequestUtil {
    private static String sendRequest(Context context, String urlString
            , String method, String token, String data) {
        //返回结果
        String result =null;
        //获取网络管理的实例对象
        NetManager netManager =NetManager.getInstance(context);
        //如果默认数据网络没有被激活,则返回
        if (! netManager.hasDefaultNet()) {
            return null;
        }
        //获取默认的数据网络
        NetHandle netHandle =netManager.getDefaultNet();
        //可以获取网络状态的变化
        NetStatusCallback callback =new NetStatusCallback() {
            //重写需要获取的网络状态变化的 override 函数
```

```
};
netManager.addDefaultNetStatusCallback(callback);
//通过 openConnection 来获取 URLConnection
HttpURLConnection connection =null;
try {
    URL url =new URL(urlString);
    //获取与给定 URL 匹配的 URLConnection 对象
    URLConnection urlConnection =
            netHandle.openConnection(url, java.net.Proxy.NO_PROXY);

    if (urlConnection instanceof HttpURLConnection) {
        connection =(HttpURLConnection) urlConnection;
        //设置请求方式,这里为 GET
        connection.setRequestMethod(method);
        //如果通过请求体传递参数到服务端接口,需要对 connection 进行额外的设置
        if (data ! =null) {
            //允许通过此网络连接向服务端写数据
            connection.setDoOutput(true);
            //设置请求头
            connection.setRequestProperty("Content-Type"
                    , "application/json;Charset=utf-8");
        }
        //如果参数 token!=null,则需要将 token 设置到请求头
        if (token !=null) {
            connection.setRequestProperty("token", token);
        }
        //发送请求,建立连接
        connection.connect();
        //向服务端传递 data 中的数据
        if (data !=null) {
            byte[] bytes =data.getBytes("UTF-8");
            OutputStream outputStream =connection.getOutputStream();
            outputStream.write(bytes);
            outputStream.flush();
            outputStream.close();
        }
        //之后可进行 URL 的其他操作
        //从连接中获取输入流,读取 api 接口返回的数据
        if (connection.getResponseCode() ==HttpURLConnection.HTTP_OK) {
            InputStream is =connection.getInputStream();
            StringBuilder builder =new StringBuilder();
            byte[] bs =new byte[1024];
            int len =-1;
            while ((len =is.read(bs)) !=-1) {
```

```
                builder.append(new String(bs, 0, len));
            }
            result =builder.toString();
        }
    }
} catch (IOException e) {
    e.printStackTrace();
} finally {
    if (connection !=null) {
        //断开连接
        connection.disconnect();
    }
}
//返回结果
return result;
}

public static String sendGetRequest(Context context, String urlString) {

    return sendRequest(context, urlString, "GET", null, null);
}
}
```

上述代码以 GET 方式请求指定的 URL 链接，并返回 Json 数据。返回的 Json 数据示例如图 12-4 所示。

```
1  {
2      "data": {
3          "id": 1,
4          "name": "张三",
5          "gender": "男",
6          "addr": "北京",
7          "tel": "18068285968",
8          "delFlag": 0,
9          "createTime": "2023-04-13 14:36:50",
10         "modifyTime": "2023-04-13 06:36:53"
11     },
12     "msg": "请求成功",
13     "traceId": null,
14     "code": "1"
15 }
```

图 12-4 Json 数据格式示例

因为返回的是 Json 数据，不便于使用，所以添加 Gson 依赖，将 Json 格式数据转换为 UsersInfo 对象。打开 Project 窗口，选择 entry/build.gradle 文件，在 dependencies 配置选项中添加 implementation 'com.google.code.gson:gson:2.8.8'字段用来添加 Gson 依赖，添加完成后单击主窗口右上角的 Sync Now 按钮同步修改。添加成功的标志为 External Libraries 目录中出现 Gradle: gson-2.8.8 子目录。添加 Gson 依赖流程如图 12-5、图 12-6 所示。

创建 UsersInfo 与 Data 实体类接收数据。UsersInfo 类内容如下：

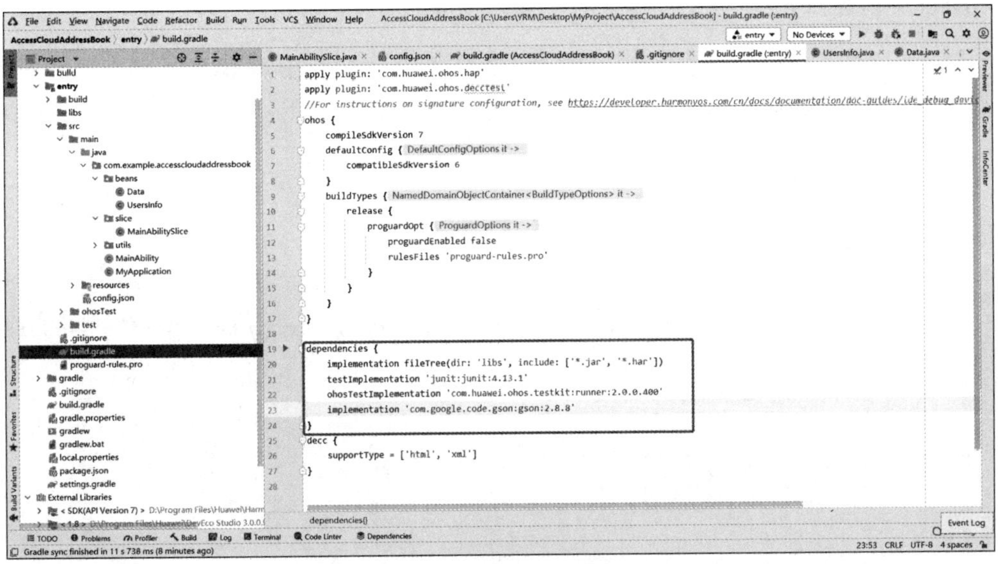

图 12-5　添加 Gson 依赖

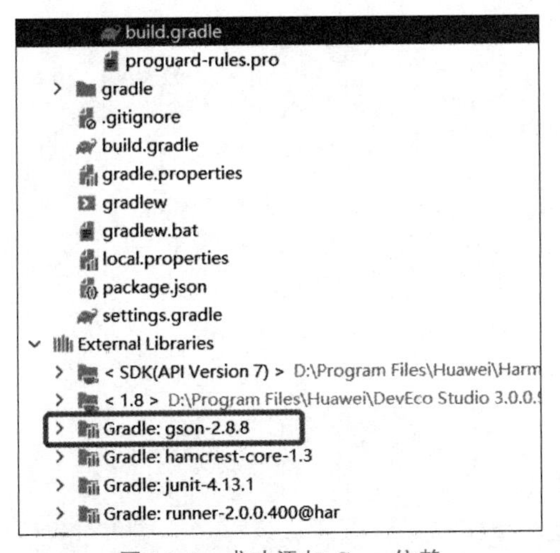

图 12-6　成功添加 Gson 依赖

```
public class UsersInfo {
    private Data data;

    public Data getData() {
        return data;
    }

    public void setData(Data data) {
        this.data =data;
    }
}
```

Data 类内容如下：

```
public class Data {
    private String id;
    private String name;
    private String addr;
    private String tel;
    private String gender;

    public Data(String id, String name, String addr, String tel, String gender) {
        this.id = id;
        this.name = name;
        this.addr = addr;
        this.tel = tel;
        this.gender = gender;
    }

    public Data() {
    }

    @Override
    public String toString() {
        return "{" +
                "id='" + id + '\'' +
                ", name='" + name + '\'' +
                ", addr='" + addr + '\'' +
                ", tel='" + tel + '\'' +
                ", gender='" + gender + '\'' +
                '}';
    }

    public String getId() {
        return id;
    }

    public void setId(String id) {
        this.id = id;
    }

    public String getName() {
        return name;
    }

    public void setName(String name) {
        this.name = name;
```

```
    }

    public String getAddr() {
        return addr;
    }

    public void setAddr(String addr) {
        this.addr = addr;
    }

    public String getTel() {
        return tel;
    }

    public void setTel(String tel) {
        this.tel = tel;
    }

    public String getGender() {
        return gender;
    }

    public void setGender(String gender) {
        this.gender = gender;
    }
}
```

修改 MainAbilitySlice,其内容如下：

```
public class MainAbilitySlice extends AbilitySlice {
    //定义日志标签
    private static final HiLogLabel LABEL = new HiLogLabel(HiLog.LOG_APP
            , 0x00922
            , "MainAbilitySlice");
    private Data data;
    private Text Text_Result;

    @Override
    public void onStart(Intent intent) {
        super.onStart(intent);
        super.setUIContent(ResourceTable.Layout_ability_main);
        //初始化组件
        InitComponent();
    }
```

```
private void InitComponent() {
    HiLog.info(LABEL, "InitComponent()方法被调用");
    //找到组件
    Button Button_Visit = findComponentById(ResourceTable.Id_Button_Visit);
    Text_Result = findComponentById(ResourceTable.Id_Text_Result);
    //给 Button_Visit 添加单击事件
    Button_Visit.setClickedListener(this::Visit);
}

private void Visit(Component component) {
    //全局并发任务分发器,异步分发
    TaskDispatcher globalTaskDispatcher =
            this.getGlobalTaskDispatcher(TaskPriority.DEFAULT);
    globalTaskDispatcher.asyncDispatch(() ->{
        StringBuilder showStr = new StringBuilder();
        //访问 URI
        String result = HttpRequestUtil.sendGetRequest(this
                , "http://43.143.202.178:9090/book/selectById? id=1");
        //Gson 类为第三方类,实现字符串与对象之间的转换
        Gson gson = new Gson();
        //调用 fromJson 方法把 result 字符串反射成 UsersInfo 对象
        UsersInfo usersInfo = gson.fromJson(result, UsersInfo.class);
        //创建 Data 对象
        data = usersInfo.getData();
        HiLog.info(LABEL, "查询结果:%{public}s.", data.toString());
        String id = data.getId();
        String name = data.getName();
        String tel = data.getTel();
        String gender = data.getGender();
        String addr = data.getAddr();
        showStr.append("编号:").append(id + "\n")
                .append("姓名:").append(name + "\n")
                .append("性别:").append(gender + "\n")
                .append("电话:").append(tel + "\n")
                .append("地址:").append(addr + "\n");
        //在 UI 线程中运行
        TaskDispatcher uiTaskDispatcher = getUITaskDispatcher();
        uiTaskDispatcher.asyncDispatch(new Runnable() {
            @Override
            public void run() {
                //显示到界面中
                Text_Result.setText(showStr.toString());
            }
```

```
            });
        });
    }

    @Override
    public void onActive() {
        super.onActive();
    }

    @Override
    public void onForeground(Intent intent) {
        super.onForeground(intent);
    }
}
```

上述代码中指定访问的 URI 起演示作用，读者请自行准备可用的 API 接口。

打开远程模拟器，运行程序，单击“访问”按钮，程序的初始页面与运行结果分别如图 12-7、图 12-8 所示。

图 12-7　应用初始页面

图 12-8　单击按钮后页面

习　　题

一、判断题

1. 传统蓝牙指的是蓝牙版本 3.0 以下的蓝牙，低功耗蓝牙指的是蓝牙版本 4.0 以上的

蓝牙。 (   )

2. 使用BLE设备交互时会分为不同的角色，分别是中心设备和外围设备。 (   )

3. 调用蓝牙打开接口和调用蓝牙扫描接口时需要申请权限。 (   )

4. 使用BLE时，相对于传统蓝牙需要增加申请管理蓝牙权限。 (   )

5. 使用传统蓝牙时，需要注册广播，以订阅公共事件的形式实现。 (   )

二、填空题

1. bluetoothHost.enableBt();语句的作用是：________。

2. 通常发送广播的外围设备作为________，负责扫描的中心设备作为________。

3. GATT全名为________。

4. 传统蓝牙远端设备操作有________、________、________、________、________。

三、简答与实践题

1. 请简述传统蓝牙开发流程。

2. 在能扫描到BLE设备的情况下，用日志打印出扫描到的设备信息。

3. 尝试搭建自己的服务器，获取数据，并渲染在手机页面上。

◇习题参考答案

第1章

一、1. T　2. F　3. T　4. T　5. T

二、1. A　2. D　3. C

三、1. 面向全场景　2. 分布式技术　3. 手机，由生态系统合作伙伴提供的智能设备

4. 内核子系统、驱动子系统　5. 框架层

6. 分布式软总线、分布式数据管理、分布式任务调度、方舟多语言运行时

7. 内核抽象层

四、略

第2章

一、1. T　2. F　3. F　4. F　5. T　6. T　7. F　8. T

二、1. A　2. B　3. A　4. B　5. D　6. B　7. A　8. B　9. B　10. C

三、1. 编辑源程序、编译生成字节码、解释运行字节码　2. 2、2　3. 0　4. true、false

5. 抽象、最终　6. package MyPackage;、应该在程序第一句　7. 单、多

8. 继承、子类或派生类　9. 具体类、抽象类　10. 整型、字符型

11. try、catch、finally　12. int、arr、5、0 到 4

四、略

第3章

一、1. T　2. T　3. T　4. T　5. T

二、1. ABCD　2. ABCD　3. A　4. BCD　5. ABC　6. AB

三、1. DevEco Studio　2. 字符串、图形、布局、图片音视频等　3. 速度较快

4. 真实性强　5. 0 个或多个

四、略

第4章

一、1. F　2. T　3. F　4. T　5. T　6. T　7. T　8.T

二、1. A　2. A　3. B　4. C　5. B　6. B　7. AB　8. ABCD　9. ACD

三、1. $+id:text6　2. zoom_start　3. false　4. Component　5. oval　6. Text

四、略

第5章

一、1. T　2. F　3. F　4. T　5. F　6. T

二、1. B　2. D　3. ABCD　4. ABC　5. A　6. C

三、1. 表示层、业务层、数据访问层

2. 6，onStart、onActive、onInactive、onBackground、onForeground、onStop

3. 设置主路由，启动 MainABility 后默认打开 MainAbilitySlice

4. 在 config.json 文件中设置新的路由动作，在目标 Ability 中调用 addActionRoute() 方法添加新的路由，在现在页面设置 Intent

四、略

第 6 章

一、1. T 2. T 3. F 4. T 5. T 6. T 7. T 8. F 9. T 10. T

二、1. C 2. A 3. D 4. D 5. C

三、1. 订阅、发布、退订 2. 接口 3.动态、多用户

4. 公共事件数据类、公共数据发布信息类、公共事件订阅信息类、公共事件订阅者类和公共事件管理类

5. 封装、intent、code、data

6. 无序公共事件、有序公共事件、带权限公共事件、粘性公共事件、接口 7. 通知增强服务

8. NotificationSlot、NotificationRequest 和 NotificationHelper

9. 创建 NotificationSlot、发布通知、取消通知

10. 长文本通知、多行通知、图片通知、社交通知、媒体通知

四、略

第 7 章

一、1. T 2. F 3. T 4. T 5. F

二、1. GlobalTaskDispatcher

2. 默认任务优先级(DEFAULT)、占用主线线程资源，导致程序变得卡慢

3. 同步分发任务、任务执行完毕返回主线程

4. 触发 EventHandler 的回调方法并触发 EventHandler 的处理方法

三、略

第 8 章

一、1. T 2. T 3. F 4. T 5. F 6.T 7.F

二、1. A 2. B 3. D 4. B 5. C 6. A 7. A 8. ABCD

三、1. Ability 2. onStart() 3. IRemoteObject 4. connectAbility()

5. keepBackgroundRunning()

四、略

第 9 章

一、1. T 2. T 3. F 4. T 5. T 6. T 7. F 8. T 9. F 10. T

二、1. ABCD 2. B 3. ABCD 4. A 5. D

三、1. Ability 2. 目标文件的 FD(文件描述符) 3. DataAbilityPredicates

4. DeviceManager 5. data、DatabaseHelper、RdbStore 6. onStart()

7. 查询的目标路径、查询的列名、查询条件

四、略

第 10 章

一、1. T　2. T　3. T　4. T　5. T

二、1. B　2. D　3. A　4. CD

三、1. 账号、应用　2. IabilityContinuation　3. 将需要回迁的数据保存下来

4. Super App

四、略

第 11 章

一、1. T　2. T　3. F　4. T　5. T

二、1. ACCELEROMETER　2. 订阅传感器数据、接收并处理传感器数据

3. getAllSensors()　4. CategoryMotionAgent、CategoryMotion

三、略

第 12 章

一、1. T　2. T　3. T　4. T　5. T

二、1. 打开本机蓝牙　2. 服务端、服务端

3. Generic Attribute Profile,通用属性配置文件

4. 获取远端蓝牙设备地址、获取远端蓝牙设备类型、获取远端蓝牙设备名称、获取远端设备配对状态、向远端设备发起配对

三、略

参考文献

[1] HarmonyOS文档[EB/OL]. https://developer. harmonyos. com/cn/docs/documentation/docguides/start-overview-0000000000029602,2022-06-15/2023-06-30.

[2] HarmonyOS技术社区[J/OL][2021.10.16]. https://ost.51cto.com/.

[3] HarmonyOS应用开发从入门到实践[EB/OL]. https://developer.huawei.com/consumer/cn/training/study-path/101652404956923765,2021-01-10/2023-04-15.

[4] 王薇.Java程序设计与实践教程[M].清华大学出版社,2011.

[5] 翁恺,肖少拥.Java语言程序设计教程[M].杭州:浙江大学出版社,2007.

[6] 王向辉,张国印,沈洁.Android应用程序开发[M].北京:清华大学出版社,2010.

[7] 徐礼文.鸿蒙操作系统开发入门经典[M].北京:清华大学出版社,2021.

[8] 李宁.鸿蒙征途App开发实战[M].北京:人民邮电出版社,2021.

[9] 陈美汝,郑森文,武延军,等.鸿蒙操作系统应用开发实践[M].北京:清华大学出版社,2021.

[10]张荣超.鸿蒙应用开发实战[M].北京:人民邮电出版社,2021.

[11] 刘安战,余雨萍,李勇军,等.HarmonyOS移动应用开发[M].北京:清华大学出版社,2022.

[12] 董昱.鸿蒙应用程序开发[M].北京:清华大学出版社,2021.